高等学校"十三五"实验实训规划教材

化工安全与实践

李立清　肖友军　李　敏　主编

北　京

冶金工业出版社

2019

内 容 提 要

本书结合化学工业物质种类繁多、加工过程多样、损害和伤亡事故多发、实习实践危险性高的特点，详细阐述了从物质危险性、特种设备与机电设备运行、化工系统分析与评价到安全管理、化工及相关专业实习实践，全面介绍了防火、防爆、防毒、防职业损害等安全理论和安全评价技术。

本书为安全工程、化工类专业本科学生的教学用书，也可作为化工企业安全培训、化工项目系统安全评价的参考用书。

图书在版编目(CIP)数据

化工安全与实践/李立清，肖友军，李敏主编 . —北京：冶金工业出版社，2019.12

高等学校"十三五"实验实训规划教材

ISBN 978-7-5024-8311-1

Ⅰ.①化… Ⅱ.①李… ②肖… ③李… Ⅲ.①化工安全—高等学校—教材 Ⅳ.①TQ086

中国版本图书馆 CIP 数据核字(2019)第 269477 号

出 版 人 陈玉千
地　　址　北京市东城区嵩祝院北巷 39 号　邮编　100009　电话　(010)64027926
网　　址　www.cnmip.com.cn　电子信箱　yjcbs@cnmip.com.cn
责任编辑　杨盈园　美术编辑　彭子赫　版式设计　禹　蕊
责任校对　王永欣　责任印制　李玉山
ISBN 978-7-5024-8311-1
冶金工业出版社出版发行；各地新华书店经销；北京兰星球彩色印刷有限公司印刷
2019 年 12 月第 1 版，2019 年 12 月第 1 次印刷
787mm×1092mm　1/16；13.25 印张；318 千字；199 页
36.00 元

冶金工业出版社　投稿电话　(010)64027932　投稿信箱　tougao@cnmip.com.cn
冶金工业出版社营销中心　电话　(010)64044283　传真　(010)64027893
冶金工业出版社天猫旗舰店　yjgycbs.tmall.com
(本书如有印装质量问题，本社营销中心负责退换)

前　　言

化工生产具有生产工艺复杂多变，原材料及产品多为易燃易爆、有毒有害或腐蚀性物质的特点。目前生产装置大型化、工艺过程连续化、控制系统自动化的程度越来越高，整个化工生产过程中存在着潜在危险因素。这些危险因素在一定条件下可能会转化成为事故，从而破坏正常的生产并危及人们的生命安全，造成经济损失，甚至造成严重的环境污染。

化工事故的案例史表明，对加工的化学物质性质及有关的物理化学原理不甚了解，物存在不安全状态、人存在不安全行为及管理的缺陷是酿成化工事故最直接和最主要的原因。据有关资料介绍，在各类工业爆炸事故中，化工爆炸占 32.4%，所占比例最大；事故造成的损失也是以化学工业为最，约为其他工业部门的 5 倍。因此，化工生产的管理人员、技术人员及操作人员都必须熟悉和掌握相关的安全知识和事故防范技术，并具备一定的安全事故处理技能。

从宏观的角度看，事故的预防有三大对策：（1）工程技术对策。即采用安全可靠性高的生产工艺，采用安全技术、安全设施、安全检测等安全工程技术方法，提高生产过程的本质安全。（2）安全教育对策。即采用各种有效的安全教育措施，提高员工的安全素质。（3）安全管理对策。即采用各种管理对策，协调人、机、环境的关系，提高生产系统的整体安全性。

本书结合化学工业物质种类繁多、加工过程多样、损害和伤亡事故多发的特点，详细阐述了从物质危险性、特种设备与机电设备运行、化工系统分析与评价到安全管理、化工及相关专业实习实践，全面介绍了防火、防爆、防毒、防职业损害等的安全理论和安全评价技术。

本书第一、二、三、四、五、九章由肖友军编写，第六、七、八、十一章由李立清编写，第十章由李敏编写，李立清负责全书核对、校验和统稿。江西理工大学化学化工教研室全体老师为本书的校稿和绘图付出了辛勤的劳动，在此一并表示感谢。

由于编者水平有限，书中若有不妥之处，恳请广大读者批评指正。

编　者
2019 年 8 月

目 录

第一章 化工生产的特点与安全

第一节 概 述

化工企业的原料及产品多有易燃、易爆、有毒、有腐蚀性的特点，现代化工生产过程多具有高温、高压、深冷等特点，与其他行业相比，化工生产的各个环节不安全因素较多，具有事故后果严重、危险性和危害性更大的特点，因此对安全生产的要求更加严格，客观上要求从事化工生产的管理人员、技术人员及操作人员必须掌握或了解基本的安全知识，适应现代化工生产这一客观要求。

一、化工生产的特点

（1）化工生产涉及的危险品多。化工生产使用的原料、半成品和成品种类繁多，且绝大部分是易燃、易爆、有毒、有腐蚀的化学危险品。

（2）化工生产要求的工艺条件苛刻。有的化学反应高温、高压，有的低温、真空。

（3）生产规模大型化。比如，化肥生产变化情况：20 世纪 50 年代 6 万吨/年，20 世纪 60 年代 12 万吨/年，20 世纪 60 年代末 30 万吨/年，20 世纪 70 年 50 万吨/年，生产规模为什么越来越大型化呢？这是因为降低了单位产品的建设投资和生产成本，提高了劳动生产率，减少了能耗的需要；生产规模也不是越大越好，一般宜稳定在 30 万~45 万吨/年。

（4）生产方式日趋先进。

1）生产方式。手工操作→高度自动化间断生产→连续生产。

2）生产设备。敞开式→密闭式室内→露天。

3）生产操作。分散控制→集中控制人工操作→计算机操作。

自动化虽然增加了设备运行的可靠性，但也可能因控制系统失灵而发生事故。据美国石油保险公司协会对炼油厂爆炸事故的统计，因控制系统失灵而造成事故的达 6.1%。

二、安全在化工生产中的地位

（1）化工生产具有易燃易爆易中毒、高温高压易腐蚀特点，与其他行业相比，化工生产潜在的不安全因素更多，危险性和危害性更大，因此对安全生产的要求也更加严格。爆炸事故中化工企业占 1/3。

（2）化工生产安全已成为一个社会问题。随着化学工业的发展，涉及的化学物质的种类和数量显著增加。很多化工物料的易燃性、反应性和毒性决定了化学工业生产事故的多发性和严重性。反应器、压力容器的爆炸以及燃烧传播速度超过声速，都会产生破坏力极强的冲击波，冲击波将导致周围厂房建筑物的倒塌，生产装置、储运设施的破坏以及人员的伤亡。如果是室内爆炸，极易引发二次或二次以上的爆炸，爆炸压力叠加，可能造成更为严重的后果。多数化工物料对人体有害，设备密封不严，特别是在间歇操作中泄漏的情况很多，容易造成操作人员的急性或慢性中毒。

随着化学工业的发展，化工生产呈现设备多样化、复杂化以及过程连接管道化的特点。如果管线破裂或设备损坏，会有大量易燃气体或液体瞬间泄放，迅速蒸发形成蒸气云团，与空气混合，达到爆炸下限；云团随风漂移，飞至居民区遇明火爆炸，会造成难以想象的灾难。

化工装置的大型化使大量化学物质都处于工艺过程或储存状态，一些密度比空气大的液化气体，如氨、氯等，在设备或管道破裂处会以 15°～30°角呈锥形扩散，在扩散宽度 100m 左右时，人还容易察觉迅速逃离，但在距离较远而毒气尚未稀释到安全值时，人们很难逃离并导致中毒，毒气影响宽度可达 1000m 或更大。

以下是典型的化工安全事故案例：

（1）美国联合碳化物公司在印度博帕尔市的一座农药厂，发生了一起液态甲基异氰酸酯大量泄漏气化事故，使附近空气中的毒气浓度超过了安全标准的 1000 倍以上。在事故后的 7 天内，死亡 2500 人，该市 70 万人口中，约 20 万人受到影响，其中约 5 万人可能双目失明，其他幸存者的健康也受到严重危害。博帕尔地区的大批食物和水源被污染，大批牲畜和其他动物死亡，生态环境受到严重破坏。事故后果之惨、损失之大，令世人震惊。

（2）英国弗里克斯布劳的一座石油化工厂，因环己烷氧化装置旁的一根直径为 50cm 的配管发生严重破裂，环己烷大量泄漏，可燃性气体几乎遍及全厂，引起大面积火灾爆炸事故。导致该厂的大部分设施受到破坏，厂外约 13km 范围内的 2488 座住宅、商店、工厂也受到损坏，事故损失额约 3.6 亿美元。

（3）1998 年 1 月 6 日，陕西兴平化肥厂硝铵装置因油和氯进入中和系统，发生爆炸，死亡 22 人、伤 50 多人，整个车间被毁，经济损失 7000 万元。

（4）2004 年 4 月 16 日，重庆天原化工总厂发生液氯储罐爆炸事故，造成 9 人死亡、3 人受伤。

（5）2004 年 3 月 15 日，在江苏南京长江段一艘油轮在燕子矶二七油库码头附近水域调头时，与另一艘装有 450t 三级有毒易燃化学品环己酮的油轮相撞，造成约 80t 有毒化学品倾泻到长江中。

（6）2005 年 11 月 13 日 13 时 40 分左右，地处吉林省吉林市的中石油吉林石化公司 101 厂一化工车间连续发生爆炸。事故原因：发生爆炸的是该厂苯胺装置硝化单元，P—102 塔发生堵塞，循环不畅，因处理不当发生爆炸。此次爆炸事故造成 5 人死亡、1 人失踪、60 多人受伤。爆炸导致苯类污染物流入松花江，造成水质污染。

第二节　化工生产中的重大危险源

一、重大危险源的定义

（1）重大危险源。指企业生产活动中客观存在的危险物质或能量超过临界值的设施、设备或场所。

（2）重大安全隐患。指可能导致重大人身伤亡或者重大经济损失的事故隐患。

（3）重大危险源与重大事故隐患的区别。重大危险源强调固有物质的能量、性质；重大事故隐患强调作业场所、设备或设施的不安全状态，人为的不安全行为和管理上缺陷。

二、重大危险源的范围

确定重大危险源的原则：凡能引发重大工业事故并导致严重后果的一切危险设备、设施或工作场所都应列入重大危险源的管理范围。

重大危险源共有七大类：

（1）储罐区（储罐）。包括可燃液体、气体和毒性物质三种储罐区或储罐。

（2）库区（库）。可分为火炸药、弹药库区（库），毒性物质库区（库），易燃、易爆物品库区（库）。

（3）生产场所。包括具有中毒危险的生产场所和具有爆炸、火灾危险的生产场所。

（4）企业危险建（构）筑物。限用于企业生产经营活动的建（构）筑物，已确定为危险建筑物，且建筑面积≥1000m²，或经常有100人以上出入的建（构）筑物。

（5）压力管道。

1）输送毒性等级为剧毒、高毒或火灾危险性为甲、乙类介质，公称直径为100mm，工作压力为10MPa的工业管道。

2）公用管道中的中压或高压燃气管道，且公称直径≥200mm。

3）公称压力≥0.4MPa，且公称直径≥400mm的长输管道。

（6）锅炉。

1）额定蒸汽压力≥2.45MPa。

2）额定出口水温≥120℃，且额定功率≥14MW的热水锅炉。

（7）压力容器。

1）储存毒性等级为剧毒、高毒及中等毒性物质的三类压力容器。

2）最高工作压力≥0.1MPa，几何容积≥1000m²，储存介质为可燃气体的压力容器。

3）液化气体陆路罐车和铁路罐车。

三、重大危险源的类型

根据事故类型可将重大危险源分为两大类：

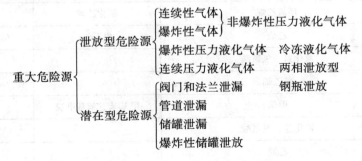

四、危险源的临界量

危险源的临界量是指国家法律规定和条例中有关于特定条件下，某种危险物所规定的数量，若超过该数量，则容易引发重大工业事故。

五、危险化学品重大危险源辨识（见附件3）

第三节　重点监管的危险化学品

为突出重点、强化监管，指导安全监管部门和危险化学品单位切实加强危险化学品安全管理工作，在综合考虑2002年以来国内发生的化学品事故情况、国内化学品生产情况、国内外重点监管化学品品种、化学品固有危险特性和近40年来国内外重特大化学品事故等因素的基础上，国家安全监管总局编制了重点监管的危险化学品名录，见表1.1。

表1.1　重点监管的危险化学品名录

序号	化学品名称	别名	CAS号
1	氯	液氯、氯气	7782-50-5
2	氨	液氨、氨气	7664-41-7
3	液化石油气		68476-85-7
4	硫化氢		7783-06-4
5	甲烷、天然气		74-82-8（甲烷）
6	原油		
7	汽油（含甲醇汽油、乙醇汽油）、石脑油		8006-61-9（汽油）
8	氢	氢气	1333-74-0
9	苯（含粗苯）		71-43-2
10	碳酰氯	光气	75-44-5
11	二氧化硫		7446-09-5
12	一氧化碳		630-08-0
13	甲醇	木醇、木精	67-56-1
14	丙烯腈	氰基乙烯、乙烯基氰	107-13-1
15	环氧乙烷	氧化乙烯	75-21-8
16	乙炔	电石气	74-86-2
17	氟化氢、氢氟酸		7664-39-3
18	氯乙烯		75-01-4
19	甲苯	甲基苯、苯基甲烷	108-88-3
20	氰化氢、氢氰酸		74-90-8
21	乙烯		74-85-1
22	三氯化磷		7719-12-2
23	硝基苯		98-95-3

序号	化 学 品 名 称	别名	CAS 号
24	苯乙烯		100-42-5
25	环氧丙烷		75-56-9
26	一氯甲烷		74-87-3
27	1,3-丁二烯		106-99-0
28	硫酸二甲酯		77-78-1
29	氰化钠		143-33-9
30	1-丙烯、丙烯		115-07-1
31	苯胺		62-53-3
32	甲醚		115-10-6
33	丙烯醛、2-丙烯醛		107-02-8
34	氯苯		108-90-7
35	乙酸乙烯酯		108-05-4
36	二甲胺		124-40-3
37	苯酚	石炭酸	108-95-2
38	四氯化钛		7550-45-0
39	甲苯二异氰酸酯	TDI	584-84-9
40	过氧乙酸	过乙酸、过醋酸	79-21-0
41	六氯环戊二烯		77-47-4
42	二硫化碳		75-15-0
43	乙烷		74-84-0
44	环氧氯丙烷	3-氯-1,2-环氧丙烷	106-89-8
45	丙酮氰醇	2-甲基-2-羟基丙腈	75-86-5
46	磷化氢	膦	7803-51-2
47	氯甲基甲醚		107-30-2
48	三氟化硼		7637-07-2
49	烯丙胺	3-氨基丙烯	107-11-9
50	异氰酸甲酯	甲基异氰酸酯	624-83-9
51	甲基叔丁基醚		1634-04-4
52	乙酸乙酯		141-78-6
53	丙烯酸		79-10-7
54	硝酸铵		6484-52-2
55	三氧化硫	硫酸酐	7446-11-9

续表 1.1

序号	化学品名称	别名	CAS 号
56	三氯甲烷	氯仿	67-66-3
57	甲基肼		60-34-4
58	一甲胺		74-89-5
59	乙醛		75-07-0
60	氯甲酸三氯甲酯	双光气	503-38-8
61	氯酸钠	白药钠	7775-9-9
62	氯酸钾	白药粉、盐卜、洋硝	3811-4-9
63	过氧化甲乙酮	白水	1338-23-4
64	过氧化（二）苯甲酰		94-36-0
65	硝化纤维素	硝化棉	9004-70-0
66	硝酸胍		506-93-4
67	高氯酸铵		7790-98-9
68	过氧化苯甲酸叔丁酯		614-45-9
69	N，N'-二亚硝基五亚甲基四胺		101-25-7
70	硝基胍	橄苦岩	556-88-7
71	2,2'-2 偶氮二异丁腈		
72	2,2'-偶氮-二-(2,4-二甲基戊腈)	偶氮二异庚腈	4419-11-8
73	硝化甘油		55-63-0
74	乙醚		60-29-7

涉及重点监管的危险化学品的生产、储存装置，原则上须由具有甲级资质的化工行业设计单位进行设计。

生产、储存重点监管的危险化学品的企业，应根据本企业工艺特点，装备功能完善的自动化控制系统，严格工艺、设备管理。对使用重点监管的危险化学品数量构成重大危险源的企业的生产储存装置，应装备自动化控制系统，实现对温度、压力、液位等重要参数的实时监测。

生产重点监管的危险化学品的企业，应针对产品特性，按照有关规定编制完善的、可操作性强的危险化学品事故应急预案，配备必要的应急救援器材、设备，加强应急演练，提高应急处置能力。

第四节　重点监管的危险化工工艺

为了提高化工生产装置和危险化学品储存设施本质安全水平，国家安全监管总局组织编制了重点监管的危险化工工艺目录见表 1.2。

表 1.2 重点监管的危险化工工艺

序号	工 艺 名 称	序号	工 艺 名 称
1	光气及光气化工艺	10	氧化工艺
2	电解工艺（氯碱）	11	过氧化工艺
3	氯化工艺	12	胺基化工艺
4	硝化工艺	13	磺化工艺
5	合成氨工艺	14	聚合工艺
6	裂解（裂化）工艺	15	烷基化工艺
7	氟化工艺	16	新型煤化工工艺
8	加氢工艺	17	电石生产工艺
9	重氮化工艺	18	偶氮化工艺

企业应根据危险化工工艺及其特点，确定重点监控的工艺参数，装备和完善自动控制系统，大型和高度危险化工装置要按照推荐的控制方案装备紧急停车系统；采用危险化工工艺的新建生产装置原则上要由甲级资质化工设计单位进行设计。

思 考 题

1-1 化工生产的特点是什么？
1-2 化工安全在生产过程中的重要性和地位。
1-3 重大危险源和重大事故隐患的区别。
1-4 危险源的临界量是指什么？
1-5 如何辨识危险源？
1-6 重点监管的危险化学品有哪些？
1-7 重点监管的危险化工工艺有哪些？
1-8 为什么化工企业经常会发生安全事故，如何防止事故发生？

第二章 化学危险物质

人们的衣食住行都离不开化学产品。虽然我们正享受着化学产品带给我们的丰富多彩的生活，但是也应看到，在制备这些化学产品的原料中有许多具有明显或潜在的危险性。据统计在世界存在的 60 余万种化学物品中，有 3 万余种具有危险性，这些化学危险品在一定的条件下是安全的，但是当其受到某些因素影响时，就可能发生燃烧、爆炸、中毒等严重事故，给人们的生命、财产造成重大危害，因而我们应该更清楚地去认识这些危险性，了解其类别、性质及其危害性，并使用相应的手段去进行有效的管理。

第一节 化学危险物质的分类和特性

危险物质的分类方法有许多种，在从健康及安全的角度来讨论及描述它们时，是从它们导致危险的类型来进行分类的。有许多物质可能会归到一种以上的类别中去。有一些物质是通过单次暴露或者意外造成危害，另一些物质是在人体反复地暴露后产生长期的效应。

一、化学危险物质及其分类

（一）化学危险物质

化学危险物质是指具有燃烧、爆炸、毒害、腐蚀等性质，以及在生产、储存、装卸、运输等过程中易造成人身伤亡和财产损失的任何化学物质。

（二）类别及分类

依据《危险化学品目录》(2015 版) 及《常用危险化学品的分类及标志》(GB 13690—1992)，我国将危险化学品按照其危险性划分为 8 类 21 项。

（1）爆炸物质。指在外界作用下能发生剧烈的化学反应，瞬时产生大量的气体和热量，使周围压力急剧上升，发生爆炸，对周围环境造成破坏的物质。爆炸物质一般具有以下特性：

1）化学反应速度快。可在万分之一秒或更短的时间内反应爆炸。

2）能产生大量气体。在爆炸瞬间，固态爆炸物迅速转变为气态，使原来的体积成百倍的增加。

3）反应过程中能放出大量热。一般可以放出数百或数千兆焦耳的热量，温度可达数千摄氏度并产生高压。

（2）压缩气体和液化气体。指压缩、液化或加压溶解的气体，并符合下述情况之一：

1）临界温度低于 50℃，或在 50℃时，蒸气压大于 294kPa 的压缩或液化气体。

2）温度在 21.1℃时，气体的绝对压力大于 294kPa；或在 37.8℃时，雷德蒸气压大于 275kPa 的液化气体和加压溶解的气体。

（3）易燃液体。指易燃的液体、液体混合物或含有固体物质的液体，但不包括由于其危险特性已列入其他类别的液体。

按照闪点大小可分为三类：

1）低闪点液体。指闭杯试验闪点<-18℃的液体。

2）中闪点液体。指-18℃≤闭杯试验闪点<23℃的液体。

3）高闪点液体。指23℃≤闭杯试验闪点≤61℃的液体。如汽油、苯、乙醇、乙醚、戊醇、氯化苯。

（4）易燃固体、自燃物质和遇湿易燃物质。

1）易燃固体。指燃点低，对热、撞击、摩擦敏感，易被外部火源点燃，燃烧迅速，并可能散发出有毒烟雾或有毒气体的固体，但不包括已列入爆炸物质范围的物质。

2）自燃物质。指自燃点低，在空气中易发生氧化反应，放出热量，可自行燃烧的物质。

3）遇湿易燃物质。指遇水或受潮时发生剧烈化学反应，放出大量易燃气体和热量的物质；有的不需明火，即能燃烧或爆炸。例如金属锂、金属钠、镁粉、铝粉、氢化钠、碳化钙等。

（5）氧化剂和有机过氧化物。氧化剂指处于高氧化态，具有强氧化性，易分解并放出氧和热量的物质。包括含有过氧基的无机物，其本身不一定可燃，但能导致可燃物的燃烧，与松软的粉末可燃物能组成爆炸性混合物，对热、震动或摩擦敏感。如碱金属（锂、钠、钾、铷、铯）和碱土金属（铍、镁、钙、锶、钡、镭）。

有机过氧化物指分子组成中含有（—O—O—）的有机物，其本身易燃易爆，极易分解，对热、震动或摩擦较敏感。有机过氧化物的主要特性：1）分解爆炸性；2）易燃性；3）伤害性。

（6）有毒物质。指进入机体后，累积达一定的量时，能与体液和器官组织发生生物化学作用或生物物理作用，扰乱或破坏机体的正常生理功能，引起某些器官和系统暂时性或永久性的病理改变，甚至危及生命的物质。

有毒物质包括毒气（如光气、氰化氢等）、毒物（如硝酸、苯胺等）、剧毒物（如氰化钠、三氧化二砷、氯化高汞、汞等）和其他有害物质。

（7）放射性物质。放射性比活度大于$7.4×10^4$Bq/kg的物质。活度是单位时间内放射性元素衰变的次数，单位质量（固体）或体积（液体气体）的活度叫比活度。

（8）腐蚀性物质。指能灼伤人体组织并对金属等物品造成损坏的固体或液体。与皮肤接触在4h内出现可见坏死现象；或温度在55℃时，对20号钢的表面均匀年腐蚀率超过6.25mm/a的固体或液体。腐蚀物质可分为酸性腐蚀品、碱性腐蚀品及其他腐蚀品三类。

常见的有硝酸、硫酸、盐酸、五氯化磷、二氯化硫、磷酸、甲酸、氯乙酰氯、冰醋酸、氯磺酸、氢氧化钠、硫化钾；甲醇钠、二乙醇胺；甲醛、苯酚等。

二、化学危险物质造成化学事故的主要特性

（一）易燃易爆

燃烧爆炸的能力大小取决于这类物质的化学组成；气体比液体固体更易燃烧；分子越小，分子量越低，其物质化学性质越活泼，越易燃易爆，如$H_2>CO>CH_4$。

（1）可燃性气体+助燃气体——燃烧爆炸。

（2）分解爆炸性气体——本身爆炸。

（3）有些化学物质相互间不能接触，否则爆炸，如 HNO_3 和苯、$KMnO_4$ 和甘油。

（4）易燃易爆化学危险品从破损的窗口或管道口高速喷出时，产生静电且气体或液体中杂质越多，流速越快，产生的静电越多。

（5）燃点较低的危险品。

（二）扩散性

（1）比空气轻的，随风飘散，使燃烧、爆炸、毒害蔓延。

（2）比空气重的，飘流于地角、沟、角落，可长时间积聚不散，造成迟发性燃烧、爆炸、中毒。

气体的扩散速度与密度有关，与相对分子质量的平方根成反比，相对分子质量越小，扩散速度越快，在空气中达到爆炸极限的时间越短，如 H_2。

（三）突发性

突然爆发，迅速蔓延，燃烧爆炸交替发生。

（四）毒害性

有毒的化学物质，无论是脂溶性的还是水溶性的，都有进入机体与损坏机体正常功能的能力。这些化学物质通过一种或多种途径进入机体达一定量时，便会引起机体结构的损伤，破坏正常的生理功能，引起中毒。

三、影响化学危险物质危险性的主要因素

化学物质的物理化学性质与状态可表明其物理危险性和化学危险性。

（一）物理性质和危险性的关系

（1）液体相对密度。液体相对密度是指环境温度（20℃）下，物质的密度与4℃时水的密度（水为1）的比值。当相对密度小于1的液体发生火灾时，用水灭火将是无效的，因为水是沉至在燃烧着的液体的下面，消防水的流动性可使火势蔓延。

（2）蒸汽相对密度。蒸汽相对密度是指在给定条件下，化学物质的蒸汽密度与参比物质（空气）密度（空气为1）的比值。当蒸汽相对密度小于1时，表示该蒸气比空气轻，能在相对稳定的大气中趋于上升；其值大于1时，表示重于空气，泄漏后趋向于集中至接近地面，能在较低处扩散到相当远的距离。

（3）蒸气压。蒸气压是饱和蒸气压的简称。指化学物质在一定温度下与其液体或固体相互平衡时的饱和蒸汽压力。蒸气压是温度的函数，在一定温度下，每种物质的饱和蒸气压可认为是一个常数。发生事故时的气温越高，化学物质的蒸汽压越高，其在空气中的浓度相应增高。

（4）蒸汽/空气混合物的相对密度。指在与敞口空气相接触的液体或固体上方存在的蒸汽与空气混合物相对于周围纯空气的密度。当相对密度值>1.1时，该混合物可能沿地面流动，并可能在低洼处积累。当其数值为0.9~1.1时，能与周围空气快速混合。

（5）闪点。是指在大气压力（101.31Pa）下，一种液体表面上方释放出的可燃蒸汽与空气完全混合后可以闪燃5s的最低温度。闪点是判断可燃性液体蒸气由于外界明火而

发生闪燃的依据。闪点越低的化学物质，泄漏后越易在空气中形成爆炸混合物，引起燃烧爆炸。

（6）沸点。沸点是指在101.3kPa（760mmHg）大气压下，物质由液态转变为气态的温度。沸点越低的物质，气化越快，易迅速造成事故现场空气的高浓度污染，且越易达到爆炸极限。

（7）熔点。熔点是指物质在标准大气压下（101.3kPa）下的溶解温度或温度范围。熔点反应物质的纯度，可以推断出该物质在各种环境介质中的分布。熔点的高低与污染现场的洗消、污染物处理有关。

（8）爆炸极限。指一种可燃气体或蒸汽与空气的混合物能着火或引燃爆炸的浓度范围，空气中含有可燃气体或蒸汽时，在一定的浓度范围内，遇到火花就会使火焰蔓延而发生爆炸，其最低浓度称为下限，最高浓度称为上限，一般用可燃气体或蒸汽在混合物中的体积分数表示。

（9）临界温度与临界压力。气体在加温加压下可变为液体，压入高压钢瓶或储罐中，能够使气体液化的最高温度叫临界温度，在临界温度下使其液化所需要的最低压力叫临界压力。

（10）电导性。电导率小于10^4P·s/m的液体在流动、搅拌时可产生静电，引起火灾与爆炸，如泵吸、搅拌、过滤等，如果该液体中含有其他种类液体、气体或固体颗粒物（混合物、悬浮物），这种情况更容易发生。

（二）化学危险性

（1）有些化学可燃物质呈粉末或微细颗粒物状时，与空气充分混合，经引燃可能发生燃爆，在封闭空间中，爆炸可能很猛烈。

（2）有些化学物质在储存时可生成过氧化物，蒸发或加热后的残渣可能自燃爆炸。如醚类化合物。

（3）聚合是一种物质的分子结合成大分子的化学反应。聚合反应通常放出较大的热量，使温度急剧升高，反应速度加快，有着火或爆炸的危险。

（4）有些化学物加热可能引起猛烈燃烧或爆炸，如自身受热或局部受热时发生反应会导致燃烧，在封闭空间内可能导致猛烈爆炸。

（5）有些化学物质在与其他物质混合或燃烧时会产生有毒气体释放到空间。几乎所有有机物的燃烧都会产生CO有毒气体；还有一些气体本身无毒，但大量充满在封闭空间，造成空气中氧含量减少而导致人员窒息。

（6）强酸、强碱在与其他物质接触时常发生剧烈反应，产生侵蚀作用。

（三）中毒危险性

在突发的化学事故中，有毒化学物质能引起人员中毒，其危险性大大增加。中毒按化学物质的毒性作用可分为：

（1）刺激性毒物中毒。如氨、氯、光气、二氧化硫、硫酸二甲酯、氟化氢、甲醛、氯丁二烯等。

（2）窒息性毒物中毒。如一氧化碳、硫化氢、氰化物、丙烯腈等。

（3）麻醉性毒作用。主要指一些脂溶性物质，如醇类、酯类、氯烃、芳香烃等，对神经细胞产生麻醉作用。

（4）高铁血红蛋白症。引起高铁血红蛋白增多，使细胞缺氧，如苯胺、硝基化合物等。

（5）神经毒性。能作用于神经系统引起中毒，如有机磷、氨基甲酸酯类等农药，溴甲烷，三氯氧磷，磷化氢等。

第二节　化学危险物质的储存安全

一、化学危险物质储存及安全要求

（一）化学危险物质储存

（1）隔离储存。在同一房间或同一区域内，不同的物料之间分开一定的距离，非禁忌物料间用通道保持空间的储存方式。

（2）隔开储存。在同一建筑或同一区域内，用隔板或墙，将其与禁忌物料分离开的储存方式。

（3）分离储存。在不同的建筑物或远离所有建筑的外部区域内的储存方式。

（4）储存的化学危险品应有明显的标志，标志应符合 GB 190 的规定。同一区域储存两种或两种以上不同级别的危险品时，应按最高等级危险物品的性能标志。

（5）储存时根据危险品性能分区、分类、分库储存。各类危险品不得与禁忌物料混合储存。

（6）禁忌物料是指化学性质相抵触或灭火方法不同的化学物料。

储存量及储存安排应执行表 2.1 的要求。

表 2.1　化学危险物质储存方式

储存类别 储存要求	露天储存	隔离储存	隔开储存	分离储存
平均单位面积储存量/t·m^{-2}	1.0~1.5	0.5	0.7	0.7
单一储存区最大储量/t	2000~2400	200~300	200~300	400~600
垛距限制/m	2	0.3~0.5	0.3~0.5	0.3~0.5
通道宽度/m	4~6	1~2	1~2	5
墙距宽度/m		0.3~0.5	0.3~0.5	0.3~0.5
与禁忌品距离/m	10	不得同库储存	不得同库储存	7~10

（二）化学危险物质储存安全要求

化学危险品仓库是储存易燃、易爆等化学危险品的场所，仓库选址必须适当，建筑物必须符合规范要求，做到科学管理，确保其储存、保管安全。其储存保管的安全要求如下：

（1）化学物质的储存限量，由当地主管部门与公安部门规定。

（2）交通运输部门应在车站、码头等地修建专用储存化学危险物质的仓库。

（3）储存化学危险物质的地点及建筑结构，应根据国家有关规定设置，并充分考虑对周围居民区的影响。

（4）化学危险物品露天存放时应符合防火、防爆的安全要求。

（5）安全消防卫生设施，应根据物品危险性质设置相应的防火防爆、泄压、通风、湿度调节、防潮防雨等安全措施。

（6）必须加强出入库验收，避免出现差错。特别对爆炸物质、剧毒物质和放射性物质，应采取双人收发、双人记账、双人双锁、双人运输和双人使用的"五双制"方法加以管理。

（7）经常检查，发现问题及时处理，根据危险品库房物性及灭火办法的不同，应严格按规定分类储存。

二、化学危险物质分类储存的安全要求

（一）爆炸性物质储存的安全要求

爆炸性物质的储存按原公安、铁道、商业、化工、卫生和农业等部门关于《爆炸物品管理规则》的规定办理。具体规定如下：

（1）爆炸性物质必须存放在专用仓库内。储存爆炸性物质的仓库禁止设在城镇、市区和居民聚居的地方，并且应当与周围建筑、交通要道、输电线路等保持一定的安全距离。

（2）存放爆炸性物质的仓库，不得同时存放相抵触的爆炸物质。并不得超过规定的储存数量。

（3）一切爆炸性物质不得与酸、碱、盐类以及某些金属、氧化剂等同库储存。

（4）为了通风、装卸和便于出入检查，爆炸性物质堆放时，堆垛不应过高过密。

（5）爆炸性物质仓库的温度、湿度应加强控制和调节。

（二）压缩气体和液化气体储存的安全要求

（1）压缩气体和液化气体不得与其他物质共同储存。

（2）液化石油气储罐区的安全要求。液化石油气贮罐区，应布置在通风良好且远离明火或散发火花的露天地带。

（3）对气瓶储存的安全要求。储存气瓶的仓库应为单层建筑，设置易揭开的轻质屋顶，地坪可用沥青砂浆混凝土铺设，门窗都向外开启，玻璃涂以白色。库温不宜超过35℃，有通风降温措施。

（三）易燃液体储存的安全要求

（1）易燃液体应储存于通风阴凉处，并与明火保持一定距离，在一定区域内严禁烟火。

（2）沸点低于或接近夏季气温的易燃液体，应储存于有降温设施的库房或储罐内，盛装易燃液体的容器应保留不少于5%容积的空隙，夏季不可曝晒。

（3）闪点较低的易燃液体，应注意控制库温。气温较低时容易凝结成块的易燃液体受冻后易使容器胀裂，故应注意防冻。

（4）易燃、可燃液体储罐分地上、半地上和地下三种类型。地上储罐不应与地下或半地下储罐布置在同一储罐组内，且不宜与液化石油气储罐布置在同一储罐组内。储罐组内储罐的布置不应超过两排。在地上和半地下的易燃、可燃液体储罐的四周应设置防火堤。

（5）储罐高度超过17m时，应设置固定的冷却和灭火设备；低于17m时，可采用移动式灭火设备。

（6）闪点低、沸点低的易燃液体储罐应设置安全阀并有冷却降温设施。

（7）储罐的进料管应从罐体下部接入，以防止液体冲击飞溅产生静电火花引起爆炸，储罐及其有关设施必须设有防雷击、防静电设施，并采用防爆电气设备。

（8）易燃、可燃液体桶装库应设计为单层仓库，可采用钢筋混凝土排架结构，设防火墙分隔数间，每间应有安全出口。桶装的易燃液体不宜于露天堆放。

（四）易燃固体储存的安全要求

（1）储存易燃固体的仓库要求阴凉、干燥，要有隔热措施，忌阳光照射，易挥发、易燃固体应密封堆放，仓库要求严格防潮。

（2）易燃固体多属于还原剂，应与氧和氧化剂分开储存。有很多易燃固体有毒，故储存中应注意防毒。

（五）自燃物质储存的安全要求

（1）自燃物质不能与易燃液体、易燃固体、遇水燃烧物质混放储存，也不能与腐蚀性物质混放储存。

（2）自燃物质在储存中，对温度、湿度的要求比较严格，必须储存于阴凉、通风干燥的仓库中，并注意做好防火、防毒工作。

（六）遇水燃烧物质储存的安全要求

（1）遇水燃烧物质的储存应选用地势较高的地方，在夏令暴雨季节保证不进水，堆垛时要用干燥的枕木或垫板。

（2）储存遇水燃烧物质的库房要求干燥，要严防雨雪的侵袭。库房的门窗可以密封。库房的相对湿度一般保持在75%以下，最高不超过80%。

（3）钾、钠等应储存于不含水分的矿物油或石蜡油中。

（七）氧化剂储存的安全要求

（1）一级无机氧化剂与有机氧化剂不能混放储存；不能与其他弱氧化剂混放储存；不能与压缩气体、液化气体混放储存；氧化剂与有毒物质不得混放储存。有机氧化剂不能与溴、过氧化氢、硝酸等酸性物质混放储存。硝酸盐与硫酸、发烟硫酸、氯磺酸接触时都会发生化学反应，不能混放储存。

（2）储存氧化剂应严格控制温度、湿度。可以采取整库密封、分垛密封与自然通风相结合的方法。在不能通风的情况下，可以采用吸潮和人工降温的方法。

（八）毒物质储存的安全要求

（1）有毒物质应储存在阴凉通风的干燥场所，要避免露天存放，不能与酸类物质接触。

（2）严禁与食品同存一库。

（3）包装封口必须严密，无论是瓶装、盒装、箱装或其他包装，外面均应贴（印）有明显名称和标志。

（4）工作人员应按规定穿戴防毒用具，禁止用手直接接触有毒物质。储存有毒物质的仓库应有中毒急救、清洗、中和、消毒用的药物等备用。

（九）腐蚀性物质储存的安全要求

（1）腐蚀性物质均须储存在冬暖夏凉的库房电，保持通风、干燥，防潮、防热。

（2）腐蚀性物质不能与易燃物质混合储存，可用墙分隔同库储存不同的腐蚀性物质。

（3）采用相应的耐腐蚀容器盛装腐蚀性物质，且包装封口要严密。

（4）储存中应注意控制腐蚀性物质的储存温度，防止受热或受凉造成容器胀裂。

第三节　化学危险物质的运输安全

危险化学物质从生产环节到储存、使用环节都需要通过运输这个手段才能完成。运输危险化学物质可通过船舶、火车和汽车等交通工具进行。危险化学物质运输是一种动态危险源，发生事故涉及面广、危害严重，对人民生命财产、社会公共安全构成威胁。因而危险化学物质的安全运输越来越受到人们的关注。

一、化学危险物质运输的装配原则

化学危险物质的危险性各不相同，性质相抵触的物品相遇后往往会发生燃烧爆炸事故，发生火灾时，使用的灭火剂和扑救方法也不完全一样，因此为保证装运中的安全，应遵守有关装配原则。

包装要符合要求，运输应佩戴相应的劳动保护用品和配备必要的紧急处理工具，搬运时必须轻装轻卸，严禁撞击、震动和倒置。

二、化学危险物质运输安全事项

（一）公路运输

汽车装运化学危险物品时，应悬挂运送危险货物的标志。在行驶、停车时要与其他车辆、高压线、人口稠密区、高大建筑物和重点文物保护区保持一定的安全距离，按当地公安机关指定的路线和规定时间行驶，严禁超车、超速、超重，防止摩擦、冲击，车上应设置相应的安全防护设施。

（二）铁路运输

铁路是运输化工原料和产品的主要工具。通常对易燃、可燃液体采用槽车运输，装运其他危险货物使用专用危险品货车。危险化学品的铁路运输，必须严格执行《危险货物运输规则》《铁路危险货物运输规则》的有关规定。

（三）水陆运输

船舶在装运易燃易爆物品时应悬挂危险货物标志，严禁在船上动用明火，燃煤拖轮应装设火星熄灭器，且拖船尾至驳船首的安全距离不应小于50m。对闪点较低的易燃液体，在装卸时也有相关要求。

三、化学危险物质的包装及标志

（一）包装

化学危险物品的包装应遵照《危险货物运输规则》《气瓶安全检查规则》和原化学工业部《液化气体铁路槽车安全管理规定》等有关要求办理。

（二）包装标志

凡是出厂的易燃、易爆、有毒等产品，应在包装好的物品上牢固清晰印贴专用包装标志。包装标志的名称、适用范围、图形、颜色和尺寸等基本要求，应符合我国 GB 190—1985《危险货物包装标志》的规定。

　　根据常用危险化学品的危险特性和类别，设主标志 16 种、副标志 11 种（图 2.1）。当一种危险化学品具有一种以上的危险性时，应用主标志表示主要危险性类别，并用副标志来表示重要的其他的危险性类别。在危险化学品包装上粘贴化学品安全标签，是国家对危险化学品进行安全管理的一种重要方法。危险化学品的包装标志和安全标签，由生产单位在出厂前完成。凡是没有包装标志和安全标签的危险品不准出厂、储存或运输。

图 2.1　部分常用危险化学品的标志

思　考　题

2-1　危险物质如何分类？

2-2　化学危险物质造成化学事故的主要特性是什么？

2-3　影响化学危险物质危险性的主要因素有哪些？

2-4　化学危险物质储存方式有哪些？并举例说明。

2-5　化学危险物质运输的装配原则有哪些？并举例说明。

第三章 防火防爆

第一节 燃烧与爆炸的基础知识

一、火灾的基础知识

（一）燃烧

燃烧是一种复杂的物理化学过程。同时伴有发光、发热激烈的氧化反应。其特征是发光、发热、生成新物质。

（二）燃烧的条件

燃烧必须具备以下三个条件。

（1）可燃物质。所有物质分为可燃物质、难燃物质和不可燃物质三类：可燃物质是指在火源作用下能被点燃，并且当点火源移开后能继续燃烧直至燃尽的物质；难燃物质为在火源作用下能被点燃，当点火源移开后不能维持继续燃烧的物质；不可燃物质是指在正常情况下不能被点燃的物质。

可燃物质是防火防爆的主要研究对象。凡能与空气、氧气或其他氧化剂发生剧烈氧化反应的物质，都可称为可燃物质。可燃物质种类繁多，按物理状态可分为气态、液态和固态三类。化工生产中使用的原料、生产中的中间体和产品很多都是可燃物质。

（2）助燃物质。凡是具有较强的氧化能力，能与可燃物质发生化学反应并引起燃烧的物质均称为助燃物。化学危险物品分类中的氧化剂类物质均为助燃物，除此之外，助燃物还包括一些未列入化学危险物品的氧化剂如正常状态下的空气等。

（3）点火源。凡能引起可燃物质燃烧的能源均可称之为点火源。

常见的点火源有明火、电火花、炽热物体等。

可燃物、助燃物和点火源是导致燃烧的三要素，缺一不可，是必要条件。上述"三要素"同时存在，燃烧能否实现，还要看是否满足数值上的要求。在燃烧过程中，当"三要素"的数值发生改变时，也会使燃烧速度改变甚至停止燃烧。

首先，要燃烧就必须使可燃物与氧达到一定的比例，如果空气中的可燃物数量不足，燃烧就不会发生。例如，同样在室温（20℃）的条件下用火柴去点汽油和柴油时，汽油会立刻燃烧，柴油则不燃，这是因为柴油在室温下蒸气浓度（数量）不足，还没有达到燃烧的浓度。虽有可燃物质，但其挥发的气体或蒸汽量不足够，即使有空气和着火源的接触，也不会发生燃烧。

其次，要使可燃物质燃烧，必须供给足够的助燃物，否则，燃烧就会逐渐减弱，直至熄灭。例如，点燃的蜡烛用玻璃罩罩起来，不使空气进入，短时间内，蜡烛就会熄灭。通过对玻璃罩内气体的分析，发现还含有16%的氧气。这说明，一般可燃物质在空气中的氧含量低于 16%时，就不能发生燃烧。

再次，要发生燃烧，着火源必须有一定的温度和足够的能量，否则燃烧就不能发生。例如，从烟囱冒出来的碳火星，温度约有 600℃，已超过了一般可燃物的燃点，如果这些火星落在易燃的柴草或刨花上，就能引起燃烧，这说明这种火星所具有的温度和热量能引起这些物质的燃烧；如果这些火星落在大块木料上，就会很快熄灭，不能引起燃烧，这就说明这种火星虽有相当高的温度，但缺乏足够的热量，因此不能引起大块木料的燃烧。

总之，要使可燃物质燃烧，不仅要具备燃烧的三个条件，而且每一个条件都要具有一定的量，并且彼此相互作用，否则就不会发生燃烧。对于正在进行着的燃烧，若消除其中任何一个条件，燃烧便会终止，这就是灭火的基本原理。

（三）燃烧过程

可燃物质的燃烧一般是在气相进行的。由于可燃物质的状态不同，其燃烧过程也不相同。气体最易燃烧，燃烧所需要的热量只用于本身的氧化分解，并使其达到着火点。气体在极短的时间内就能全部燃尽。

液体在火源作用下，先蒸发成蒸汽，而后氧化分解进行燃烧。与气体燃烧相比，液体燃烧需多消耗液体变为蒸气的蒸发热。

固体燃烧有两种情况：对于硫、磷等简单物质，受热时首先熔化，而后蒸发为蒸气进行燃烧，无分解过程；对于复合物质，受热时首先分解成其组成部分，生成气态和液态产物，而后气态产物和液态产物蒸气着火燃烧。

物质燃烧过程如图 3.1 所示。

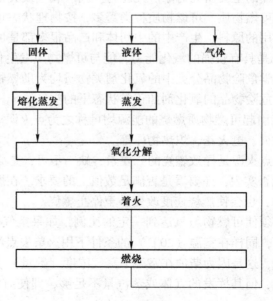

图 3.1　物质燃烧过程

（四）燃烧类型

根据燃烧的起因不同，燃烧可分为闪燃、着火和自燃三类。

1. 闪燃与闪点

可燃液体的蒸气（包括可升华固体的蒸气）与空气混合后，遇到明火而引起瞬间（延续时间少于 5s）燃烧，称为闪燃。液体能发生闪燃的最低温度，称为该液体的闪点。闪燃往往是着火先兆，可燃液体的闪点越低，越易着火，火灾危险性越大。一般称闪点小于或等于 45℃ 的液体为易燃液体，闪点大于 45℃ 的液体为可燃液体。

2. 着火与燃烧

可燃物质在空气充足的条件下，达到一定温度与火源接触即行着火，移去火源后仍能持续燃烧达 5min 以上，这种现象称为点燃。点燃的最低温度称为着火点。如木材的着火点为 295℃。

可燃液体的闪点与燃点的区别：在燃点时燃烧的不是蒸汽，而是液体（即液体已达到燃烧的温度，可提供保持稳定燃烧的蒸气）。在闪点时移去火源后闪燃即熄灭，而在燃点时则能继续燃烧。

控制可燃物质的温度在燃点以下是预防发生火灾的措施之一。

3. 自燃与自燃点

（1）自燃。可燃物质受热升温而不需明火作用就能自行燃烧的现象。

（2）自燃点。自燃的最低温度称为自燃点。

（3）物质的燃点、自燃点和闪点的关系：易燃液体的燃点比闪点高 1~5℃，闪点愈低，二者的差距愈小。苯、二硫化碳、丙酮等的闪点都低于 0℃。在开口的容器中作实验时，很难区别出它们的闪点与着火。可燃液体中闪点在 100℃ 以上者，燃点与闪点的差数可达 30℃ 或更高。由于易燃液体的燃点与闪点很接近，所以在估计这类液体有火灾危险性时，只考虑闪点就可以了。一般来说，液体燃料的密度越小，闪点越低，而自燃点越高；液体燃料的密度越大，闪点越高，而自燃点越低。

几种液体燃料的自燃点和闪点比较见表 3.1。

表 3.1　几种常见液体燃料的自燃点和闪点

物　　质	闪点/℃	自燃点/℃
汽油	<28	510~530
煤油	28~45	380~425
轻柴油	45~120	350~380
重柴油	>120	300~330
蜡油	>120	300~320
渣油	>120	230~240

4. 燃烧温度和热值

可燃物质燃烧时所放出的热量，部分被火焰辐射散失，而大部分则消耗在加热燃烧上，由于可燃物质所产生的热量是在火焰燃烧区域内析出的，因而火焰温度也就是燃烧温度。

所谓热值，就是单位质量的可燃物质在完全烧尽时所放出的热量。不同的物质燃烧时，放出的热量是不同的，热值大的可燃物质燃烧时放出的热量多。

可燃性固体和可燃性液体的热值以"J/kg"表示，可燃气体（标准状态）的热值以"J/m³"表示。

二、爆炸的基础知识

爆炸是物质在瞬间以机械功的形式释放出大量气体和能量的现象。

（一）爆炸的分类

（1）按爆炸能量来源的不同分类。

1）物理爆炸。指由物理因素（如温度、体积、压力）变化引起的爆炸现象。例如蒸汽锅炉、压缩气体、液化气体过压等引起的爆炸，都属于物理爆炸。

物质的化学成分和化学性质在物理爆炸后均不发生变化。

2）化学性爆炸。指使物质在短时间内完成化学反应，同时产生大量气体和能量而引起的爆炸现象。物质的化学成分和化学性质在化学爆炸后均发生了质的变化。如乙炔铜、碘化氮、氯化氮等的爆炸。

（2）按爆炸的瞬时燃烧速度分类。

1）轻爆。物质爆炸时的燃烧速度为每秒数米，爆炸时无多大破坏力，声响也不大。如无烟火药在空气中的快速燃烧，可燃气体混合物在接近爆炸浓度上限或下限时的爆炸即属于此类。

2）爆炸。物质爆炸时的燃烧速度为每秒数十几米至数百米，爆炸时能在爆炸点引起压力激增，有较大的破坏力，有震耳的声响。可燃气体混合物在多数情况下的爆炸，以及被压火药遇火源引起的爆炸即属于此类。

3）爆轰。物质爆炸的燃烧速度为每秒 1000~7000m。爆轰时的特点是突然引起极高压力，并产生超音速的"冲击波"。由于在极短的时间内发生燃烧产物急剧膨胀，因此，像活塞一样积压其周围气体，反应所产生的能量有一部分传给被压缩的气体层，形成的冲击波由它本身的能量支持，迅速传播并能远离爆轰的发源地而独立存在，同时可引起该处的其他爆炸性气体混合物火炸药爆炸，发生一种"殉爆"现象。这类爆炸实际上是在火源作用下的一种瞬间燃烧反应。通常称可燃性混合物为有爆炸危险的物质，因为它们只是在适当的条件下才变为危险的物质，这些条件包括可燃物质的含量、氧化剂含量以及点火能源等。

（二）化学性爆炸物质

依照爆炸时所进行的化学变化，化学性爆炸物质可分为以下几种。

1. 简单分解的爆炸物

这类物质在爆炸时分解为元素，并在分解为元素的反应过程中产生热量。属于这一类的有乙炔银、乙炔铜、碘化氮等，这类容易分解的不稳定物质，其爆炸危险性是很大的，受摩擦、撞击、甚至轻微振动即发生爆炸。如乙炔银受摩擦或撞击时的分解爆炸为：

$$Ag_2C_2 \longrightarrow 2Ag + 2C + Q$$

2. 复杂分解的爆炸物

这类物质包括各种含氧炸药，其危险性较简单分解的爆炸物稍小。含氧炸药在发生爆炸时伴有燃烧反应，燃烧所需的氧由物质本身分解供给。如苦味酸、TNT、烟花爆竹等都属于此类。

3. 可燃性混合物

指由可燃物质与助燃物质组成的爆炸物质。所有可燃气体、蒸气和可燃粉尘与空气（或氧）组成的混合物均属此类。如一氧化碳与空气混合的爆炸反应为：

$$2CO + O_2 + 3.76N_2 \Longrightarrow 2CO_2 + 3.76N_2 + Q$$

这类爆炸实际上是在火源作用下的一种瞬间燃烧反应。通常称可燃性混合物为有爆炸危险的物质，因为它们只是在适当的条件下，才变为危险的物质，这些条件包括可燃物质的含量、氧化剂含量以及点火能源等。可燃性混合物的危险性较前种为低，但较普遍，工业生产中遇到的主要是这类爆炸事故。

（三）爆炸极限及其影响因素

1. 爆炸极限

可燃性气体、蒸气或粉尘与空气组成的混合物，并不是在任何浓度下都会发生爆炸，而是必须在一定的浓度比例范围内才能发生燃烧和爆炸。

可燃气体、粉尘或可燃液体的蒸气与空气形成的混合物遇火源发生爆炸的极限浓度称为爆炸极限。通常用可燃气体在空气中的体积百分比（%）来表示。可燃粉尘则以 mg/L 表示。

当混合物中可燃气体含量接近于反应当量浓度时，燃烧最激烈。若含量减少或增加，燃烧速度就降低。当浓度高于或低于某一极限时，火焰便不再蔓延。可燃气体或蒸气在空气中刚刚足以使火焰蔓延的最低浓度，称为该气体或蒸气的爆炸下限；同样，足以使火焰蔓延的最高浓度称爆炸上限。在上限和下限之间的浓度范围称爆炸范围。如果可燃气体在空气中的浓度低于下限，因含有过量空气，即使遇到着火源也不会爆炸燃烧；同样，可燃气体在空气中的浓度高于上限，因空气非常不足，所以也不会爆炸，但重新接触空气还能燃烧爆炸，这是因为重新接触空气后，将可燃气体的浓度稀释进入了燃烧爆炸范围。

可燃性混合物的爆炸下限越低，爆炸极限范围越宽，其爆炸的危险性越大。

2. 影响爆炸极限的因素

爆炸极限不是一个固定值，它受着各种因素的影响，主要有以下几种：

（1）原始温度。混合物的原始温度越高，则爆炸范围越大，即下限降低，上限升高。

（2）原始压力。一般情况下，压力增加，爆炸范围扩大；压力降低，爆炸范围缩小。压力对爆炸上限的影响十分显著，而对下限的影响较小。但是，也有例外的情况，例如磷化氢与氧混合，一般不反应，如果将压力降低至一定值，混合物反而会突然爆炸。

（3）惰性介质、杂物的影响。一般情况下惰性介质的加入可缩小爆炸极限的范围，当其浓度高到一定数值时可使混合物不发生爆炸。混合物中惰性气体量增加，对上限的影响较对下限的影响更为显著。

杂物的存在对爆炸极限的影响较为复杂，如少量硫化氢的存在会降低水煤气在空气混合物中的燃点，使其更易爆炸。

（4）容器的尺寸和材料。容器、管子的直径越小，则爆炸范围越小。当管径（或火焰通道）小到一定程度时，火焰即不能通过，这一间距称为临界直径，也称为最大灭火间距。容器的材质对爆炸极限也有影响，例如将氢和氟在玻璃容器中混合，甚至在液态空气的温度下（−180℃以下）于黑暗中也会发生爆炸；而在银制容器中，在一般温度下才能发生反应。在通常情况下，一般钢制容器对爆炸极限无明显影响。

（5）氧含量。混合物中含氧量增加，爆炸极限范围扩大，尤其是爆炸上限显著提高。

（6）能源。各种爆炸性混合物都有一个最低引爆能量，即点火能量。它是混合物爆炸危险性的一项重要参数。爆炸性混合物的点火能量越小，其燃爆危险性就越大。燃烧和爆炸都需要一定的点火能源，火源的能量、热表面的面积、火源与混合物的接触时间等，对爆炸极限均有影响。如甲烷对电压 100V、电流强度为 1A 的电火花，无论在什么浓度下都不会爆炸；若电流强度为 2A，则爆炸极限为 5.9% ~ 13.6%，3A 时为 5.85% ~ 14.8%。

（四）粉尘爆炸

粉尘爆炸是粉尘粒子表面和氧作用的结果。当粉尘表面达到一定温度时，由于热分解或干馏作用，粉尘表面会释放出可燃性气体，这些气体与空气形成爆炸性混合物，而发生粉尘爆炸。因此，粉尘爆炸的实质是气体爆炸。使粉尘表面温度升高的原因主要是热辐射的作用。

粉尘爆炸的影响因素包括以下 4 个方面。

（1）物理化学性质。燃烧热越大的粉尘越易引起爆炸，例如煤尘、碳、硫等；氧化速度越大的粉尘越易引起爆炸，如煤、燃料等；越易带静电的粉尘越易引起爆炸；粉尘所含的挥发分越大越易引起爆炸，如当煤粉中的挥发分低于 10% 时不会发生爆炸。

（2）粉尘颗粒大小。粉尘的颗粒越小，其比表面积越大（比表面积是指单位质量或单位体积的粉尘所具有的总表面积），化学活性越强，燃点越低，粉尘的爆炸下限越小，爆炸的危险性越大。爆炸粉尘的粒径范围一般为 0.1 ~ 100μm。

（3）粉尘的悬浮性。粉尘在空气中停留的时间越长，其爆炸的危险性越大。粉尘的悬浮性与粉尘的颗粒大小、粉尘的密度、粉尘的形状等因素有关。

（4）空气中粉尘的浓度。粉尘的浓度通常用单位体积中粉尘的质量表示，其单位为 mg/m³。空气中粉尘只有达到一定的浓度，才可能会发生爆炸。因此粉尘爆炸也有一定的浓度范围，即有爆炸下限和爆炸上限。由于通常情况下，粉尘浓度均低于爆炸浓度下限，因此粉尘的爆炸上限浓度很少使用。

第二节　火灾爆炸危险性分析

一、生产和储存的火灾爆炸危险性分析

为防止火灾和爆炸事故，首先必须了解生产或储存的物质的火灾危险性，发生火灾爆炸事故后火势蔓延扩大的条件等，这是采取行之有效的防火、防爆措施的重要依据。

为了更好地进行安全管理，可对生产中火灾爆炸危险性进行分类，以便采取有效的防火防爆措施。目前我国将化工生产中的火灾爆炸危险性分为甲、乙、丙、丁、戊五类。同样储存物品的火灾危险性根据储存物品的性质和储存物品中的可燃物数量等因素，储存物品的火灾危险性分为甲、乙、丙、丁、戊五类。

（一）生产的火灾危险性分类

（1）甲类厂房。

1）闪点小于28℃的液体。

2）爆炸下限小于10%的气体。

3）常温下能自行分解或在空气中氧化能导致迅速自燃或爆炸的物质。

4）常温下受到水或空气中水蒸气的作用，能产生可燃气体并引起燃烧或爆炸的物质。

5）遇酸、受热、撞击、摩擦、催化以及遇有机物或硫黄等易燃的无机物，极易引起燃烧或爆炸的强氧化剂。

6）受撞击、摩擦或与氧化剂、有机物接触时能引起燃烧或爆炸的物质。

7）在密闭设备内操作温度大于等于物质本身自燃点的生产。

（2）乙类厂房。

1）闪点大于等于28℃，但小于60℃的液体。

2）爆炸下限大于等于10%的气体。

3）不属于甲类的氧化剂。

4）不属于甲类的化学易燃危险固体。

5）助燃气体。

6）能与空气形成爆炸性混合物的浮游状态的粉尘、纤维，闪点大于等于60℃的液体雾滴。

（3）丙类厂房。

1）闪点大于等于60℃的液体。

2）可燃固体。

（4）丁厂房类。

1）对不燃烧物质进行加工，并在高温或熔化状态下经常产生强辐射热、火花或火焰的生产。

2）利用气体、液体、固体作为燃料或将气体、液体进行燃烧作其他用的各种生产。

3）常温下使用或加工难燃烧物质的生产。

（5）戊厂房类。常温下使用或加工不燃烧物质的生产。

（二）储存物品的火灾危险性

（1）甲类仓库。

1）闪点小于28℃的液体。

2）爆炸下限小于10%的气体，以及受到水或空气中水蒸气的作用，能产生爆炸下限小于10%气体的固体物质。

3）常温下能自行分解或在空气中氧化能导致迅速自燃或爆炸的物质。

4）常温下受到水或空气中水蒸气的作用，能产生可燃气体并引起燃烧或爆炸的物质。

5）遇酸、受热、撞击、摩擦以及遇有机物或硫黄等易燃的无机物，极易引起燃烧或爆炸的强氧化剂。

6）受撞击、摩擦或与氧化剂、有机物接触时能引起燃烧或爆炸的物质。

（2）乙类仓库。

1）闪点大于等于28℃，但小于60℃的液体。

2）爆炸下限大于等于10%的气体。

3）不属于甲类的氧化剂。

4）不属于甲类的化学易燃危险固体。

5）助燃气体，如氧气。

6）常温下与空气接触能缓慢氧化，积热不散引起自燃的物品。

（3）丙类仓库。

1）闪点大于等于60℃的液体。

2）可燃固体。

（4）丁类仓库。难燃烧物品。

（5）戊类仓库。不燃烧物品。

二、火灾和爆炸危险场所的等级划分

（一）火灾危险场所，按其危险程度可分为三级区域

（1）21区。在生产过程中，产生、使用、加工、储存或转运闪点高于场所环境温度的可燃液体，并且在数量和配置上能引起火灾的场所。

（2）22区。在生产过程中，悬浮状、堆积状的可燃粉尘或可燃纤维，虽不可能形成爆炸性混合物，但在数量和配置上能引起火灾的场所。

（3）23区。存在固体状可燃物质，并且在数量和配置上能引起火灾的场所。

爆炸危险场所，按爆炸物质的物态，可分为气体爆炸危险场所和粉尘爆炸危险场所两类。

根据发生爆炸危险的可能性和后果，按爆炸物质出现的频度、持续时间和危险程度的不同，可将爆炸危险场所划分为不同的等级和区域。

（二）气体爆炸危险场所的区域等级划分

（1）0区。在正常情况下，爆炸性气体混合物连续地、短时间频繁地出现或长时间存在的场所。

（2）1区。正常情况爆炸性气体混合物可能出现的场所。

（3）2区。在正常情况下，爆炸性气体混合物不能出现，而在不正常情况下，偶尔短时间出现的场所。

（三）粉尘爆炸危险场所的区域等级划分

（1）10区。在正常情况下，爆炸性粉尘或易燃纤维与空气的混合物，可能连续地、短时间频繁地出现或长时间存在的场所。

（2）11区。正常情况爆炸性粉尘或易燃纤维与空气的混合物不能出现，而在不正常情况下，偶尔短时间出现的场所。

上述正常情况，是指设备的正常起动和停止、正常运行和维修；不正常情况，是指有可能发生设备故障或误操作。

第三节　点火源的控制

（1）点火源。指能够使可燃物与助燃物（包括某些爆炸性物质）发生燃烧或爆炸的能量来源。

（2）明火。常见的明火焰有加热用火、维修用火和其他火源。

实验证明，绝大多数明火焰的温度超过 700℃，而绝大多数可燃物的自燃点低于 700℃。所以，在一般条件下，只要明火焰与可燃物接触（有助燃物存在），可燃物经过一定延迟时间便会被点燃。当明火焰与爆炸性混合气体接触时，气体分子会因火焰中的自由基和离子的碰撞及火焰的高温而引发连锁反应，瞬间导致燃烧或爆炸。

当明火焰与可燃物之间有一定距离时，火焰散发的热量通过导热、对流、辐射三种方式向可燃物传递热量，促使可燃物升温，当温度超过可燃物自燃点时，可燃物将被点燃。在明火焰与可燃物之间的传热介质为空气时，通常只考虑它们之间的辐射换热；在传热介质为固体不燃材料时，通常只考虑它们之间的导热传热。

在实际中曾有过液化石油气灶具火焰经 2h 左右点燃 13cm 远木板墙壁而造成火灾的事例。在火场上也有油罐火灾时的冲天火焰点燃周围 50m 以内地面上杂草的事例。

一、加热用火的控制

加热易燃液体时，应尽量避免采用明火，而采用蒸汽、过热水、中间载热体或电热等。

二、维修用火的控制

维修用火主要是指焊割、喷灯、熬炼用火等。在有火灾爆炸危险的厂房内，应尽量避免焊割作业，必须进行切割或焊接作业时，应严格执行动火安全规定。

三、高温物体

所谓高温物体一般是指在一定环境中向可燃物传递热量，能够导致可燃物着火的具有较高温度的物体。

四、电火花和电弧

电火花是一种电能转变成热能的常见引火源。常见的电火花有电气开关开启或关闭时发出的火花、短路火花、漏电火花、接触不良火花、继电器接点开闭时发出的火花、电动机整流子或滑环等器件上接点开闭时发出的火花、过负荷或短路时保险丝熔断产生的火花、电焊时的电弧、雷击电弧、静电放电火花等。

为了满足化工生产的防爆要求，必须了解并正确选择防爆电气的类型。完整的防爆标志依次标明防爆形式、类别、级别和组别。

爆炸性气体分类、分级、分组见表 3.2。

表 3.2　爆炸性气体分类、分级、分组

类和级	最大试验安全间隙 MESC /mm	最小点燃电流比 MICR	引燃温度 T/℃					
			T_1	T_2	T_3	T_4	T_5	T_6
			$T>450$	$450 \geqslant T>300$	$300 \geqslant T>200$	$200 \geqslant T>135$	$135 \geqslant T>100$	$100 \geqslant T>85$
I	$MESC=1.14$	$MICR=1.0$	甲烷					
II A	$0.9<MESC<1.14$	$0.8<MICR\leqslant1.0$	乙烷、丙烷、甲苯、苯、氨、甲醇、一氧化碳、丙烯、氯乙烯	丁烷、丁醇、乙酸	戊烷、乙烷、庚烷、辛烷、硫化氢、汽油、柴油、煤油、松节油	乙醚、乙醛		亚硝酸乙酯
II B	$0.5<MESC\leqslant0.9$	$0.45<MICR\leqslant0.8$	二甲醚、民用煤气、环丙烷	乙烯、环氧乙烷、丁二烯	异戊二烯			
II C	$MESC\leqslant0.5$	$MICR\leqslant0.45$	水煤气、氢	乙炔			二硫化碳	硝酸乙酯

标志识别举例。

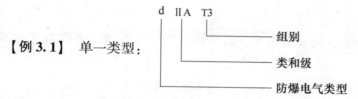

【例 3.1】　单一类型：

名称：Ⅱ类隔爆型 A 级 T3 组。

例如：dⅡBT3 为Ⅱ类 B 级 T3 组的隔爆型电气设备。

防爆电器设备类型与标志识别。

防爆电器设备在外壳明显处有凸纹标志"E$_X$"，在设备的铭牌上也有同样的标志。表 3.3 中列出了防爆电器设备的类型和标志。

表 3.3　防爆电气设备的类型和标志

类　型	老标志		新标志	设　备　特　征
	工厂用	煤矿用		
增安型（安全型）	A	KA	e	正常运行条件下，不能产生点燃爆炸性混合物的电弧、火花或过热，并在结构上采取措施，提高其安全程度，以避免在正常和规定的过载条件下出现的电气设备
隔爆型	B	KB	d	具有隔爆外壳的电气设备，即把能点燃爆炸性混合物的部件封闭在一外壳内，该外壳能承受内部爆炸性混合物的爆炸压力，并能阻止向周围爆炸性混合物传爆的电气设备

类　型	老标志		新标志	设　备　特　征
	工厂用	煤矿用		
充油型	C	KC	o	全部或某些带电部件浸在油中，使之不能点燃油面以上和外壳周围的爆炸性混合物的电气设备
充沙型			q	外壳内充填不燃性颗粒材料，以便在规定使用条件下，外壳内产生的电弧、火焰传播，壳壁或颗粒材料表面的过热温度，均不能够点燃周围的爆炸性混合物的电气设备
正压型（通风充气型）	F	KF	p	具有保持电气设备内部非爆炸性气体压力高于周围爆炸性气体压力的外壳，以避免外部爆炸性气体进入外壳内的电气设备
本质安全型（安全火花型）	H	KH	ia ib	在标准试验条件下，正常运转或故障情况下产生的火花或热效应，均不能点燃爆炸性混合物的电路和电气设备
特殊型	T	KT	s	不属于以上类型的其他防爆电气设备

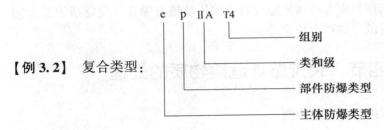

【例3.2】　复合类型：

名称：ⅡA类、主体增安型、部件正压型、T4组。

五、静电

静电是宏观范围内相对静止的，暂时失去平衡的正电荷或负电荷。在炼油、化工等生产部门，静电是火灾和爆炸的主要原因之一。

静电火灾和爆炸的直接原因是静电放电火花。对于生产工艺过程中产生的静电，如果没有较高的电压，是不会造成危险火花的。一般情况下，电压越高，火花放电的危险性越大。

静电引发火灾和爆炸的条件：（1）空间有爆炸混合物存在。（2）有产生静电的工艺条件或操作过程。（3）静电得以积累并达到相当程度，以使介质间的局部电场被击穿。（4）静电放电火花能量达到爆炸混合物的最小点燃能量。这四个条件中的任何一个条件不具备时，都不会引起火灾和爆炸。

为了防止静电成灾，做到万无一失，除采取上述相应的技术措施外，还必须同步采用静电测量和监控技术，真正对生产环境和生活场所静电致灾的危险性做到心中有数，达到防患于未然。

六、撞击和摩擦

撞击和摩擦属于物体间的机械作用。一般来说，在撞击和摩擦过程中机械能转变成热能。当两个表面粗糙的坚硬物体互相猛烈撞击或摩擦时，往往会产生火花或火星，这种火花实质上是撞击和摩擦物体产生的高温发光的固体微粒。

撞击和摩擦发出的火花通常能点燃沉积的可燃粉尘、棉花等松散的易燃物质，以及易燃的气体、蒸气、粉尘与空气的爆炸性混合物。实际中的火镰引火、打火机（火石型）点火都是撞击和摩擦火花具体应用的实例。实际中也有许多撞击和摩擦火花引起火灾的案例，如铁器互相撞击点燃棉花、乙炔气体等。因此在易燃易爆场所，不能使用铁制工具，而应使用铜制或木制工具；不准穿带钉鞋，地面应为不发火花地面等。

硬度较低的两个物体，或一个较硬与另一个较软的物体之间互相撞击和摩擦时，由于硬度较低的物体通常熔点、软化点较低，会使物体表面变软或变形，因而不能产生高温发光的微粒，即不能产生火花。但撞击和摩擦的机械能转变成的热能却会点燃许多易燃易爆的物质。实际中也有许多撞击和摩擦发热引起火灾的案例。如爆炸性物质、氧化剂及有机过氧化物等受振动、撞击和摩擦而引起的火灾爆炸事故；车床切削下来的废铁屑（温度很高）点燃周围可燃物而造成的火灾事故等。在装卸搬运爆炸性物品、氧化剂及有机过氧化物等对撞击和摩擦敏感度较高的物品时，应轻拿轻放，严禁撞击、拖拉、翻滚等，以防引起火灾和爆炸。对于车床切削应有冷却措施。对机械传动轴与轴套，应定期加润滑油，以防摩擦发热引燃轴套附近散落的可燃粉尘等。

第四节　火灾爆炸危险物质的处理

一、用难燃或不燃溶剂代替可燃溶剂

在萃取、吸收等单元操作中，采用的多为易燃有机溶剂。用燃烧性能较差的溶剂代替易燃溶剂，会显著改善操作的安全性。除醋酸戊酯以外，丁醇、戊醇、乙二醇、氯苯、二甲苯等都是沸点在110℃以上燃烧危险性较小的液体。

在许多情况下，可以用不燃液体代替可燃液体，这类液体有氯的甲烷及乙烯衍生物，如二氯甲烷、三氯甲烷、四氯化碳、三氯乙烯等。例如，为了溶解脂肪、油脂、树脂、沥青、橡胶以及油漆，可以用四氯化碳代替有燃烧危险的液体溶剂。

使用氯代烃时必须考虑其蒸气的毒性，以及发生火灾时可能分解释放出光气。为了防止中毒，设备必须密闭，室内不应超过规定浓度，并在发生事故时要戴防毒面具。

二、根据燃烧性物质的特性分别处理

遇空气或遇水燃烧的物质，应该隔绝空气或采取防水、防潮措施，以免燃烧或爆炸事故发生。燃烧性物质不能与性质相抵触的物质混存、混用；遇酸、碱有分解爆炸危险的物质应该防止与酸碱接触；对机械作用比较敏感的物质要轻拿轻放。燃烧性液体或气体，应该根据它们的密度考虑适宜的排污方法，根据它们的闪点、爆炸范围、扩散性等采取相应的防火防爆措施。

对于自燃性物质，在加工或储存时应该采取通风、散热、降温等措施，以防其达到自燃点，引发燃烧或爆炸。多数气体、蒸气或粉尘的自燃点都在 400℃ 以上，在很多场合要有明火或火花才能起火，只要消除任何形式的明火，就基本达到了防火的目的。有些气体、蒸气或固体易燃物的自燃点很低，只有采取充分的降温措施，才能有效地避免自燃。有些液体，如乙醚，受阳光作用能生成危险的过氧化物，对于这些液体，应采取避光措施，盛放于金属桶或深色玻璃瓶中。

有些物质能够提高易燃液体的自燃点，如在汽油中添加四乙基铅，就是为了增加汽油的易燃性；而另外一些物质，如铈、钒、铁、钴、镍的氧化物，则可以降低易燃液体的自燃点。对于这些情况应予以注意。

三、密闭和通风措施

（一）密闭措施

为了防止易燃气体、蒸气或可燃粉尘泄漏与空气混合形成爆炸性混合物，设备应该密闭，特别是带压设备更需要保持密闭性。如果设备或管道密封不良，正压操作时会因可燃物泄漏使附近空气达到爆炸下限；负压操作时会因空气进入而达到可燃物的爆炸上限。开口容器、破损的铁桶、没有防护措施的玻璃瓶不得盛储易燃液体。不耐压的容器不得盛储压缩气体或加压液体，以防容器破裂造成事故。

为了保证设备的密闭性，对于危险设备和系统，应尽量少用法兰连接。输送危险液体或气体应采用无缝管。负压操作可防止爆炸性气体逸入厂房，但在负压下操作，要特别注意设备清理打开排空阀时，不要让大量空气吸入。

加压或减压设备在投产或定期检验时应检查其密闭性和耐压程度。所有压缩机、液泵、导管、阀门、法兰、接头等容易漏油、漏气的机件和部位应该经常检查。填料如有损坏应立即更换，以防渗漏。操作压力必须加以限制，压力过高，轻则密闭性遭破坏，渗漏加剧；重则设备破裂，造成事故。

氧化剂如高锰酸钾、氯酸钾、铬酸钠、硝酸铵、漂白粉等粉尘加工的传动装置、密闭性能必须良好，要定期清洗传动装置，及时更换润滑剂，防止粉尘渗进变速箱与润滑油相混，由于蜗轮、蜗杆摩擦生热而引发爆炸。

（二）通风措施

即使设备密封很严，但总会有部分气体、蒸气或粉尘渗漏到室内，必须采取措施使可燃物的浓度降至最低。同时还要考虑到爆炸物的量虽然极微，但也有局部浓度达到爆炸范围的可能。完全依靠设备密闭消除可燃物在厂房内的存在是不可能的，可以借助通风来降低车间内空气中可燃物的浓度。通风可分为机械通风和自然通风，按换气方式也可分为排风和送风。

对于有火灾爆炸危险的厂房的通风，由于空气中含有易燃气体，所以不能循环使用。排除或输送温度超过 80℃ 的空气、燃烧性气体或粉尘的设备，应该用非燃烧材料制成。空气中含有易燃气体或粉尘的厂房，应选用不产生火花的通风机械和调节设备。含有爆炸性粉尘的空气，在进入排风机前应进行净化，防止粉尘进入排风机。排风管道应直接通往室外安全处，排风管道不宜穿过防火墙或非燃烧材料的楼板等防火分隔物，以免发生火灾时火势顺管道通过防火分隔物。

四、惰性介质的惰化和稀释作用

惰性气体反应活性较差，常用作保护气体。惰性气体保护是指用惰性气体稀释可燃气体、蒸气或粉尘的爆炸性混合物，以抑制其燃烧或爆炸。常用的惰性气体有氮气、二氧化碳、水蒸气以及卤代烃等燃烧阻滞剂。

第五节　工艺参数的安全控制

一、反应温度控制

温度是化学工业生产的主要控制参数之一。各种化学反应都有其最适宜的温度范围，正确控制反应温度不但可以保证产品的质量，而且也是防火防爆所必须的。

如果超温，反应物有可能分解起火，造成压力升高，甚至导致爆炸；也可能因温度过高而产生副反应，生成危险的副产物或过反应物。

升温过快、过高或冷却设施发生故障，可能会引起剧烈反应，乃至冲料或爆炸。

温度过低会造成反应速度减慢或停滞，温度一旦恢复正常，往往会因为未反应物料过多而使反应加剧，有可能引起爆炸。温度过低还会使某些物料冻结，造成管道堵塞或破裂，致使易燃物料泄漏引发火灾或爆炸。

（一）控制反应温度（除去反应热）

化学反应一般都伴随着热效应，放出或吸收一定热量。

（二）防止搅拌中断

搅拌可以加速热量的传递。有的生产过程如果搅拌中断，可能会造成散热不良或局部反应过于剧烈而发生危险。例如，苯与浓硫酸进行磺化反应时，物料加入后由于迟开搅拌，造成物料分层；搅拌开动后，反应剧烈，冷却系统不能及时地将大量的反应热移去，导致热量积累，温度升高，未反应完的苯很快受热气化，造成设备、管线超压爆裂。所以，加料前必须开动搅拌，防止物料积存。生产过程中，若由于停电、搅拌机械发生故障等造成搅拌中断时，加料应立即停止，并且应当采取有效的降温措施。对因搅拌中断可能引起事故的反应装置，应当采取防止搅拌中断的措施，例如，采用双路供电。

（三）正确选择传热介质

传热介质，即热载体，常用的有水、水蒸气、碳氢化合物、熔盐、汞和熔融金属、烟道气等。在使用过程中要注意以下两点：

（1）避免使用性质与反应物料相抵触的介质。

（2）防止传热面结垢。

二、投料控制

（一）投料速度控制

对于放热反应，投料速率不能超过设备的传热能力，否则，物料温度将会急剧升高，引起物料的分解、突沸，造成事故。加料时如果温度过低，往往造成物料的积累、过量，温度一旦适宜反应加剧，加之热量不能及时导出，温度和压力都会超过正常指标，导致事故。如某农药厂"保棉丰"反应釜，按工艺要求应在不低于 75℃ 的温度下，4h 内加完 100kg 双氧水。但由于投料温度为 70℃，开始反应速率慢，加之投入冷的双氧水使温度降至 52℃，因此决定加快投料速度，在 1h20min 投入双氧水 80kg，结果造成双氧水与原油剧烈反应，反应热来不及导出，温度骤升，仅在 6s 内温度就升至 200℃ 以上，使釜内物料气化，引起爆炸。

（二）投料配比

反应物料的配比要严格控制，影响配比的因素都要准确的分析和计量。例如，反应物料的浓度、含量、流量、重量等。对连续化程度较高，危险性较大的生产，在刚开车时要特别注意投料的配比。

（三）投料顺序

在涉及危险品的生产中，必须按照一定的顺序进行投料。

（四）原料纯度

反应物料中危险杂质的增加可能会导致副反应或过反应，引发燃烧或爆炸事故。对于化工原料和产品，纯度和成分是质量要求的重要指标，对生产和管理安全也有着重要影响。

（五）投料量

化工反应设备或储罐都有一定的安全容积，带有搅拌器的反应设备要考虑搅拌开动时的液面升高；储罐、气瓶要考虑温度升高后液面或压力的升高。若投料过多，超过安全容积系数，往往会引起溢料或超压；投料量过少，也可能发生事故。投料量过少，可能使温度计接触不到液面，导致温度出现假象，由于判断错误而发生事故；投料量过少，也可能使加热设备的加热面物料的气相，使易于分解的物料分解，从而引起爆炸。

三、溢料和泄漏的控制

溢料主要是指化学反应过程中由于加料、加热速度较快产生液沫引起的物料溢出，以及在配料等操作过程中，由于泡沫夹带而引起的物料溢出。由于溢料时相界面不清，给液面的调节控制带来困难。

化工生产中还存在着物料跑、冒、滴、漏的现象，容易引起火灾爆炸事故。造成跑、冒、滴、漏一般有以下三种情况：（1）操作不精心或误操作，例如，收料过程中的槽满跑料，分离器液面控制不稳，开错排污阀等；（2）设备管线和机泵的结合面不严密；（3）设备管线被腐蚀，未及时检修更换。

为了确保安全生产，杜绝跑、冒、滴、漏，必须加强操作人员和维修人员的责任心和技术培训，稳定工艺操作，提高检修质量，保证设备完好率，降低泄漏率。

为了防止误操作，对比较重要的各种管线应涂以不同颜色以示区别，对重要的阀门要采取挂牌、加锁等措施。不同管道上的阀门应相隔一定的间距，以免启闭错误。常见的控制有以下几种方式。

（一）自动控制

自动控制系统按其功能分为以下四类：

（1）自动检测系统。对机械、设备或过程进行连续检测，把检测对象的参数如温度、压力、流量、液位、物料成分等信号，由自动装置转换为数字，并显示或记录出来的系统。

（2）自动调节系统。通过自动装置的作用，使工艺参数保持在设定值的系统。

（3）自动操纵系统。对机械、设备或过程的启动、停止及交换、接通等，由自动装置进行操纵的系统。

（4）自动信号、联锁和保护系统。机械、设备或过程出现不正常情况时，会发出警报并自动采取措施，以防事故的安全系统。

（二）安全保护装置

（1）信号报警装置。在化学工业生产中，可配置信号报警装置，情况失常时发出警告，以便及时采取措施消除隐患。报警装置与测量仪表连接，用声、光或颜色示警。例如在硝化反应中，硝化器的冷却水为负压，为了防止器壁泄漏造成事故，在冷却水排出口装有带铃的导电性测量仪，若冷却水中混有酸，导电率提高，则会响铃示警。

随着化学工业的发展，警报信号系统的自动化程度不断提高。例如反应塔温度上升的自动报警系统可分为两级，急剧升温检测系统，以及与进出口流量相对应的温差检测系统。警报的传送方式按故障的轻重设置倍号。

信号报警装置只能提醒操作者注意已发生的不正常情况或故障，但不能自动排除故障。

（2）保险装置。保险装置在危险状态下自动消除危险或不正常状态。例如氨的氧化反应是在氨和空气混合物爆炸极限边缘进行的，在气体输送管路上应该安装保险装置，以便在紧急状态下切断气体的输入。在反应过程中，空气的压力过低或氨的温度过低，都有可能使混合气体中氨的浓度提高，达到爆炸下限。在这种情况下，保险装置就会切断氨的输送，只允许空气流过，因而可以防止爆炸事故的发生。

（3）安全联锁装置。联锁就是利用机械或电气控制依次接通各个仪器和设备，使之彼此发生联系，达到安全运行的目的。安全联锁装置是对操作顺序有特定安全要求、防止误操作的一种安全装置，有机械联锁和电气联锁；例如硫酸与水的混合操作，必须先把水加入设备，再注入硫酸，否则将会发生喷溅和灼伤事故。把注水阀门和注酸阀门依次联锁起来，就可以达到此目的。某些需要经常打开孔盖的带压反应容器，在开盖之前必须卸压。频繁的操作容易疏忽出现差错，如果把卸掉罐内压力和打开孔盖联锁起来，就可以安全无误。

常见的安全联锁装置有以下几种情况：

1）同时或依次放两种液体或气体时；

2）在反应终止需要惰性气体保护时；

3）打开设备前预先解除压力或需要降温时；

4）打开两个或多个部件、设备、机器，由于操作错误容易引起事故时；

5）当工艺控制参数达到某极限值，开启处理装置时；

6）某危险区域或部位禁止人员入内时。

第六节　火灾及爆炸蔓延的控制

一、隔离、露天布置、远距离操纵

（一）分区隔离

在总体设计时，应慎重考虑危险车间的布置位置。危险车间与其他车间或装置应保持一定的间距，充分估计相邻车间建（构）筑物可能引起的相互影响。对个别危险性大的设备，可采用隔离操作和防护屏的方法使操作人员与生产设备隔离。

在同一车间的各个工段，应视其生产性质和危险程度而予以隔离，各种原料成品、半成品的储藏，也应按其性质、储量不同而进行隔离。

（二）露天布置

为了便于有害气体的散发，减少因设备泄漏而造成易燃气体在厂房内积聚的危险性，宜将此类设备和装置布置在露天或半露天场所。如石化企业的大多数设备都是露天安装的。对于露天安装的设备，应考虑气象条件对设备、工艺参数、操作人员健康的影响，并应有合理的夜间照明。

（三）远距离操纵

在化工生产中，大多数的连续生产过程，主要是根据反应进行情况和程度来调节各种阀门，而某些阀门操作人员难以接近，开闭又较费力，或要求迅速启闭，这些情况都应进行远距离操纵。对热辐射高的设备及危险性大的反应装置，也应采取远距离操纵。远距离操纵主要由机械传动、气压传动、液压传动和电动操纵。

二、防火与防爆安全装置

（一）阻火装置

阻火设备包括阻火器、安全液封和单向阀等，其作用是防止外部火焰窜入有燃烧爆炸危险的设备、容器和管道，或阻止火焰在设备和管道间蔓延和扩散。

1. 阻火器

阻火器的作用是防止外部火焰窜入存有易燃易爆气体的设备、管道内或阻止火焰在设备、管道间蔓延。阻火器是应用火焰通过热导体的狭小孔隙时，由于热量损失而熄灭的原理设计制造。

在易燃易爆物料生产设备与输送管道之间，或易燃液体、可燃气体容器、管道的排气管上，多采用阻火器阻火。阻火器有金属网、砾石、波纹金属片等形式。

（1）金属网阻火器。阻火层用金属网叠加组成的阻火器。

（2）砾石阻火器。用砂粒、卵石、玻璃球等作为填料。

（3）波纹金属片阻火器。壳体由铝合金铸造而成，阻火层由 0.1～0.2mm 不锈钢压制，成波纹型。

2. 安全液封

安全液封的阻火原理是液体封在进出口之间，一旦液封的一侧着火，火焰都将在液封处被熄灭，从而阻止火焰蔓延。安全液封一般安装在气体管道与生产设备或气柜之间，通常用水作为阻火介质；常用的安全液封有敞开式和封闭式两种。

3. 水封井

水封井是安全液封的一种，使用在散发可燃气体和易燃液体蒸气等油污的污水管网上，可防止燃烧、爆炸沿污水管网蔓延扩展，水封井的水封液柱高度，不宜小于 250mm。

注意：当生产污水能产生引起爆炸或火灾的气体时，其管道系统中必须设置水封井，水封井位置应设在产生上述污水的排出口处及其干管上每隔适当距离处；水封深度应采用 0.25m，井上宜设通风设施，井底应设沉泥槽；水封井以及同一管道系统中的其他检查井，均不应设在车行道和行人众多的地段，并应适当远离产生明火的场地。

4. 单向阀

单向阀也称为止逆阀、止回阀。生产中常用于只允许流体在一定的方向流动，阻止在流体压力下降时返回生产流程。如向易燃易爆物质生产的设备内通入氮气置换，置换作业中氮气管网故障压力下降，在氮气管道通入设备前设一单向阀，就可以防止物料倒入氮气管网。单向阀的用途很广，液化石油气钢瓶上的减压阀就是起着单向阀作用的。生产中常用的单向阀有升降式、摇板式、球式等。

装置中的辅助管线（水、蒸汽、空气、氮气等）与可燃气体、液体设备、管道连接的生产系统，均可采用单向阀来防止发生窜料危险。

5. 阻火闸门

阻火闸门是为了阻止火焰沿通风管道蔓延而设置的阻火装置。在正常情况下，阻火闸门受制于成环状或条状的易熔元件的控制，处于开启状态，一旦着火，温度升高，易熔元件熔化，阻火闸门失去控制，闸门自动关闭，阻断火的蔓延。易熔元件通常用低熔点合金或有机材料制成（秘、铅、锡、铬、汞等金属）制成。也有的阻火闸门是手动的，即在遇火警时由人迅速关闭。

6. 火星熄灭器

火星熄灭器也称为防火帽，一般安装在产生火花（星）设备的排空系统上，以防飞出的火星引燃周围的易燃物料。火星熄灭器的种类很多，结构各不相同，大致可分为以下几种形式。

（1）降压减速。使带有火星的烟气由小容积进入大容积，造成压力降低，气流减慢。

（2）改变方向。设置障碍改变气流方向，使火星沉降，如旋风分离器。

（3）网孔过滤。设置网格、叶轮等，将较大的火星挡住或将火星分散开，以加速火星的熄灭。

（4）冷却。用喷水或蒸汽熄灭火星，如锅炉烟囱。

（二）防爆泄压装置

防爆泄压设施包括采用安全阀、爆破片、防爆门和放空管等。安全阀主要用于防止物理性爆炸，爆破片主要用于防止化学性爆炸；防爆门和防爆球阀主要用于加热炉上；放空管用来紧急排泄超温、超压、爆聚和分解爆炸的物料。有的化学反应设备除设置紧急放空管（包括火炬）外还应设置安全阀、爆破片或事故储槽，有时只设置其中一种。

1. 安全阀

安全阀的功用，一是泄压，即受压设备内部压力超过正常压力时，安全阀自动升启，把容器内的介质迅速排放出去，以降低压力，防止设备超压爆炸，当压力降低至正常值时，自行关闭。二是报警，即当设备超压，安全阀开启向外排放介质时，产生气体动力声响，起到报警作用。

2. 爆破片

爆破片也称防爆片、防爆膜。爆破片通常设置在密闭的压力容器或管道系统上，当设备内物料发生异常，反应超过规定压力时，爆破片便自动破裂，从而防止设备爆炸。其特点是放出物料多、泄压快、构造简单，可在设备耐压试验压力下破裂，适用于物料黏度高或腐蚀性强的设备，以及不允许有任何泄漏的场所。爆破片可与安全阀组合安装。在弹簧安全阀入口处设置爆破片，可以防止弹簧安全阀受腐蚀、异物侵入及泄漏。

爆破片的安全可靠性取决于爆破片的材料、厚度和泄压面积。

3. 防爆门

为了防止炉膛和烟道风压过高，引起爆炸和再次燃烧，并引起炉墙和烟道开裂、倒塌、尾部变热而烧坏，目前常用的方法就是在锅炉墙上装设防爆门。防爆门主要利用自身的重量或强度，当它大于或和炉膛在正常压力作用在其上的总压力相平衡时，防爆门处于关闭状态。当炉膛压力发生变化，作用在防爆门上的总压力超过防爆门本身的重量或强度时，防爆门就会被冲开或冲破，炉膛内就会有一部分烟气泄出，而达到泄压目的。

防爆门一般设置在燃油、燃气和燃烧煤粉的燃烧室外壁上，以防燃烧室发生爆燃或爆炸时设备遭到破坏。防爆门应设置在人们不常到的地方，高度最好不低于2m。

4. 放空管

在某些极其危险的化工生产设备上。为防止可能出现的超温、超压、爆炸等恶件事故的发生，应设置自动或就地手控紧急放空管。由于紧急放空管和安全阀的放空口高出建筑物顶，有较高的气柱，容易遭受雷击，因此，放空口应在防雷装置保护范围内。为防静电，放空管应有良好的接地设施。

第七节　消防安全

一、灭火原理与方法

根据物质燃烧原理，燃烧必须同时具备可燃物、助燃物和着火源三个条件，缺一不可。而一切灭火措施都是为了破坏已经产生的燃烧条件而使燃烧终止。

灭火的基本方法有四种：（1）减少空气中的含氧量——窒息灭火法；（2）降低燃烧物的温度——冷却灭火法；（3）隔离与火源相近的可燃物——隔离灭火法；（4）消除燃烧中的游离基——抑制灭火法。

（一）冷却灭火法

冷却灭火法，就是将灭火剂直接喷洒在燃烧着的物体上，将可燃物的温度降低到燃点以下，从而使燃烧终止。这是扑救火灾最常用的方法。冷却的方法主要是采取喷水或喷射二氧化碳等灭火剂，将燃烧物的温度降到燃点以下。灭火剂在灭火过程中不参与燃烧过程中的化学反应，属于物理灭火法。

在火场上，除用冷却法直接扑灭火灾外，在必要的情况下，可用水冷却尚未燃烧的物质，防止达到燃点而起火；还可用水冷却建筑构件、生产装置或容器设备等，以防止它们受热结构变形，扩大灾害损失。

（二）隔离灭火法

隔离灭火法，就是将燃烧物体与附近的可燃物质隔离或疏散开，使燃烧停止。这种方法适用扑救各种固体、液体和气体火灾。

采取隔离灭火法的具体措施有将火源附近的可燃、易燃、易爆和助燃物质从燃烧区内转移到安全地点；关闭阀门，阻止气体、液体流入燃烧区；排除生产装置、设备容器内的可燃气体或液体；设法阻拦流散的易燃、可燃液体或扩散的可燃气体；拆除与火源相毗连的易燃建筑结构，造成防止火势蔓延的空间地带；以及用水流封闭或用爆炸等方法扑救油气井喷火灾；采用泥土、黄沙筑堤等方法，阻止流淌的可燃液体流向燃烧点。

（三）窒息灭火法

窒息灭火法，就是阻止空气流入燃烧区，或用不燃物质冲淡空气，使燃烧物质断绝氧气的助燃而熄灭。这种灭火方法适合扑救一些封闭式的空间和生产设备装置的火灾。

在火场上运用窒息的方法扑灭火灾时，可采用石棉布、浸湿的棉被、湿帆布等不燃或难燃材料，覆盖燃烧物或封闭孔洞；用水蒸气、惰性气体（如二氧化碳、氮气等）充入燃烧区域内；利用建筑物上原有的门、窗以及生产设备上的部件，封闭燃烧区，阻止新鲜空气进入。

此外在无法采取其他扑救方法而条件又允许的情况下，可采用水或泡沫淹没（灌注）的方法进行扑救。

采取窒息灭火的方法扑救火灾，必须注意以下几个问题：

（1）燃烧的部位较小，容易堵塞封闭，在燃烧区域内没有氧化剂时才能采用这种方法。

（2）采取用水淹没（灌注）方法灭火时，必须考虑到火场物质被水浸泡后是否产生不良后果。

（3）采取窒息方法灭火后，必须在确认火已熄灭时，方可打开孔洞进行检查。严防因过早地打开封闭的房间或生产装置的设备孔洞等，使新鲜空气流入，造成复燃或爆炸。

（4）采取惰性气体灭火时，一定要将大量的惰性气体充入燃烧区，以迅速降低空气中氧的含量，窒息灭火。

（四）抑制灭火法

抑制灭火法，是将化学灭火剂喷入燃烧区使之参与燃烧的化学反应，从而使燃烧反应停止。采用这种方法可使用的灭火剂有干粉和卤代烷灭火剂及替代产品。灭火时，一定要将足够数量的灭火剂准确地喷在燃烧区内，使灭火剂参与和阻断燃烧反应；否则将起不到抑制燃烧反应的作用，达不到灭火的目的。同时还要采取必要的冷却降温措施，以防止复燃。

采用哪种灭火方法实施灭火，应根据燃烧物质的性质、燃烧特点和火场的具体情况，以及消防技术装备的性能进行选择。有些火灾，往往需要同时使用几种灭火方法。这就要注意掌握灭火时机，搞好协同配合，充分发挥各种灭火剂的效能，迅速有效地扑灭火灾。

二、灭火剂

能够有效地在燃烧区破坏燃烧条件，达到抑制或中止燃烧的物质，称作灭火剂。各类灭火剂分别具有下列作用：（1）冷却、降低燃烧温度；（2）窒息、阻止空气进入燃烧区；（3）隔离、阻止可燃物流向燃烧区；（4）抑制连锁反应；（5）稀释可燃气体、可燃液体浓度，降低空气中的含氧量。每一类灭火剂分别具有上述一种或数种作用。目前，广泛应用的灭火剂主要有水、泡沫、二氧化碳、干粉、卤代烷及特种灭火剂。

（一）水

水是一种来源丰富、取用方便、价值低廉的灭火剂，在灭火中获得了最广泛的应用。水在自然界中存在固、液、气三种状态。作为液态形式的水，在消防应用中最广泛。

1. 主要性质

（1）物理性质。常温下水是无嗅、无味的透明液体。水的分子式是 H_2O。相对分子质量为 18.2。

（2）热稳定性。水分子具有非常高的热稳定性，水蒸气被加热到 1900℃ 以上才热解出少量的氢和氧。一般的火焰温度很难达到这样高的温度，因而水是一种热稳定性非常高的灭火剂。

（3）化学稳定性。水在一般情况下不会与绝大多数可燃物发生化学反应。水可以作为很多有机物或无机物的溶液剂，这一特点说明了其灭火原理：1）通过溶解或稀释作用来扑救某些水溶性固体或液体物质火灾；2）溶解适宜的水溶性物质制成以水为基料的灭火剂，如泡沫灭火剂。

2. 灭火原理

水的灭火作用主要包括以下五方面：

（1）冷却作用。水是一种很好的吸热物质，具有较高的比热容和蒸发潜热。1kg 20℃的水，使其温度上升到 100℃ 要吸收 334.9kJ 的热量，使它完全汽化则要吸收 2252kJ 的热量。因而当水与炽热燃烧物接触时，在被加热和汽化的过程中，就会大量吸收燃烧物的热量，使燃烧物冷却，迫使燃烧物的温度大幅度降低，最终停止燃烧。

（2）隔绝、窒息作用。水受热汽化后，体积膨胀很大。一个单位体积的水变成 100℃的水蒸气后，其体积膨胀约 1700 倍。水遇燃烧灼热体变成水蒸气后，体积急剧增大，大量的水蒸气占据了燃烧区的空间，阻止周围空气进入燃烧区，降低燃烧区域内的含氧量，迫使氧含量逐渐减少，使燃烧减弱。一般情况下，空气中含有 35% 体积的水蒸气，燃烧就会停止。

（3）乳化作用。当把滴状或雾状水施加于一些不溶于水的黏性液体表面时，会产生一定程度的乳化作用。用水喷雾灭火设备扑救油等非水溶性可燃液体时，由于雾状水射流的高速冲击作用，微粒水珠进入液体表层并引起剧烈的扰动，使可燃液体表层形成一层由水粒和非水溶性液体混合组成的乳状物表层，起到吸热降温的作用，这样就可以减少可燃体的蒸发量而难以继续维持燃烧。

（4）稀释作用。水溶性可燃、易燃液体发生火灾时，在有可能用水扑救的条件下，水与可燃、易燃物混合后，可降低可燃物质的浓度和燃烧区内可燃蒸气的挥发程度，使燃烧浓度减低，闪点升高，当可燃易燃液体的浓度降低到可燃浓度以下时，燃烧即自行停止。利用水的稀释作用可以扑救可燃、易燃液体的溢流火灾。

（5）水的冲击作用。水在机械的作用下，密集的消防水流具有强大的动能和冲击力，每平方厘米可达数十甚至数百牛顿。通过高压密集水流强烈冲击燃烧物和火焰，可使燃烧物冲散和燃烧辐射强度减弱，进而达到灭火目的。

由此可见，水的灭火作用不是一种，而是几种综合作用的结合。但是，冷却是水的主要灭火作用。

3. 灭火应用

水主要应用于扑救 A 类（固体）火灾，在某些条件下，水对 B 类（液体）火灾和 C 类（气体）火灾也有一定程度的控制和灭火作用。水用于灭火时，是通过喷水设备施放到燃烧区或燃烧物表面而实现灭火作用的。在实际应用中，不同的喷水设备施放出的水有不同的形态，而不同形态的水适用于不同的对象。水流使用形态不同，灭火效果也不同。应用水灭火时的形态一般分为密集水流、开花水流、喷雾水流和水蒸气。

（1）密集水流。密集水流又叫直流水，连续不断在空中运动的密集水流称为直流水或柱状水。它是由高压消防管网或水泵加压并由直流消防水枪喷出形成的。由各种水炮、带架水枪、手持式消防水枪喷出的水都是直流水。水枪喷嘴处的压力一般在 0.5~1.5MPa 之间，水由水枪喷出时的线速度可达 30~50m/s，具有很大的能量和冲击力。由水枪喷出的充实水柱随着喷射距离的延伸及地心引力和空气阻力，能量逐渐降低，在直流水的射程之末，会分隔为许多细小的分散水流而成为初步分散的水。

密集水流具有较大的冲击力和较远的射程，并能冲击燃烧物内部，阻止分解物的扩散和隔离燃烧区。可用于冲散燃烧物或不宜近距离操作的灭火作业。由于密集水流的分散性差，与火焰或燃烧物的接触面积小，不能充分发挥冷却作用，因而灭火效果较差。

（2）开花水流。开花水流是水通过高压消防管网或水泵加压并由开花水枪喷出形成的水滴直径大于 $100\mu m$ 的滴状水流。开花水流有很好的分散性和较大的比表面积，且有一定的穿透火焰的能力，与火焰或燃烧物的接触面积大，因而有利于发挥水的冷却作用，与直流水相比，开花水流的射程较近。

基于开花水流的穿透火焰能力和良好的冷却效果，故在建筑火灾和石化生产设备火灾的扑救和冷却保护方面得到了广泛的应用。实际应用中大多数采用移动式开花水枪、自动喷水灭火系统等固定式设备，如水喷淋系统。

（3）喷雾水流。水通过高压消防管网或水泵加压并由喷雾水枪喷出形成。水滴直径小于 $100\mu m$ 的雾状水具有最大的比表面积，因而具有很好的吸热能力，它可以在火焰中迅速气化变成水蒸气，直接冷却灭火。缺点是雾状水穿透火焰的能力差，大部分水滴在穿过火焰就已完全汽化，因而在灭火初期不能充分地对燃烧表面积进行冷却。和开花水流一样，雾状水的射程较近。

雾状水用于扑救小面积的可燃液体火灾是非常有效的。雾状水与火焰的接触面积大，通过吸热和水蒸气的窒息作用使火焰温度急剧降低直至熄灭。因此，使用雾状水流可以有效地扑救粉尘、纤维状物质及固体可燃物和闪点大于 60℃ 以上的可燃液体火灾。由于雾状水滴互不接触，所以雾状水还可以用于扑救带电设备的火灾。喷雾水流灭火的特点是水渍损失小、冷却降温快、易沉降火场烟雾。

（4）水蒸气。水蒸气的灭火作用主要是稀释燃烧区内可燃蒸气浓度和降低燃烧区内的含氧量。当水蒸气在燃烧区的体积浓度超过 35% 以上时即可使火熄灭。

水蒸气主要适用于容积在 500m³ 以下的密闭厂房、容器，以及空气不流通的地方或燃烧面积不大的火灾。石油化工装置高温和煤气管道着火时，使用水蒸气冷却保护和火灾扑救最为适合。

不能用水扑救的物质和设备火灾：

第一，不能用水扑救遇水发生化学反应的物质的火灾。如钾、钠、钙、镁等轻金属和电石等物质火灾，绝对禁止用水扑救。用水扑救时会造成爆炸或火场人员中毒。

第二，遇水容易被破坏，而失去使用价值的物质与设备的火灾，不能用水扑救。如仪表、精密仪器、档案、图书等。

第三，对熔岩类和快要沸腾的原油火灾，不能用水扑救。因为水会被迅速汽化，形成强大的压力，促使其爆炸或喷溅伤人。

第四，储有大量硫酸、浓硝酸、盐酸的场所发生火灾时，不能用直流水或开花水扑救。以免引起酸液的发热、飞溅；必要时宜用雾状水扑救。

第五，堆积的可燃粉尘火灾，只能用雾状水和开花水扑救。使用直流水扑救，有可能把粉尘冲起呈悬乳状态，形成爆炸性混合物。

第六，不能用直流水扑救高压电器设备火灾，因为水具有一定的导电性能，容易造成扑救人员触电；但保持适当距离，可使用喷雾水扑救。

第七，高温设备不宜使用直流水扑救。如裂解炉、高温管线、容器等设备，使用密集水柱易使局部地方快速降温，造成应力变形。

（二）泡沫灭火剂

凡能与水混溶，并能通过化学反应或机械方法产生灭火泡沫的灭火剂，称为泡沫灭火剂。泡沫灭火剂一般由发泡剂、泡沫稳定剂、增黏剂、助溶剂、乳化剂、抗冻剂、防腐剂以及水组成。除了化学泡沫灭火剂外，其他泡沫灭火剂都是以浓缩液的形式储存。泡沫灭火剂在灭火应用时，一般是通过泡沫灭火系统中的自动比例混合器与水按规定比例混合形成泡沫混合液，然后经管道通过泡沫产生器与空气混合，形成灭火泡沫。由于它的密度远小于易燃、可燃液体，漂浮到液体表面时可形成一个泡沫覆盖层，使燃烧物与空气隔开，故可达到窒息灭火的目的。泡沫灭火剂主要用于扑救 A、B 类火灾。

1. 泡沫灭火剂的分类

泡沫灭火剂可以按其发泡方法、发泡倍数和用途进行分类。

泡沫灭火剂按发泡方法分类可分为两大类，即化学泡沫灭火剂和空气机械泡沫灭火剂。化学泡沫灭火剂是由一种碱性盐溶液和一种酸性盐溶液混合发生化学反应产生的灭火泡沫，泡沫中所包含的气体一般为二氧化碳，这两种药剂总称为化学泡沫灭火剂。应用于 10L 泡沫灭火器，俗称酸碱灭火器。空气机械泡沫灭火剂是由泡沫液与水混合在泡沫产生器中吸入空气而生成泡沫的一种灭火剂，泡沫中所包含的气体一般为空气。由于泡沫靠机械混合作用形成，因而称为空气机械泡沫，通常应用于固定泡沫灭火装置、泡沫消防车。

泡沫灭火剂按发泡倍数分类，所谓发泡倍数，指泡沫灭火剂的水溶液变为灭火泡沫后的体积膨胀倍数。各种泡沫灭火剂的发泡倍数基本在 1~1000 倍的范围内。发泡倍数在 20 倍以下为低倍泡沫；发泡倍数在于 20~500 倍之间称为中倍泡沫；发泡倍数在 500~1000

倍之间的称为高倍数泡沫。在众多的泡沫灭火剂中，多数品种属于低倍数泡沫。

泡沫灭火剂按用途与灭火剂的基料分类。前两项只是从某些概念出发进行的分类，而按其用途与基料来分类更有实际意义。除化学泡沫灭火剂外，所有空气机械泡沫按用途可分为普通蛋白泡沫剂、氟蛋白泡沫灭火剂、抗溶性泡沫灭火剂、水成膜泡沫灭火剂、合成泡沫灭火剂。

2. 泡沫灭火的原理

（1）泡沫中充填有大量气体，其密度较小，可漂浮于液体表面或附着于可燃固体表面而形成一个泡沫覆盖层，使燃烧物表面与空气隔绝，同时阻断火焰的热辐射，阻止燃烧物本身或附近可燃物质的蒸发，起到隔离和窒息作用。

（2）泡沫析出的水和其他液体有冷却作用。

（3）泡沫受热蒸发产生的水蒸气可降低燃烧物附近的氧浓度。

（三）二氧化碳灭火剂

二氧化碳俗称碳酸气，无色，略带酸味；由于它本身不燃烧、不助燃、制造方便、易于液化、便于灌装和储存，所以很早就被用作灭火剂。

二氧化碳在标准状况下是一种无色、无味的气体。在常温和 6MPa 压力下会变成无色的液体。通常二氧化碳是以液态灌装在钢瓶内。

1. 灭火的原理

二氧化碳的主要灭火作用是窒息作用；此外，对火焰还有冷却作用。当打开灭火器阀门时，液体二氧化碳就沿着虹吸管上升到喷嘴处，迅速蒸发成气体，体积扩大约 500 倍，同时吸收大量的热能，使嘴筒内温度急剧下降，当降至 -78.5℃时，一部分二氧化碳就凝结成雪花片状固体。它能使燃烧温度降低，并隔绝空气和降低空气中的含氧量，而使火熄灭。

每一种可燃物都存在一个能够维持燃烧的最低含氧量，周围环境中的含氧量低于此含量时，即不能燃烧。这个最低氧含量称为极限氧含量。实践表明，当燃烧区域空气中含氧量低于 12%，或者二氧化碳的浓度达到 30%~35%时，绝大多数的燃烧都会熄灭。

2. 适用范围

二氧化碳灭火剂不导电、不含水分、灭火后很快散逸、不留痕迹、不污损仪器设备，所以它主要适用于封闭空间的火灾扑救。适用于扑救 A、B、C 类初期火灾。特别适用于扑救 600V 以下的电气设备、精密仪器、图书、资料档案类火灾。

二氧化碳不能扑救锂、钠、钾、镁、锑、钛、铀等金属及其氢化物火灾，也不能扑救如硝化棉、赛璐璐、火药等本身含氧的化学物质火灾。

（四）干粉灭火剂

干粉灭火剂是一种干燥的、易于流动并具有很好的防潮、防结块性能的固体微细粉末，所以又称粉末灭火剂。干粉灭火剂按使用范围主要有两类：

（1）普通干粉灭火剂（又称 B、C 类干粉灭火剂）。这类灭火剂以碳酸氢钠、碳酸氢钾、氯化钾或碳酸氢钾-尿素反应物为基料，适合扑救 B、C 类火灾。如以碳酸氢钠为基料的钠盐干粉，以碳酸氢钾为基料的钾盐干粉，以氯化钾为基料的钾盐干粉，以碳酸氢钠和钾盐为基料的混合型干粉，以尿素和碳酸氢钠的共晶产物为基料的氨基干粉等。

（2）多用途干粉灭火剂（又称 ABC 通用型干粉灭火剂）。这类干粉灭火剂主要由磷酸二氢铵和硫酸铵，以及催化剂、防结块添加剂等制成。适用于扑救 A、B、C 类火灾。如以磷酸二氢铵为基料的干粉，以磷酸二氢铵和硫酸铵的混合物为基料的干粉，以聚磷酸铵为基料的干粉。

1. 灭火原理

对有焰燃烧来说，干粉灭火剂的灭火作用主要是通过对燃烧的链式反应的化学抑制作用来实现的。干粉灭火剂平时储存于干粉灭火器或固定干粉灭火设备中，灭火时干粉药剂在二氧化碳或氮气压力的驱使下从喷嘴喷出，形成一股夹着加压气体的雾状粉流，当干粉与火焰接触时，在抑制烧爆等物理化学作用下将火焰扑灭。

2. 适用范围

干粉灭火剂主要应用于固定式干粉灭火系统、干粉消防车和干粉灭火器。

普通干粉灭火剂主要用于扑救各种非水溶性及水溶性可燃、易燃液体火灾，以及天然气和液化气等可燃气体和一般带电设备的火灾。在扑救非水溶性可燃、易燃液体火灾时，可与氟蛋白泡沫联用，可以防止复燃和取得更好的灭火效果。

多用途干粉灭火剂除可有效地扑救易燃、可燃液（气）体和电气设备火灾外，还可用于扑救木材、纸张、纤维等 A 类固体可燃物质的火灾。

（五）轻金属火灾灭火剂

一些活泼金属（如钾、钠、镁、铝、钛、锆等）在受热、与潮气接触或与其他物质发生化学反应时，有时会燃烧。这些物质在燃烧时本身温度很高，同时放出大量的热，有时还伴随着爆炸。因此对化学性质活泼的金属及其合金的火灾，用常规的灭火剂扑救是无效的，而且还可能造成新的火灾、爆炸危险。必须使用特殊的专用灭火剂。目前国内扑救轻金属火灾的灭火剂有两种类型：一种是粉末型灭火剂，另一种是液体型灭火剂。

1. 粉末型灭火剂

原位膨胀石墨灭火剂是石墨层间化合物，是一种新型灭金属钠火灾的高效灭火剂，具有不污染环境、易于储存、喷撒方便、易于清除灭火后钠表面上的固体物和回收未燃烧的剩余钠的优点。

金属钠等碱金属和镁等轻金属着火时，可将原位膨胀石墨灭火剂喷洒在这些金属上面，灭火剂中的反应物在火焰高温的作用下会迅速呈气体逸出，使石墨体积膨胀，能在燃烧金属的表面形成海绵状的泡沫，与燃烧金属接触部分被燃烧金属润湿，生成金属碳化物或部分生成石墨层间化合物，瞬间造成与空气隔绝的耐火膜，达到迅速灭火的效果。

原位膨胀石墨灭火剂主要用于扑救金属钠等碱金属火灾和镁等轻金属火灾。灭火应用时，可盛于薄塑料袋中投入燃烧金属上灭火；也可以放在热金属可能发生泄漏处，预防碱金属或轻金属着火；同时也可盛于灭火器中，在低压下喷射灭火。

2. 液体型灭火剂

7501 灭火剂。其化学名称为三甲氧基硼氧六环，化学式为 $(CH_3O)_3B_2O_3$，是一种无色透明液体。

当以喷雾的形式把 7501 喷射到燃烧的金属表面时，即发生下面两个化学反应：

分解反应：$(CH_3O)B_3O_3 \xrightarrow{加热} (CH_3O)_3B + B_2O_3$

三甲氧基硼氧六环　　硼酸三甲酯　硼酐

燃烧反应：　$2(CH_3O)_3B_3O_3 + 9O_2 \longrightarrow 9H_2O + 6CO_2 + B_2O_3$

这种反应能很快耗尽金属表面附近的氧，而且生成的硼酐在金属燃烧温度下会熔化成玻璃状液体，流散在金属表面及其缝隙中，形成一层硼酐隔膜，使金属与大气隔绝，从而使燃烧窒息。

7501 灭火剂主要灌装在储压式灭火器中，用于扑救镁、铝、镁铝合金，海绵状钛等轻金属火灾。

三、消防设施

（一）消防站

石油、化工企业内有大量易燃爆、有毒、腐蚀性物质，生产过程中高温、高压，生产工业操作连续化，化学反应复杂，电源、火源容易发生火灾爆炸事故，而且容易蔓延扩大造成严重的后果。消防站是消防力量的固定驻地，大中型化工企业应设置消防站。

消防站在化工企业中的布置，应根据企业生产的火灾危险性、消防给水设施、防火设施情况，全面考虑、合理布置。为发挥火场供水力量和灭火力量的战斗力，减少灭火损失，宜采用"多布点、布小点"的原则，将消防力量分设于各个保卫重点区域，以便及时地扑灭初期火灾。

大中型化工厂消防站的布置，应满足消防队接到火警后 5min 内消防车到达厂区（或消防管辖区）最远点的甲、乙、丙类生产装置，厂房或库房，且消防站的服务半径不大于 2.5km（行车的距离计算）；对丁、戊类生产火灾危险性的场所，消防站的服务范围可以适当增大，超过消防站服务范围的场所应设立消防分站。

消防站应尽量靠近责任区内火灾危险性大、火灾损失大的重点部位，并应靠近主要的交通线，便于通往重点保卫部位。消防站应远离噪声场所，且距幼儿园、托儿所、医院、学校、商店等公共场所，不宜小于 100m。消防车库大门面向道路，距路边一般不小于15~20m，并设有小于 2% 的坡度坡向路面。

化工企业中的消防力量，应根据石油、石油化工企业的消防用水量及泡沫干粉等灭火剂用量、灭火设施的类型、消防协作的力量等情况决定。

（二）消防给水设施

消防给水设施是化工企业的一项重要消防技术设施。其设置的合理与否、完善与否直接影响化工企业的安全。

专门为消防灭火设置的给水设施，主要有消防给水管道和消火栓两种。

1. 消防给水管道

消防给水管道简称消防管道，是一种能保证消防所需用水量的给水管道，一般可与生产用水的上水道合并。消防管道有高压和低压两种。高压消防管道，灭火时所需的水压是由固定的消防泵产生的；低压消防管道，灭火所需的水压是从室外消火栓用消防车或人力移动的水泵产生。室外消防管道应采用环形，而不采用单向管道。地下水管为闭合的系统，水可以在管内朝向各方环流，当管网的任何一段损坏时不致断水。室内消防管道应有通向屋外的支管，其上带有消防速合螺母，以备万一发生故障时，可与移动式消防水泵的水龙带连接。

2. 消火栓

消火栓可供消防车吸水，也可直接连接水带放水灭火，是消防供水的基本设备。消火栓按其装置地点可分为室外和室内两类。室外消火栓又可分为地上式与地下式两种。室外消火栓应沿道路设置，距路边不宜小于0.5m，不得大于2m。设置的位置应便于消防车吸水。室外消火栓的数量应按消火栓的保护半径和室外消防用水量确定。室内消火栓的配置，应保证两个相邻消火栓的充实水柱能够在建筑物最高、最远处相遇。室内消火栓一般应设置于明显、易于取用的地点，离地面的高度应为1.2m。

3. 化工生产装置区消防给水设施

（1）消防供水竖管用于框架式结构的露天生产装置区内，竖管沿梯子一侧安设。每层平台上均设有接口，并就近设有消防水带箱，便于冷却和灭火使用。

（2）冷却喷淋设备高度超过30m的炼制塔、蒸馏塔或容器，宜设置固定喷淋冷却设备，可用喷水头，也可用喷淋管，冷却水的供给强度可采用$5L/(min \cdot m^2)$。

（3）消防水幕。设置于化工露天生产装置区的消防水幕，可对设备或建筑物进行分隔保护，以阻止火势蔓延。

（4）带架水枪。在火灾危险性较大且高度较高的设备四周，应设置固定式带架水枪，并备置移动式带架水枪，保护重点部位金属设备免受火灾辐射热的威胁。

四、灭火器材

灭火器是由筒体、器头、喷嘴等部件组成，借助驱动压力可将所充装的灭火剂喷出，达到灭火的目的。灭火器由于结构简单、操作方便、轻便灵活、使用广泛，是扑救各类初期火灾的重要消防器材。

灭火器的种类很多，按其移动方式可分为手提式和推车式；按驱动灭火剂的动力来源可分为储气瓶式、储压式、化学反应式；按所充装的灭火剂划分有泡沫灭火器、干粉灭火器、卤代烷灭火器、二氧化碳灭火器、酸碱灭火器、清水灭火器等。

（一）泡沫灭火器

化学泡沫灭火器内充装有酸性（硫酸铝）和碱性（碳酸氢钠）两种化学药剂的水溶液。使用时，将两种溶液混合，引起化学反应，生成灭火泡沫，并在压力的作用下喷射灭火。类型有手提式、舟车式和推车式三种。

化学泡沫灭火器适用于扑救一般B（液体）类火灾，如石油制品、油脂类火灾，也可适用A类（固体）火灾，但不能扑救B类火灾中的水溶性可燃、易燃液体火灾，如醇、酮、醚、酯等物质火灾；也不适用扑救带电设备及C类（气体）和D类（金属）火灾。

泡沫灭火器应存放在干燥、阴凉、通风并取用方便之处，不可靠近高温或可能受到曝晒的地方，以避免碳酸氢钠分解而失效；冬季要采取防冻措施，以防止药剂冻结；并应经常疏通喷嘴，使之保持畅通。

（二）二氧化碳灭火器

二氧化碳灭火器利用其内部的液态二氧化碳的蒸气压将二氧化碳喷出灭火。二氧化碳灭火器按充装量分有 2kg、3kg、5kg、7kg 等四种手提式的规格和 20kg、25kg 等两种推车式规格。

由于二氧化碳灭火剂具有灭火不留痕迹,并有一定的电绝缘性等特点,十分适宜扑救600V 以下的带电电器、贵重设备、图书资料、仪器仪表等场所的初起火灾,以及一般可燃液体的火灾。

使用二氧化碳灭火器不能直接用手抓住喇叭口外壁或金属连接管,以防止手被冻伤。在室外使用时,应选择上风方向喷射;室内窄小空间使用时,使用者在灭火后应迅速离开,防止窒息。

（三）干粉灭火器

干粉灭火器以液态二氧化碳或氮气作为动力,将灭火器内干粉灭火药剂喷出而进行灭火。干粉灭火器适用于扑救石油、可燃液体、可燃气体、可燃固体物质的初期火灾。这种灭火器由于灭火速度快、灭火效力高,广泛应用于石油化工企业。

干粉灭火器按充入的干粉药剂分类,有碳酸氢钠干粉灭火器,也称 BC 干粉灭火器;磷酸铵盐干粉灭火器,也称 ABC 干粉灭火器。按加压方式分类有储气瓶式和储压式;按移动方式分类有手提式和推车式。

碳酸氢钠干粉灭火器适用于易燃、可燃液体,气体及带电设备的初起火灾扑救。

磷酸铵盐干粉灭火器除用于易燃、可燃液体,气体及带电设备火灾扑救外,还可扑救固体类物质的初起火灾;但不能扑救轻金属燃烧的火灾。

五、常见初起火灾的扑救

（一）火灾的发展过程和特点

火灾通常都有一个从小到大,逐步发展,直至熄灭的过程。一般可分为初起、发展、猛烈、下降和熄灭五个阶段。室内火灾的发展过程,是从可燃物被点燃开始,还采用燃烧温度的变化速度的温度-时间曲线来划分火灾的初起、发展和熄灭三个阶段。室外火灾,尤其是可燃液体和气体火灾其阶段性则不明显。研究燃烧发展整个过程,以便分别不同情况,采取切实有效的措施,迅速扑灭火灾。

（1）初起阶段。火灾初起时,随着火苗的发展,燃烧产物中有水蒸气、二氧化碳产生,还产生少量的一氧化碳和其他气体,并有热量散发;火焰温度可增至 500℃ 以上,室温略有增加,这一阶段火势发展的快慢由于引起火灾的火源、可燃物的特性不同而呈现不同的趋势。一般固体可燃物燃烧时,在 10~15min 内,火源的面积不大,烟和气体对流的速度比较缓慢,火焰不高,燃烧放出的辐射热能较低,火势向周围发展蔓延的速度比较慢。可燃液体特别是可燃气体燃烧速度很快,火灾的阶段性不太明显。火灾处于初起阶段是扑救的最好时机,只要发现及时,用很少的人力和灭火器材就能将火灾扑灭。

（2）发展阶段。如果初起火灾不能及时发现和扑灭,则燃烧面积增大、温度升高、可燃材料被迅速加热。这时气体对流增强,辐射热急剧增加,辐射面积增大,燃烧面积迅速扩大,形成了燃烧的发展阶段。在燃烧的发展阶段内,为有效地控制火势发展和扑灭火灾,必须有一定数量的人力和消防器材设备,才能够及时有效扑灭火灾。

（3）猛烈阶段。随着燃烧时间的延长,燃烧温度急剧上升,燃烧速度不断加快,燃烧面积迅猛扩展，使燃烧发展到猛烈阶段。燃烧发展到高潮时，火焰包围了所有的可燃材料，燃烧速度最快，燃烧物质的放热量和燃烧产物达到最高数值，气体对流达到最快速度。扑救这种火灾需要组织大批的灭火力量，经过较长时间的奋战，才能控制火势，消灭火灾。

（二）灭火的基本原则

迅速有效地扑灭火灾，最大限度地减少人员伤亡和经济损失，是灭火的基本目的。因此，在灭火时，必须遵循"先控制，后消灭""救人重于救火""先重点，后一般"等基本原则。

（1）先控制，后消灭。"先控制，后消灭"是指对于不可能立即扑灭的火灾。要首先采取控制火势继续蔓延扩大的措施，在具备了扑灭火灾的条件时，展开全面进攻，一举消灭火灾。灭火时，应根据火灾情况和本身力量灵活运用这一原则，对于能扑灭的火灾，要抓住时机，迅速扑灭。如果火势较大，灭火力量相对薄弱，或因其他原因不能扑灭时，就应把主要力量放在控制火势发展或防止爆炸、泄漏等危险情况发生上，为防止事故扩大、彻底消灭火灾创造条件。

（2）救人重于救灾。"救人重于救灾"是指火场是如果有人受到火灾威胁，灭火的首要任务就是要把被火围困的人员抢救出来，要根据火势情况和人员受火灾威胁的程度决定。在灭火力量较强时，灭火和救人可同时进行，但决不能因此灭火而贻误救人时机。人未救出前，灭火往往是为了打开救人通道或减弱火势对人的威胁程度，从而更好地救人脱险，为及时扑灭火灾创造条件。

（3）先重点，后一般。"先重点，后一般"是针对整个火场情况而言的，要全面了解并认真分析火场情况，采取有效的措施。

1）人和物比，救人是重点；

2）贵重物资和一般物资相比，保护和抢救贵重物资是重点；

3）火势蔓延猛烈的方面和其他方面相比，控制火势猛烈的方面是重点；

4）有爆炸、毒害、倒塌危险的方面和没有这些危险的方面相比，处置有这些危险的方面是重点；

5）火场的下风方向与上风、侧风方向相比，下风方向是重点；

6）易燃、可燃物品集中区和这类物品较少的区域相比，这类物品集中区域是保护重点；

7）要害部位和其他部位相比，要害部位是火场上的重点。

（三）生产装置初期火灾的扑救

化工企业生产用的原料、中间产品和成品大部分是易燃易爆物品。在生产过程中往往经过许多工艺过程，在连续高温和压力变化及多次的化学反应的过程中，容易造成物料的跑、冒、滴、漏，极易起火或形成爆炸混合物。由于生产工艺的连续性，设备与管道连通，火势蔓延迅速，多层厂房、高大设备和纵横交错的管道，会因气体扩散、液体流淌或设备、管道爆炸而形成装置区的立体燃烧，有时会造成大面积火灾。因此，当生产装置发生火灾爆炸事故时，现场操作人员应立即选用适用的灭火器材，进行初起火灾的扑救，将火灾消灭在初起阶段，最大限度地减少灾害损失；如火势较大不能及时扑灭，应积极采取有效措施控制其发展，等待专职消防力量扑救火灾。

扑救生产装置初起火灾的基本措施有：

（1）迅速查清着火部位、燃烧物质及物料的来源，在灭火的同时，及时关闭阀门、切断物料。这是扑救生产装置初起火灾的关键措施。

（2）采取多种方法，消除爆炸危险。带压设备泄漏着火时，应根据具体情况及时采取防爆措施。如关闭管道或设备上的阀门，疏散或冷却设备容器，打开反应器上的放空阀或驱散可燃蒸气或气体等。

（3）准确使用灭火剂。根据不同的燃烧对象，燃烧状态选用相应的灭火剂，防止由于灭火剂使用不当，与燃烧物质发生化学反应，使火势扩大，甚至发生爆炸。对反应器、釜等设备的火灾除从外部喷射灭火剂外，还可以采取向设备、管道、容器内部输入蒸气、氮气等灭火措施。

（4）生产装置发生火灾时，当班负责人除立即组织岗位人员积极扑救外，应同时指派专人打火警电话报警，以便消防队及时赶赴火场扑救。报警时要讲清起火单位、部位和着火物质，以及报警人姓名和报警的电话号码。消防队到场后，生产装置负责人或岗位人员应主动向消防指挥员介绍情况，讲明着火部位、燃烧介质、温度、压力等生产装置的危险状况和已经采取的灭火措施，供专职消防队迅速做出灭火战术决策。

（5）消灭外围火焰，控制火势发展。扑救生产装置火灾时，一般是首先扑灭外围或附近建筑的火灾，保护受火势威胁的设备、车间。对重点设备加强保护，防止火势扩大蔓延；然后逐步缩小燃烧范围，最后扑灭火灾。

（6）利用生产装置设置的固定灭火装置冷却、灭火。石油化工生产装置在设计时考虑到火灾危险性的大小，均在生产区域设置高架水枪、水炮、水幕、固定喷淋等灭火设备，应根据现场情况利用固定或半固定的。冷却或灭火装置冷却或灭火。

（7）根据生产装置的火灾危险性及火灾危害程度，及时采取必要的工艺灭火措施，在某些情况下，对扑救石油化工火灾是非常重要的和有效的。对火势较大，关键设备破坏严重，一时难以扑灭的火灾，当班负责人应及时请示；同时组织在岗人员进行火灾扑救。可采取局部停止进料、开阀导罐、紧急放空、紧急停车等工艺紧急措施，为有效扑灭火灾，最大限度降低灾害创造条件。

（四）储罐初起火灾的扑救

石油化工企业生产所用的原料、中间产品、溶剂以及产品，其状态大部分是易燃可燃液体或气体。各类油晶、液态等物料一般储存在常压或压力容器内。储罐有中间体单罐，也有成组布局的分区罐组；有地上式储罐和地下式储罐；有拱顶式储罐、卧式储罐和浮顶式储罐；有球形储罐和气柜。储存的物料大多数密度小、沸程低、爆炸范围大、闪点低、燃烧速度快、热值高，具有火灾危险性大、扑救困难的特点。

（1）易燃可燃液体或气体储罐发生爆炸着火，应区别着火介质、影响范围、危险程度、扑救力量等情况，沉着冷静的处置。岗位人员发现储罐着火，首要任务是向消防队报警，同时组织人员进行初起火灾的扑救或控制，等待专职消防队扑救。

（2）易燃可燃液体储罐发生火灾，现场人员可利用岗位配备的干粉灭火器或泡沫灭火器进行灭火，同时组织人力利用消火栓、消防水炮进行储罐罐壁冷却，降低物料可燃蒸气的挥发速度，保护储罐强度，控制火势发展。冷却过程中一般不应将水直接打入罐内，防止液面过高导致冒罐或油品沸溢，扩大燃烧面积，造成扑救困难。设有固定泡沫灭火装置的，应迅速启动泡沫灭火设施，选择正确的泡沫灭火剂（普通、氟蛋白、抗溶）和供给强度及混合比例，打开着火罐控制阀，输送泡沫灭火。

（3）浮顶式易燃可燃液体油罐着火，在喷射泡沫和冷却罐壁的同时，应组织人员上罐灭火。可用 8kg 干粉灭火器沿罐壁呈半圆弧度同时推扫围堰内的残火。

地下式、半地下式易燃可燃液体储罐着火，可用干粉或泡沫推车进行灭火。灭火时应注意风向和热辐射，一般采用一定数量的灭火剂量大的推车，并边推进边灭火。

（4）卧式、球式易燃可燃气体储罐着火，应迅速打开储罐上设置的消防喷淋装置进行冷却，冷却时应集中保护着火罐，同时对周围储罐进行冷却保护，防止罐内压力急剧上升，造成爆炸。操作人员应密切注意储罐温度和压力变化，必要时应打开紧急放空阀，将物料排放安全地点进行泄压。

（5）扑救易燃可燃液体储罐火灾，也可在储罐没有破坏的情况下，充填氮气等惰性气体窒息灭火。储罐火灾扑灭后，应冷却保护一段时间，降低物料温度，防止温度过高引起复燃。

（五）人身起火的扑救

在石油化工企业生产环境中，由于工作场所作业客观条件限制，往往因火灾爆炸事故或在火灾扑救过程中引起人身着火；也有的因违章操作或意外事故造成人身着火。人身起火燃烧，轻者留有伤残，重者直至危及生命。因此，及时正确地扑救人身着火，可大大降低伤害程度。

（1）人身着火的自救。因外界因素发生人身着火时，一般应采取就地打滚的方法，用身体将着火部分压灭。此时，受害人应保持清醒头脑，切不可跑动，否则风助火势，会造成更严重的后果；衣服局部着火，可采取脱衣，局部裹压的方法灭火。明火扑灭后，应进一步采取措施清理棉毛织品的阴火，防止死灰复燃。

（2）纤织品比棉布织品有更大的火灾危险性，这类织品燃烧速度快，容易粘在皮肤上。扑救化纤织品人身火灾，应注意扑救中或扑灭后不轻易撕扯受害人的烧残衣物；否则容易造成皮肤大面积创伤，使裸露的创伤表面加重感染。

（3）易燃可燃液体大面积泄漏引起人身着火，这种情况一般发生突然，燃烧面积大，受害人不能进行自救。此时，在场人员应迅速采取措施灭火。如将受害人拖离现场，用湿衣服、毛毡等物品压盖灭火；或使用灭火器压制火势，转移受害人后，再采取人身灭火方法。使用灭火器灭人身火灾，应特别注意不能将干粉、CO_2 等灭火剂直接对受害人面部喷射，防止造成窒息；也不能用二氧化碳灭火器对人身进行灭火，以免造成冻伤。

（4）火灾扑灭后，应特别注意烧伤患者的保护，对烧伤部位应用绷带或干净的床单进行简单的包扎，然后尽快送医院治疗。

思 考 题

3-1 燃烧具备的条件是什么，如何利用这些条件做到防火？

3-2 燃烧类型有哪些？并举例。

3-3　何为爆炸，有哪些影响因素？

3-4　常见点火源有哪些？并举例说明。

3-5　火灾危险物质有哪些，如何处理，试举例说明。

3-6　如何控制一个反应的工艺安全？

3-7　灭火原理和方法有哪些？试举例说明。

第四章 工业防毒技术

第一节 工业毒物及其分类

一、工业毒物与职业中毒

有些物质进入机体并积累到一定量后，就会与机体组织和体液发生生物化学或生物物理学反应，扰乱或破坏机体的正常生理功能，进而引起暂时性或永久性的病变，甚至危及生命。这些物质被称为毒性物质。

（1）中毒。由毒物侵入机体而导致的病理状态称为中毒。

（2）工业毒物。指工业生产过程中使用或生产的毒物。

（3）职业中毒。在生产过程中由工业毒物引起的中毒。

（4）职业中毒的三要素。生产过程、工业毒物、中毒。

工业毒物可以按照以下三种方式分类：

（1）按物理形态分：1）气体，2）蒸气，3）烟，4）雾，5）粉尘。

（2）按化学类属分：无机毒物，主要包括金属与金属盐、酸、碱及其他无机化合物；有机毒物，主要包括脂肪族碳氢化合物、芳香族碳氢化合物及其他有机物。

（3）按毒作用性质分：刺激性毒物、窒息性毒物、麻醉性毒物、全身性毒物。

1）刺激性毒物。尽管刺激性气体和蒸气的物理和化学性质有所不同，但它们直接作用到组织上时都能引起组织发炎。

2）窒息性毒物。可分为物理性窒息及化学窒息性毒物两种，前者如氮、氢、氦等，后者如一氧化碳、氰化氢等。

3）麻醉性毒物。芳香族化合物、醇类、脂肪族硫化物、苯胺、硝基苯及其他化合物均属此类毒物。该类毒物主要对神经系统有麻醉作用。

4）全身性毒物。以金属为多，如铅、汞等。

二、工业毒物的毒性

（一）毒性及其评价指标

毒性是用来表示毒性物质的剂量与毒害作用之间关系的一个概念。在实验毒性学中经常用到"剂量-作用"关系和"剂量-响应"关系两个概念。剂量-作用关系是指毒性物质在生物个体内所起作用与毒性物质剂量之间的关系；剂量-响应关系是指毒性物质在一组生物体中产生一定标准作用的个体数，即产生作用的百分率，与毒性物质剂量之间的关系。

研究化学物质毒性时，最常用的剂量-响应关系是以试验动物的死亡作为终点，测定毒物引起动物死亡的剂量或浓度。经口服或皮肤接触进行试验时，剂量常用每千克体重毒物的毫克数，即用 mg/kg 来表示。目前国外已有用每平方米体表面积毒物的毫克数，即 mg/m² 表示的趋势。吸入的浓度用单位体积空气中的毒物量，即 mg/m³ 表示。

常用的评价毒性物质急性、慢性毒性的指标有以下七种：

（1）绝对致死剂量或浓度（LD_{100} 或 LC_{100}），是指引起全组染毒动物全部（100%）死亡的毒性物质的最小剂量或浓度。

（2）半数致死剂量或浓度（LD_{50} 或 LC_{50}），是指引起全组染毒动物半数（50%）死亡的毒性物质的最小剂量或浓度。

（3）最小致死剂量或浓度（MLD 或 MLC），是指全组染毒动物中只引起个别动物死亡的毒性物质的最小剂量或浓度。

（4）最大耐受剂量或浓度（LD_0 或 LC_0），是指全组染毒动物全部存活的毒性物质的最大剂量或浓度。

（5）急性阈剂量或浓度（$LMTac$），是指一次染毒后，引起试验动物某种有害作用的毒性物质的最小剂量或浓度。

（6）慢性阈剂量或浓度（$LMTcb$），是指长期多次染毒后，引起试验动物某种有害作用的毒性物质的最小剂量或浓度。

（7）慢性无作用剂量或浓度，是指在慢性染毒后，试验动物未出现任何有害作用的毒性物质的最大剂量或浓度。

毒性物质对试验动物产生同一作用所需要的剂量，会由于动物种属或种类、染毒的途径、毒物的剂型等条件不同而不同。除用试验动物死亡表示毒性外，还可以用机体的其他反应，如引起某种病理变化来表示。例如，上呼吸道刺激、出现麻醉以及某些体液的生物化学变化等。阈剂量或浓度表示的是能引起上述变化的毒性物质的最小剂量或浓度。于是，就有麻醉阈剂量或浓度、上呼吸道刺激阈剂量或浓度、嗅觉阈剂量或浓度等。

致死浓度和急性阈浓度之间的浓度差距，能够反映出急性中毒的危险性，差距越大，急性中毒的危险性就越小。而急性阈浓度和慢性阈浓度之间的浓度差距，则反映出慢性中毒的危险性，差距越大，慢性中毒的危险性就越大。而根据嗅觉阈或刺激阈，可估计工人能否及时发现生产环境中毒性物质的存在。

（二）毒物的急性毒性分级

化学品毒性分级标准见表 4.1。

表 4.1　化学品急性毒性分级标准

分级	大鼠经口 /mg · kg⁻¹	大鼠（或兔）经皮 /mg · kg⁻¹	大鼠吸入[1]		
			气体/×10⁻⁶	蒸气（4h） /mg · L⁻¹	粉尘和雾（4h） /mg · L⁻¹
第 1 级	$LD_{50} \leq 5$	$LD_{50} \leq 50$	$LC_{50} \leq 100$	$LC_{50} \leq 0.5$	$LC_{50} \leq 0.05$
第 2 级	$5 < LD_{50} \leq 50$	$5 < LD_{50} \leq 200$	$100 < LC_{50} \leq 500$	$0.5 < LC_{50} \leq 2.0$	$0.05 < LC_{50} \leq 0.5$
第 3 级	$5 < LD_{50} \leq 300$	$20 < LD_{50} \leq 1000$	$50 < LC_{50} \leq 2500$	$2.0 < LC_{50} \leq 10$	$0.5 < LC_{50} \leq 1.0$

续表 4.1

分级	大鼠经口 /mg·kg^{-1}	大鼠（或兔）经皮 /mg·kg^{-1}	大鼠吸入[①]		
			气体/×10^{-6}	蒸气（4h） /mg·L^{-1}	粉尘和雾（4h） /mg·L^{-1}
第 4 级	3<LD50≤2000	1000<LD_{50}≤2000	250<LC_{50}≤5000	10<LC_{50}≤20	1.0<LC_{50}≤5
第 5 级			5000		

①1h 数值气体和蒸气除 2，粉尘和雾除 4；某些受试化学品在试验染毒时呈气液相混合状态（有气溶胶），而有些则接近气相，如为后者按气体分级界限分级（×10^{-6}）。

（三）影响毒性的因素

（1）物质的化学结构对毒性的影响。

1）在脂肪族烃类化合物中，其麻醉作用随分子中碳原子数的增加而增加；

2）碳原子数相同时，不饱和键增加其毒性增加，如乙烷的毒性<乙烯的毒性<乙炔的毒性；

3）一般分子结构对称的化合物，其毒性大于不对称的化合物；

4）在碳氢化合物中，一般情况下，直链比支链的毒性大；

5）毒物分子中某些元素或原子团对其毒性大小有影响。

例：烷烃类的氢若为卤族元素取代时其毒性增强，对肝的毒作用增加；且取代愈多，毒性愈大，CH_3Cl<CH_2Cl_2<$CHCl_3$<CCl_4。

（2）物质的物理化学性质对毒性的影响。

1）溶解度：

①毒物在水中的溶解度直接影响毒性的大小，水中溶解度越大，毒性愈大。

②影响毒性作用部位。如刺激性气体中在水中易溶解的氟化氢（HF）、氨等主要作用于上呼吸道，而不易溶解的二氧化氮（NO_2）则可深入肺泡，引起肺水肿。

③脂溶性物质易在脂肪蓄积，易侵犯神经系统。

2）挥发性。毒物的挥发性越大，其在空气中的浓度越大，进入人体的量越大，对人体的危害越大。有些有机溶剂的 LD_{50} 值相似，即其绝对毒性相当，但由于其各自的挥发度不同，所以实际毒性可以相差较大。如苯与苯乙烯的 LC_{50} 值均为 45mg/L，即其绝对毒性相同。但苯很易挥发，而苯乙烯的挥发度仅及苯的 1/11，所以空气中苯乙烯形成高浓度是比较困难的，因此实际上苯乙烯比苯的危害性要低。

3）分散度。粉尘、烟、雾等状态物质，其毒性与分散度有关。颗粒越小分散度越大；比表面积越大，生物活性也越强。分散度还与颗粒在呼吸道的阻留有关。

大于 10μm 颗粒会在上呼吸道被阻，5μm 以下的颗粒可达呼吸道深部，小于 0.5μm 的颗粒易经呼吸道再排出，小于 0.1μm 的颗粒因弥散作用易沉积于肺泡壁。

毒物颗粒的大小可影响其进入呼吸道的深度和溶解度，从而可影响毒性。

4）纯度。工业化学物一般会含杂质，杂质可影响毒性，有时还会改变毒作用性质。例如商品乐果大鼠经口 LD_{50} 为 247mg/kg，而纯品乐果为 600mg/kg。一般认为，如杂质毒性大于主要成分，样品愈纯，毒性愈小；如杂质毒性小于主要成分，样品愈纯，则毒性愈大。

（3）毒物的联合作用。生产环境中，作业人员可能同时接触多种毒物，多种毒物对人体的联合作用而产生的综合毒性可能等于、大于或小于这几种毒物毒性的总和。

1）相加作用。综合毒性表现为几种毒物作用的总和。

2）相乘作用。综合毒性大大超过几种毒物作用的总和，即起增毒作用。例如二氧化硫单独吸入时多数引起上呼吸道损害，但二氧化硫混入含锌烟气时其毒性则加大1倍以上。此外，生产性毒物与生活性毒物的联合作用也较常见，酒精可增强铅、汞、甲苯、硝基苯、氮氧化物等毒物的吸收，故嗜酒者易引起中毒，接触这类物质的作业人员不宜饮酒。

3）拮抗作用。综合毒性低于几种毒物毒性的总和。如氨与氯的联合作用。

（4）生产环境和劳动强度与毒性的关系。生产环境中毒物的存在状态、浓度，人与毒物的接触机会是与生产工艺直接相关的。环境中的物理因素与毒物也有联合作用。例如，高温条件促进毒物的挥发，使空气中毒物浓度增大。高温环境下毒物毒性一般比常温条件大（1，2-二氯乙烯对大鼠急性经口毒性在35℃和40℃条件下比22℃条件下增加1~2倍）。湿度加大可使氯化烃的毒性增大。

劳动强度对毒物吸收、分布、排泄都有明显影响。劳动强度大，呼吸量大，空气中有毒物吸入的量也随之增多。同时汗量增多，代谢和吸收毒物速度加快，耗氧量增加，使人对一些导致缺氧的毒物更敏感。

（5）个体因素与毒性的关系。同一条件下接触相同剂量的同一毒物，有的人不中毒有的人则中毒，中毒的症状也有轻重不一，这种个体的差异是人体对毒物耐受性不同所致。引起个体差异的因素有以下几个方面：

1）性别。一般女性比男性敏感，尤其是孕期、哺乳期、经期妇女。

2）年龄。胎儿、婴儿、儿童、未成年人、老年人对毒性耐受力差，中毒程度往往较严重。未成年人的器官尚处发育阶段，抵抗力弱，也易中毒。

3）身体状态。健康状态欠佳、营养状态不良和高敏感体质也容易发生中毒；器官功能不良或已有病损，再接触毒物，则更易中毒。肝是毒物在体内转化的主要器官，肾是主要的排毒途径，肝肾功能不良者接触毒物，这两器官更易受损。又如月经期对苯、苯胺的敏感性增高。将耐受性差的个体区别出来，使之脱离或减少接触并加强医学监护，有利于预防职业危害。

（6）剂量、浓度、作用时间。毒物进入人体内的剂量是引起中毒的决定因素，一般情况下空气中毒物的浓度愈高，接触时间愈长，则进入人体内的总量愈大，危害后果出现越快，健康损害越严重。降低空气中毒物的浓度、减少接触毒物的时间，可减少进入人体内毒物。

三、空气中毒物最高容许浓度的制定和应用

（一）车间空气中有毒物质容许浓度

车间空气中有害物质容许浓度有以下三种表示方法：

（1）最高容许浓度。指工作地点、在一个工作日内、任何时间均不应超过的有毒化学物质的浓度。

（2）阈限值。对大多数毒物是指每日接触 7~8h，每周 40h 内所接触的平均浓度值。

（3）一次接触限值。即一次临时接触时的容许标准，亦称应急接触限值。此标准除规定浓度外，还有对应的接触时间的限制。

（二）最高允许浓度的确定

确定车间空气中有毒物质允许浓度需经过以下步骤：

（1）卫生毒理实验。以确定有毒物质的急性吸入半数致死浓度、致死浓度，为亚急性和慢性中毒提供依据。

（2）亚急性实验。以阐明毒物的毒作用特点，观察毒物主要损害的系统及器官，初步了解毒物作用的机理，为慢性中毒实验的观察指标和器官作用程度等提供资料。

（3）慢性实验。以确定在一定的作用期间发生危害的毒物浓度及发生轻微危害的浓度，直接提供确定最高允许浓度所需的安全限量的参考。

（4）安全系数。根据受试毒物蓄积作用、动物对该毒物的第三性差异、毒作用带的宽窄及有否致癌、致畸、致突变作用等确定安全系数。

（5）最高容许浓度值。将慢性阈浓度除以安全系数，即可得到最高容许浓度的建议值。提出最高容许浓度值后，再根据生产现场空气中毒物浓度的测定资料与工人健康情况观察资料，并参考生产技术的可能性，加以综合分析研究后，确定合适的数据作为国家的卫生标准。

第二节　工业毒物的危害

一、工业毒物进入人体的途径

毒性物质一般是经过呼吸道、消化道及皮肤接触进入人体的。职业中毒中，毒性物质主要是通过呼吸道和皮肤侵入人体的；而在生活中，毒性物质则是以呼吸道侵入为主。职业中毒时经消化道进入人体是很少的，往往是用被毒物沾染过的手取食物或吸烟，或发生意外事故毒物冲入口腔造成的。

（一）经呼吸道进入

人体肺泡表面积为 $90~160m^2$，每天吸入空气 $12m^3$，约 15kg。空气在肺泡内流速慢，接触时间长，同时肺泡壁薄、血液丰富，这些都有利于吸收。所以呼吸道是生产性毒物侵入人体的最重要的途径。在生产环境中，即使空气中毒物含量较低，每天也会有一定量的毒物经呼吸道侵入人体。

（二）经皮肤进入

有些毒物可透过无损皮肤或经毛囊的皮脂腺被吸收。经表皮进入体内的毒物需要越过三道屏障。第一道屏障是皮肤的角质层，一般相对分子质量大于 300 的物质不易透过无损皮肤。第二道屏障是位于表皮角质层下面的连接角质层，其表皮细脆富于固醇磷脂，它能阻止水溶性物质的通过，但不能阻止脂溶性物质的通过。毒物通过该屏障后即扩散，经乳头毛细血管进入血液。第三道屏障是表皮与真皮连接处的基膜。

脂溶性毒物经表皮吸收后，还要有水溶性才能进一步扩散和吸收。所以水、脂均溶的毒物（如苯胺）易被皮肤吸收。只是脂溶而水溶极微的苯，经皮肤吸收的量较少。与脂溶性毒物共存的溶剂对毒物的吸收影响不大。毒物经皮肤进入毛囊后，可以绕过表皮的屏障直接透过皮脂腺细胞和毛囊壁进入真皮，再从下面向表皮扩散。但这个途径不如经表皮吸收严重。电解质和某些重金属，特别是汞在紧密接触后可经过此途径被吸收。操作中如果皮肤沾染上溶剂，可促使毒物贴附于表皮并经毛囊吸收。某些气体毒物如果浓度较高，即使在室温条件下，也可同时通过以上两种途径被吸收。毒物通过汗腺吸收并不显著。手掌和脚掌的表皮虽有很多汗腺，但没有毛囊，毒物只能通过表皮屏障而被吸收。而这些部分表皮的角质层较厚，吸收比较困难。

当表皮屏障的完整性遭破坏，如外伤、灼伤等，可促进毒物的吸收。潮湿也有利于皮肤吸收，特别是对于气体物质更是如此。皮肤经常沾染有机溶剂，使皮肤表面的类脂质溶解，也可促进毒物的吸收。黏膜吸收毒物的能力远比皮肤强，部分粉尘也可通过黏膜吸收进入体内。能经过皮肤进入人体的毒物有三类：（1）能溶于脂肪或类脂质的物质。（2）能与皮肤的脂酸根结合的物质。（3）具有腐蚀性的物质。

（三）经消化道进入

许多毒物可通过口腔进入消化道而被吸收。胃肠道的酸碱度是影响毒物吸收的重要因素。胃液是酸性，对于弱碱性物质可增加其电离，从而减少其吸收；对于弱酸性物质则有阻止其电离的作用，因而增加其吸收。脂溶性的非电解物质，能渗透过胃的上皮细胞。胃内的食物、蛋白质和黏液蛋白等，可以减少毒物的吸收。

二、工业毒物在人体内的分布、生物转化及排出

（一）毒物在人体内的分布

毒物经不同途径进入体内后，由血液分布到各组织。由于各种毒物的化学结构和理化特性不同，它们与人体内某些器官表现出不同的亲和力，使毒物相对聚集在某些器官和组织内。例如一氧化碳和血液表现出极大的亲和力，一氧化碳与血红蛋白结合生成碳氧血红蛋白，造成组织缺氧，称低血氧症，使人感到头晕、头痛、恶心，甚至昏迷致死，这就是通常所说的一氧化碳中毒。毒物长期隐藏在组织内，其量逐渐积累，这种现象是蓄积。某种毒物首先在某一器官中蓄积并达到毒作用的临界浓度，这一器官就被称为该毒物的靶器官。例如脑是甲基汞的靶器官；甲状腺是碘化物的靶器官；骨骼是镉的靶器官；砷和汞常蓄积在肝脏器官；农药具有脂溶性，易在脂肪组织中蓄积。

（二）毒物的生物转化

进入体内的毒物，除少部分水溶性强的、分子量极小的毒物可以原形被排出体外，绝大部分毒物都要经过某些酶的代谢（或转化），从而改变其毒性，减少脂溶性，增强其水溶性而易于排泄。毒物进入体内后，经过水解、氧化、还原和结合等一系列代谢过程，其化学结构和毒性发生一定的改变，称为毒物的生物转化或代谢转化。毒物通过生物转化，其毒性的减弱或消失称解毒或生物失活；有些毒物可能生成新的毒性更强的物质，称为致死性合成或生物活化。如氟乙酸盐在代谢过程中转变成氟柠檬酸后，竞争性抑制乌头酸酶的活性。生物转化过程一般分两步进行：（1）氧化、还原和水解反应，三种反应可任意组合；（2）与某些极性强的物质结合，增强其水溶性，以利排出体外。

（三）毒物的排出

进入体内的毒物，经代谢转化后，可通过泌尿道、消化道、呼吸系统等途径排出体

外。进入细胞内的毒物除少数随各种上皮细胞的衰老脱落外，多数需经尿和胆汁排泄。有些毒物也可通过乳腺、泪腺、汗腺和皮肤排出。毒物通过不同途径排出是一种解毒方式，但在毒物排出时，有时可对排出部位产生毒作用。

三、职业中毒的类型

职业中毒：职业活动中因接触各种有毒物质等因素而引起的急慢性疾病。职业中毒分为以下三类。

（一）急性中毒

急性中毒是由于在短时间内有大量毒物进入人体后突然发生的病变。具有发病急、变化快和病情重的特点。如一氧化碳中毒、氰化物中毒。

（二）慢性中毒

慢性中毒是指长时间内有低浓度毒物不断进入人体，逐渐引起的病变。慢性中毒绝大部分是蓄积性毒物所引起的。如慢性铅、汞、锰等中毒。

（三）亚急性中毒

亚性中毒介于急性与慢性中毒之间，是病变较急性时间长，发病症状较急性缓和的中毒。如二硫化碳、汞中毒等。指在一定的条件下发生突然变异，产生一种表型可见的变化。化学物质使遗传物质发生突然变异，称为致突变作用。这种作用可能是在 DNA 分子上发生化学变化，从而改变了细胞的遗传特性，或造成某些遗传特性的丢失。

染色体畸变是把 DNA 中许多碱基顺序改变，造成遗传密码中碱基顺序的重排。DNA 的结构改变达到相当严重的程度，在显微镜下就可以检测出染色体结构和数量上的变化。当毒物作用于胚胎细胞，尤其是在胚胎细胞分化期，最易造成畸胎。

职业中毒对人体的损害主要包括神经系统、血液和造血系统、呼吸系统、消化系统、肾脏及皮肤等。

四、常见工业毒物及其危害

常见工业毒物包括金属及其化合物、有机溶剂、硝基苯和苯胺、窒息性气体、刺激性气体、高分子聚合物、有机农药、

（一）第一类：金属及其化合物

1. 铅

银灰色软金属，展性强，密度 $11.34g/cm^3$，熔点 327℃，沸点 1620℃。加热至 400~500℃即有大量铅蒸气逸出，在空气中迅速氧化成氧化亚铅和氧化铅，并凝结成烟尘。不溶于稀盐酸和硫酸，能溶于硝酸、有机酸和碱液。

铅是全身性毒物，主要是影响卟啉代谢。卟啉是合成血红蛋白的主要成分，因此影响血红素的合成，产生贫血。铅可引起血管痉挛、视网膜小动脉痉挛和高血压等。铅还可作用于脑、肝等器官，发生中毒性病变。

2. 汞

常温下为银白色液体，密度 $13.6g/cm^3$，熔点 -38.87℃，沸点 356.9℃。黏度小，易流动和流散，有很强的附着力，地板、墙壁等都能吸附汞。常温下即能蒸发，温度升高，

蒸发加快。不溶于水，能溶于类脂质，易溶于硝酸、热浓硫酸。能溶解多种金属，生成汞齐。

汞离子与体内的巯基、二巯基有很强的亲和力。汞与体内某些酶的活性中心巯基结合后，可使酶失去活性，造成细胞损害，导致中毒。

3. 铬

钢灰色、硬而脆的金属，密度 $7.20g/cm^3$，熔点 $1900℃$，沸点 $2480℃$。氧化缓慢，耐腐蚀。不溶于水，溶于盐酸、热硫酸。铬化合物中六价铬毒性最大。化肥工业催化剂主要原料三氧化铬，是强氧化剂，易溶于水，常以气溶胶状态存在于厂房空气中。

六价铬化合物有强刺激性和腐蚀性。铬在体内可影响氧化、还原、水解过程，可使蛋白质变性，引起核酸、核蛋白沉淀，干扰酶系统。六价铬抑制尿素酶的活性，三价铬对抗凝血活素有抑制作用。

4. 锰

浅灰色硬而脆的金属。熔点 $1260℃$，沸点 $2097℃$，易溶于稀酸。

锰及其化合物的毒性各不相同，化合物中的锰的原子价越低毒性越大。工业生产中以慢性中毒为主，多因吸入高浓度锰烟和锰尘所致。轻度中毒表现为失眠、头痛、记忆力减退、四肢麻木、举止缓慢；重度中毒者出现四肢僵直、动作缓慢笨拙、语言不清、智能下降等症状。

（二）第二类：有机溶剂

1. 苯

具有芳香气味的无色、易挥发、易燃液体。密度 $0.879g/cm^3$，熔点 $5.5℃$，沸点 $80.1℃$。不溶于水，溶于乙醇、乙醚等有机溶剂。

苯的中毒机理目前尚不清楚。一般认为，苯中毒是由苯的代谢产物酚引起的。酚是原浆毒物，能直接抑制造血细胞的核分裂，对骨髓中核分裂最活跃的早期活性细胞的毒性作用更明显，使造血系统受到损害。另外苯有半抗原的特性，可通过共价键与蛋白质分子结合，使蛋白质变性而具有抗原性，发生变态反应。

2. 甲苯

为无色具有芳香味的液体。沸点 $100.6℃$。不溶于水，溶于乙醇、乙醚等有机溶剂。

甲苯毒性较低，属低毒类。工业生产中甲苯主要以蒸气态经呼吸道进入人体，皮肤吸收很少。急性中毒表现为中枢神经系统的麻醉作用和植物性神经功能紊乱症状，慢性中毒主要因长期吸入较高浓度的甲苯蒸气所致，出现头晕、头痛、无力、失眠、记忆力衰退等现象。

3. 四氯化碳

为无色、透明、易挥发的油状液体。熔点 $-22.9℃$，沸点 $76.7℃$。不易燃、遇火或热的表面可分解为二氧化碳、氯化氢、光气和氯气。微溶于水，易溶于有机溶剂。

四氯化碳蒸气主要通过呼吸道进入人体，液体和蒸气均可经皮肤吸收，可引起急性和慢性中毒。

（三）第三类：硝基苯和苯胺

硝基苯是无色或淡黄色具有苦杏仁气味的油状液体。相对密度 1.2037，熔点 $5.7℃$，沸点210.9℃。几乎不溶于水，能与乙醇、乙醚或苯互溶。

苯胺是有特殊臭味的无色油状液体。相对密度1.022，熔点-6.2℃，沸点184.4℃。微溶于水，可溶于乙醇、乙醚和苯等。

苯的硝基和氨基化合物进入人体后，经氧化变成硝基酚和氨基酚，使血红蛋白变成高铁血红蛋白。高铁血红蛋白失去携氧能力，引起组织缺氧。这类毒物还能导致红细胞破裂，出现溶血性贫血，也可直接引起肝、肾和膀胱等脏器的损害。

（四）　第四类：窒息性气体

窒息性气体中毒是最常见的急性中毒，据1988年全国职业病发病统计资料，窒息性气体中毒高居急性中毒之首；据化工部40年急性职业中毒死亡情况分析，高居首位的仍是窒息性气体中毒，由其造成的死亡人数占急性职业中毒总死亡数的65%，可见此类毒物的严重性。

根据窒息性气体毒作用的不同，可将其大致分为三类，分别是单纯窒息性气体、血液窒息性气体、细胞窒息性气体。

（1）单纯窒息性气体。这类气体本身的毒性很低，或属惰性气体，但若在空气中大量存在可使吸入的气体中氧含量明显降低，导致机体缺氧。正常情况下，空气中氧含量约为20.96%，若氧含量<16%，即可造成呼吸困难；氧含量<10%，则可引起昏迷甚至死亡。属于这一类的常见窒息性气体有氮气、甲烷、乙烷、丙烷、乙烯、丙烯、二氧化碳、水蒸气及氩、氖等惰性气体。

（2）血液窒息性气体。血液以化学结合方式携带氧气，正常情况下每克血红蛋白约可携带1.4mL氧气，若每100mL血液以15g血红蛋白计算，约可携带21mL氧血；肺血流量约5L/min，故血液每分钟约从肺中携出1000mL氧气。血液窒息性气体的毒性在于它们能明显降低血红蛋白对氧气的化学结合能力，并妨碍血红蛋白向组织释放已携带的氧气，从而造成组织供氧障碍，故此类毒物亦称化学窒息性气体。常见的有一氧化碳、一氧化氮、苯的硝基或氨基化合物蒸气等。

（3）细胞窒息性气体。这类毒物主要作用于细胞内的呼吸酶，使之失活，从而阻碍细胞对氧的利用，造成生物氧化过程中断，形成细胞缺氧效应。由于此种缺氧实质上是一种"细胞窒息"或"内窒息"，故此类毒物也称细胞窒息性毒物，常见的为氰化氢和硫化氢。

窒息性气体的危害如下：

（1）缺氧表现。缺氧是窒息性气体中毒的共同致病环节，故缺氧症状是各种窒息性气体中毒的共有表现。轻度缺氧时主要表现为注意力不集中、智力减退、定向力障碍、头痛、头晕、乏力；缺氧较重时可有耳鸣、呕吐、嗜睡、烦躁、惊厥或抽搐，甚至昏迷。但上述症状往往为不同窒息性气体的独特毒性所干扰或掩盖，故并非不同病原引起的相近程度的缺氧都有相同的临床表现。及时治疗处理，使脑缺氧尽早改善，常可避免发生严重的脑水肿，否则将会导致明显的急性颅压升高。

（2）急性颅压升高表现：

1）头痛。是早期的主要症状，为全头痛，前额尤甚，程度甚剧，任何可增加颅内压的因素，如咳嗽、喷嚏、排便，甚至突然转头均可使头痛明显加重。

2）呕吐。是颅内压增高的常见症状，主要因延髓的呕吐中枢受压所致。

3）抽搐。常为频繁的癫痫样抽搐发作，主要因大脑皮层运动区缺血缺氧或水肿压迫所致；若脑干网状结构也受累，则可出现阵发性或持续性肢体强直。

4）心血管系统变化。早期可见血压升高、脉搏缓慢，为延髓心血管运动中枢对水肿压迫及缺血缺氧代偿作用所致。

5）呼吸变化。早期表现为呼吸深慢，也为延髓的代偿性反应；呼吸中枢若有衰竭，则呼吸转为浅慢、不规则，或有叹息样呼吸，严重时可发生呼吸骤停。

（3）不同窒息性气体中毒的特殊表现：

1）氮气大量吸入引起的症状与前述缺氧表现最为相似，但浓度稍高时常可引起极度兴奋、神情恍惚、步态不稳，如酒醉状，称为"氮酩酊"。极高浓度氮气吸入可使患者迅速昏迷、死亡，称为"氮窒息"。

2）二氧化碳也属单纯窒息性气体，但因同时伴有 CO_2 潴留、呼吸性酸中毒、高血钾症，故其脑水肿表现常明显而持久。高浓度吸入时可在几秒钟内迅速昏迷、死亡。

3）一氧化碳为血液窒息性气体，吸入后可迅速与血红蛋白结合生成碳氧血红蛋白（HbCO），故血中 HbCO 测定为诊断 CO 中毒的重要依据，血中 HbCO>10% 即有引起急性CO 中毒的可能。由于 HbCO 为鲜红色，故使患者皮肤黏膜在中毒之初呈樱红色，与一般缺氧病人有明显不同，是其临床特点之一；此外，全身乏力十分明显，以致中毒后虽仍清醒，但已难行动，不能自救。其余症状与一般缺氧相近。

4）氰化氢属细胞窒息性气体，它的中毒临床特点为缺氧症状十分明显，稍高浓度吸入即可引起极度呼吸困难，严重时可出现全身性强直痉挛；极高浓度 HCN 可在数分钟内引起呼吸心跳停止，死亡。由于 HCN 对细胞呼吸酶的强烈抑制作用，细胞几乎丧失利用氧的能力，致使静脉血中仍饱含充足氧气而呈现氧合血红蛋白（HbO_2）之鲜红色，故早期中毒病人的黏膜皮肤颜色较红，是氰化氢中毒的另一临床特点。

（五）第五类：刺激性气体

刺激性气体是工业生产中常遇到的一类有害气体，对人体，特别是对呼吸道有明显的损害，轻者为上呼吸道刺激症状，重者则致喉头水肿、喉痉挛、支气管炎、中毒性肺炎，严重时可发生肺水肿。刺激性气体大多是化学工业的重要原料和副产品，此外在医药、冶金等行业中也经常接触到，多具有腐蚀性，生产过程中常因设备、管道被腐蚀而发生跑冒滴漏现象，或因管道、容器内压力增高而大量外逸造成中毒事故，其危害不仅限于工厂车间，也污染环境。失火、爆炸、大量泄漏等情况下还可造成人群急性中毒。

刺激性气体种类繁多，可按其化学结构分为以下几类。其中某些物质在常态下虽非气体，但可通过蒸发、升华及挥发后以蒸气和气体的形式/状态作用于机体。

（1）无机酸，如硫酸、硝酸、氢氟酸、铬酸；有机酸，如甲酸、乙酸、丙酸、丁酸；乙二酸、丙二酸；丙烯酸。

（2）成酸氧化物，如二氧化硫、三氧化硫、二氧化氮、铬酸。

（3）成酸氢化物，如氯化氢、氟化氢、溴化氢。

（4）卤族元素氯、氟、溴、碘。

（5）卤化物，如光气、二氯亚砜、三氯化磷、三氯氧磷、氯化锌。

（6）氨、胺，如氨、甲胺、丙胺、乙二胺。

（7）酯类，如硫酸二甲酯、氯甲酸甲酯、乙酸甲酯。

（8）醛类，如甲醛、乙醛、甲烯醛。

（9）醚类，如氯甲基甲醚。

（10）强氧化剂，如臭氧。

（11）金属化合物，如氧化镉、羟基镍、五氧化二钒。

刺激性气体常以局部损害为主，仅在刺激作用过强时引起全身反应。决定病变部位和程度的因素是毒物的溶解度和浓度。溶解度与毒物作用部位有关，而浓度则与病变程度有关。高溶解度的氨、盐酸，接触到湿润的眼球结膜及上呼吸道黏膜时，立即附着在局部并发生刺激作用；中等溶解度的氯、二氧化硫，低浓度时只侵犯眼和上呼吸道，而高浓度则侵犯全呼吸道；低浓度的二氧化氮、光气，对上呼吸道刺激性小，易进入呼吸道深部并逐渐与水分作用而对肺产生刺激和腐蚀，常引起肺水肿。液态的刺激性毒物直接接触皮肤黏膜可发生灼伤。

1. 氯气

黄绿色气体，密度为空气的 2.45 倍，沸点 -34.6℃。易溶于水、碱溶液、二硫化碳和四氯化碳等。高压下液氯为深黄色，密度为 1.56g/cm^3。化学性质活泼，与一氧化碳作用可生成毒性更大的光气。

氯溶于水生成盐酸和次氯酸，产生局部刺激。主要损害上呼吸道和支气管的黏膜，引起支气管痉挛、支气管炎和支气管周围炎，严重时引起肺水肿。吸入高浓度氯后，会引起迷走神经反射性心跳停止，呈"电击样"死亡。

2. 光气

无色、有霉草气味的气体，密度为空气的 3.4 倍，沸点 8.3℃。加压液化，密度为 1.392g/cm^3。易溶于醋酸、氯仿、苯和甲苯等。遇水可水解成盐酸和二氧化碳。

毒性比氯气大 10 倍。对上呼吸道仅有轻度刺激，但吸入后其分子中的羰基与肺组织内的蛋白质酶结合，从而干扰细胞的正常代谢，损害细胞膜，肺泡上皮和肺毛细血管受损，通透性增加，引起化学性肺炎和肺水肿。

3. 氮氧化物

由 N_2O、NO、NO_2、N_2O_3、N_2O_4、N_2O_5 等组成的混合气体。其中 NO_2 比较稳定，占比例最高。不易溶于水，低温下为淡黄色，室温下为棕红色。

氮氧化物较难溶于水，因而对眼和上呼吸道黏膜刺激不大。主要是进入呼吸道深部的细支气管和肺泡后，在肺泡内可阻留 80%，与水反应生成硝酸和亚硝酸，对肺组织产生强烈刺激和腐蚀作用，引起肺水肿。硝酸和亚硝酸被吸收进入血液，生成硝酸盐和亚硝酸盐，可扩张血管，引起血压下降，并与血红蛋白作用生成高铁血红蛋白，引起组织缺氧。

4. 二氧化硫

无色气体，密度为空气的 2.3 倍。加压可液化，液体密度 1.434g/cm^3，沸点 -10℃。溶于水、乙醇和乙醚。吸入呼吸道后，在黏膜湿润表面上生成亚硫酸和硫酸，产生强烈的刺激作用。大量吸入可引起喉水肿、肺水肿、声带痉挛而窒息。

5. 氨

无色气体，有强烈的刺激性气味，密度为空气的 0.5971 倍。易液化，沸点 -33.5℃。溶于水、乙醇和乙醚。遇水生成氢氧化铵，呈碱性。

氨对上呼吸道有刺激和腐蚀作用，高浓度时可引起接触部位的碱性化学灼伤，组织呈溶解性坏死，并可引起呼吸道深部及肺泡损伤，发生支气管炎、肺炎和肺水肿。氨被吸收进入血液，可引起糖代谢紊乱及三羧酸循环障碍；降低细胞色素氧化酶系统的作用，导致全身组织缺氧。氨可在肝脏中解毒生成尿素。

（六）第六类：高分子聚合物

高分子化合物也称聚合物或共聚物，是由一种或几种单体聚合或缩聚而成的相对分子质量高达几千至几百万的大分子物质，由于具备许多天然物质难有的优异性能，如强度高、耐腐蚀、绝缘性好、质量轻等，已广泛应用于国民经济各个领域。

高分子化合物本身在正常条件比较稳定，对人体基本无毒，但在加工或使用过程中可释出某些游离单体或添加剂，对人体造成一定危害。某些高分子化合物在加热或氧化时，可产生毒性极强的热裂解产物，如聚四氟乙烯加热到420℃即可分解出四氟乙烯、六氟丙烯、八氟异丁烯等物质，刺激性甚强，吸入后可致严重中毒性肺炎、肺水肿。高分子化合物燃烧时可产生大量 CO，并造成周围环境缺氧；某些化合物同时还可生成前述的热裂解产物；而含有氮和卤素的化合物还可生成氰化氢、光气、卤化氢等物质，对机体危害尤大。

1. 氯乙烯

常温常压下为略带芳香味的无色气体，易燃易爆，加压时易被液化；燃烧时可分解出氯化氢、CO_2、CO、光气等；微溶于水，可溶于乙醇，易溶于乙醚、四氯化碳等。它主要用作制造聚氯乙烯的单体，可与醋酸乙烯、丙烯腈、偏二氯乙烯等生成共聚物，而用作绝缘材料、黏合剂、涂料、合成纤维等。

氯乙烯主要以乙炔和氯化氢为原料经 $HgCl_2$ 催化而成，此一过程可有氯乙烯接触，而在聚合成聚氯乙烯各过程，尤其在进行聚合釜清洗时，更易接触大量氯乙烯。

氯乙烯主要经由呼吸道进入体内，皮肤仅有少量吸收。吸入体内的氯乙烯多以原形呼出，停止接触10min，约可排出82％；高浓度吸入主要为麻醉作用，并因吸入气中氧含量相对下降而致缺氧。人在 $30g/m^3$ 浓度下有头晕、恶心等症状；麻醉浓度约为 $182g/m^3$。

2. 聚四氟乙烯（PTFE）热裂解气

PTFE 是四氟乙烯（TFE）的均聚物，化学性质稳定，有优良的解电性、耐热性、耐腐蚀性，有"塑料王"之称，且无毒性。其热裂解物有毒性，毒性大小与温度有直接关系：大于315℃的热裂解物仅具呼吸道刺激作用；大于400℃时之产物对肺有强烈刺激作用，因有水解性氟化物（氟化氢、氟光气）生成；500℃以上时，可检出四氟乙烯、六氟丙烯、八氟环丁烷及大量八氟异丁烯、氟光气，毒性更强。

一般认为 PTFE 热裂解气毒性主要由八氟异丁烯、氟光气及氟化氢引起。其主要作用为肺的强烈刺激作用，可致肺水肿、肺出血、肺纤维化；心肌也可出现水肿、变性、坏死；此外，肝、肾及中枢神经系统也均有中毒损害发生。

3. 丙烯腈

为无色、易燃、易爆、易挥发气体，带杏仁气味，略溶于水，易溶于有机溶剂；水溶液不稳定，碱性条件下易水解成丙烯酸，还原时生成丙腈。丙烯腈可聚合成聚丙烯腈，也可与依康酸、丁二烯、醋酸乙烯、苯乙烯、氯乙烯等共聚，用于制造合成纤维、合成橡胶、合成树脂等。

丙烯腈可经呼吸道、皮肤、消化道进入人体。进入体内的丙烯腈在 1h 内仅少量（5%左右）以原形呼出，10%左右随尿以原形排出，另有 15%左右以硫氰酸盐形式排出。故急性中毒情况下，丙烯腈可能主要以析出的氰根发挥毒性；此外，未被排出及解离的丙烯腈分子本身对中枢神经亦有损害作用。

4. 2-氯乙醇

本品系由乙醇水解、氯化而得，主要在合成涤纶生产中用于制备乙二醇。其为无色透明液，具醚样臭味，具挥发性；能溶于水及各种有机溶剂。

本品对中枢神经系统及肺、肝、肾等重要器官均有损害作用，可能系本品在肝内经辅酶 I 作用，转化为氯乙醛所致。

5. 氯丁二烯

常态下为具刺激气味的无色液体，具挥发性，微溶于水，易溶于各种有机溶剂。本品在空气中极易氧化，在光和催化剂作用下可很快聚合；遇火或热金属可爆炸，生成光气和各种氯化物等。它主要用于氯丁橡胶和其他聚氯丁二烯产品的生产。

工业生产中，氯丁二烯主要经由呼吸道及皮肤吸收入体，仅少量经呼气和尿以原形排出，进入体内的氯丁二烯主要分布于富含脂质的组织；它不仅具有刺激性，可致眼、皮肤、呼吸道及肺损伤，对中枢神经系统、肝、肾等组织也有明显损伤作用，研究认为可能与它在体内转化为酸或生成环氧化物有关，后者具很强活性，可引起脂质过氧化反应，故氯丁二烯中毒动物或人体，血或组织中还原型谷胱甘肽（GSH）减少，而脂质过氧化产物丙二醛（MDA）增多。

（七）第七类：有机农药

农药主要是指用于防治危害农作物生长及农产品储存的病、菌、虫、鼠、杂草等的药物，也包括植物生长调节剂、脱叶剂、增效剂等化学物质。农药由于化学结构相差很大，故毒性亦不尽相同，但不少农药，尤其是有机化合物，可具有下列一些共同毒性特点。

（1）神经毒性。多数有机化合物类农药，由于脂溶性较强，常具有不同程度的神经毒性，有的还是其发挥杀虫作用的主要机制。毒性最强的为有机锡、有机汞、有机氯、有机氟、有机磷、卤代烃、氨基甲酸酯等，常可致中毒性脑病、脑水肿、周围神经病等，临床可见头痛、恶心、呕吐、抽搐、昏迷、肌肉震颤、感觉障碍或感觉异常、瘫痪等，有的还可引起中枢性高热，如六六六、狄氏剂、艾氏剂、毒杀芬等有机氯类。

（2）皮肤黏膜刺激性。几乎各种农药均具一定刺激性，其中以有机硫、有机氯、有机磷、有机汞、有机锡、氨基甲酸酯、杀虫脒、酚类、卤代烃、除草醚、百草枯等作用最强，可引起皮疹、痤疮、水泡、灼伤、溃疡等。

（3）心脏毒性。不少毒药可引起心肌损伤，导致 ST 及 T 波异常、传导障碍、心律失常，甚至心源性休克、猝死，尤以有机氯、有机汞、有机磷、有机氟、杀虫脒、磷化氢等最为突出。

（4）消化系统毒性。各类农药口服均可致明显化学性胃肠炎而引起恶心、呕吐、腹痛、腹泻；有的如砷制剂、百草枯、环氧丙烷、401、402 等，甚至可引起腐蚀性胃肠炎，而有呕血、便血等表现；还有些农药，如有机氯、有机汞、有机砷、有机硫、氨基甲酸酯类、卤代烃、环氧丙烷、杀虫双、百草枯等则具有较强的肝脏毒性，可引起肝功能异常及肝脏肿大。

（5）有些农药还具有独特的毒性：1）血液毒性。如杀虫脒、螟蛉畏、甲酰苯肼、除草醚等可引起明显的高铁血红蛋白血症，甚至导致溶血；代森锌可引起硫化血红蛋白血症，也可致溶血；茚满二酮类可致凝血障碍，可引起全身严重出血。2）肺脏毒性。五氯苯酚、氯化苦、磷化氢、福美锌、安妥、杀虫双、有机磷、氨基甲酸酯、拟除虫菊酯、卤代烃、百草枯等对肺有强烈刺激性，可致严重化学性肺炎、肺水肿，后者还能引起急性肺间质纤维化。3）肾脏毒性。前述可引起急性血管内溶血的农药，皆可因血红蛋白管型堵塞肾小管，引起急性肾小管坏死甚至急性肾功能衰竭。此外，有机磷、有机硫、有机汞、有机氯、有机砷、杀虫双、安妥、五氯苯酚、环氧丙烷、卤代烃等对肾小管还有直接毒性，可引起急性肾小管坏死甚至急性肾功能衰竭；杀虫脒还可以引起出血性膀胱炎。4）其他。五氯酚钠、二硝基苯酚、二硝基甲酚、乐杀螨、敌普螨等可导致体内氧化磷酸化解偶联，使氧化过程生成的能量无法以 ATP 形式储存而转化为热能释出，机体可发生高热、惊厥、昏迷。

1. 有机磷农药

有机磷农药为目前我国使用最广的杀虫剂，按其毒性可分为四类：（1）剧毒类。如特普、甲拌磷（3911）、乙拌磷、磷君（速灭磷）、对硫磷（1605）、内吸磷（1059）、地虫硫磷（大风雷）、谷硫磷（保棉磷）、硫特普（3911 亚砜）、八甲磷、棉安磷（硫环磷）、益棉磷、灭蚜净等。（2）高毒类。如敌敌畏、久效磷、乙硫磷（蚜满立死、1240）、苯硫磷（伊波恩、EPN）、甲基对硫磷（甲基 1605）、甲基内吸磷（甲基 1059、4044）、甲胺磷、氧化乐果、三硫磷等。（3）中毒类。如敌百虫、乐果、茂果、伏杀硫磷、倍硫磷（百治屠）、克瘟散、杀螟松、增效磷、皮蝇磷（伊涕 57 等）。（4）低毒类。如马拉硫磷（4049）、杀虫畏、家蝇磷、灭蚜松、溴硫磷等。

有机磷农药在体内与胆碱酯酶形成磷酰化胆碱酯酶，胆碱酯酶活性受抑制，使酶不能起分解乙酰胆碱的作用，致组织中乙酰胆碱过量蓄积，使胆碱能神经过度兴奋，引起毒蕈碱样、烟碱样和中枢神经系统症状。磷酰化胆碱酶酯酶一般约经 48h 即"老化"，不易复能。

发病时间因农药品种及浓度、吸收途径及机体状况而异。一般经皮肤吸收多在 2 ~ 6h 发病，呼吸道吸入或口服后多在 10min 至 2h 发病。

各种途径吸收致中毒的表现基本相似，但首发症状可能有所不同。如经皮肤吸收为主时常先出现多汗、流涎、烦躁不安等；经口中毒时常先出现恶心、呕吐、腹痛等症状；呼吸道吸入引起中毒时视物模糊及呼吸困难等症状可较快发生。

2. 有机氟类农药

常见品种为氟乙酸钠及氟乙酰胺，毒性均甚强烈。

氟乙酸钠为一高效杀鼠剂，进入机体后可与辅酶 A 结合，生成氟乙酰辅酶 A 并进而与草酰乙酸缩合成氟柠檬酸，此步反应称为"致死合成"，因生成的氟柠檬酸可明显抑制乌头酸酶，使柠檬酸不能进一步氧化，三羧循环中断，能量（ATP）生成障碍，兼之有大量堆积的柠檬酸的直接刺激，从而使体内各重要器官功能发生严重障碍，尤以脑、心肌损害最为明显。

中毒主要由口服引起，潜伏期仅数十分钟，常见症状为恶心、呕吐、流涎、腹痛，可有血性呕吐物，继而出现中枢神经及心血管系统症状，如头痛、头晕、精神恍惚、恐惧感、面部麻木、视物不清、肌肉颤动、肌肉痉挛疼痛、心悸等，心电图检查常见有心动过速、传导阻滞、心房纤颤等；严重者可出现癫痫样发作、昏迷、脑水肿、肺水肿，甚至呼吸循环骤停，死亡。本品因毒性太高，已被禁止使用。

氟乙酰胺其毒性与氟乙酸钠相同，目前也不准用于杀鼠，而主要用于杀虫杀螨。本品由于不挥发、不溶于脂类，故不易经呼吸道及皮肤侵入，中毒多因误服或食用本品毒死的畜禽所致，潜伏期多为数十分钟。其中毒症状与氟乙酸钠相似。血氟、尿氟、血柠檬酸增高对诊断有重要提示作用。

3. 有机氯农药

有机氯农药主要分为以苯为原料和以环戊二烯为原料的两大类化合物。氯苯结构较稳定，生物体内酶难于降解，所以积存在动、植物体内的有机氯农药分子消失缓慢。由于这一特性，它通过生物富集和食物链的作用，使环境中的残留农药进一步得到富集和扩散。通过食物链进入人体的有机氯农药能在肝、肾、心脏等组织中蓄积，特别是由于这类农药脂溶性大，所以在体内脂肪中的蓄积更突出。蓄积的残留农药也能通过母乳排出，或转入卵蛋等组织，影响后代。我国于 20 世纪 60 年代已开始禁止将 DDT、六六六用于蔬菜、茶叶、烟草等作物上。

第三节　急性中毒的现场救护

化工生产中的急性中毒多因意外事故发生，其特点是病情发生急骤、症状严重、变化迅速，抢救人员必须争分夺秒全力以赴进行抢救治疗，其原则是尽快阻止毒物继续侵入人体，尽力消除进入体内毒物的作用，加速毒物的排泄。在抢救病人时，用特效药物解毒或对症治疗，维持主要脏器的功能，要视具体情况灵活掌握。现场抢救是能否挽救生命、减少伤亡的关键，应使患者尽快脱离有毒环境，给予必要的紧急处理，防治急性吸收毒物，保护已受损的器官，为进一步的急救、治疗赢得时间，奠定基础。

一、急救设备和药剂

医护人员应熟悉毒物作业环境，能够分析事故原因，掌握职业中毒的特点和急救的医疗措施，随时做好救护和抢救的工作准备。救护站应配备充足的急救设备和器械、急救药剂和药品。

（一）急救设备和器械

救护站应配备救护车、抢救担架、救护床，防毒面具、防护手套、防护服、防护鞋，氧气呼吸器、苏生器、氧气瓶或袋，清水及清洗设备。

应配备的医疗器械有听诊器、血压计、叩诊锤、开口器、压舌板，外科切开和缝合器具、消毒包，止血带、纱布、棉球，洗胃器、洗眼器、吸水器，针灸针、夹板、绷带等。

（二）抢救药剂和药品

一般药物如 2% 的硼酸水、5% 的碳酸氢钠溶液、1/5000 的高锰酸钾溶液；呼吸中枢兴奋剂，如尼可刹米、回苏灵、洛贝林等；强心剂，如西地兰、毒毛旋花子贰甙 K、肾上腺素、异丙基肾上腺素等；镇静剂，如度冷丁、安定、冬眠灵、非那根等；氧气；葡萄糖及维生素 C 等的注射液。解毒药品应根据毒物作业场所的具体毒物作相应的准备。

二、急性中毒现场急救应遵循的原则

急性中毒现场急救应遵循的原则主要包括以下五个方面。

（一）急救者的个人防护

急性中毒发生时毒物多由呼吸系统和皮肤进入人体。因此，救护者在进入危险区抢救之前，首先要做好呼吸系统和皮肤的个人防护，佩戴好供氧式防毒面具或氧气呼吸器，穿好防护服；进入设备内抢救时要系上安全带，然后再进行抢救。

（二）切断毒物来源

救护人员进入现场后，除对中毒者进行抢救外，还应认真查看，并采取有力措施，如关闭泄漏管道阀门、堵塞设备泄漏处、停止输送物料等，切断毒物来源。对于已经泄漏出来的有毒气体或蒸气，应迅速启动通风排毒设施或打开门窗，或者进行中和处理，降低毒物在空气中的浓度，为抢救工作创造有利条件。

（三）采取有效措施防止毒物继续侵入人体

（1）救护人员进入现场后，应迅速将中毒者移至空气新鲜、通风良好的地方；松解患者衣领、腰带，并仰卧，以保持呼吸道通畅；同时要注意保暖。

（2）消除毒物，防止其沾染皮肤和黏膜。

1）迅速脱去被毒物污染的衣服、鞋袜、手套等。用大量清水或解毒液彻底清洗被毒物污染的皮肤。

2）污染的皮肤、毛发必须及时、彻底用流动清水冲洗（冬天宜用温水），冲洗时间不少于15min，防止毒物从皮肤吸收、中毒或灼伤，切忌用油剂油膏涂敷创面。

3）如毒物是非水溶性，现场无中和剂，可用大量水冲洗。酸性物质用弱碱性溶液冲洗，碱性物质用弱酸性溶液冲洗。

4）黏稠的物质可用大量肥皂水冲洗，要注意皮肤皱褶、毛发和指甲内的污染物。

5）较大面积地冲洗要注意防止感冒，必要时可将冲洗液保持相当温度，但以不影响冲洗剂的作用和及时冲洗为原则。

6）毒物进入眼睛时，应尽快用大量流水缓慢冲洗眼睛15min以上，冲洗时把眼睑撑开，让伤员的眼睛向各个方向缓慢移动。

（四）促进生命器官功能恢复

1. 心脏复苏

若中毒者心跳骤停，应实施心前区叩击术或胸外心脏挤压术进行抢救。令患者仰卧在硬床板或地板上，四肢舒展。在心跳停止1min 30s内，心脏应激性增强，叩击心前区往往可使心脏复跳。术者用拳以中等力叩击心前区，一般连续叩击3~5次，立即观察心音和脉搏，若恢复则复苏成功；反之放弃，改行胸外心脏挤压术。

2. 呼吸复苏

呼吸复苏术与心脏复苏术应同时进行。不进行呼吸复苏术，人体组织缺氧，心脏复苏也无法成功。口对口的入口呼吸是最简便有效的方法，其吸气量较大，适于现场急救，可以听到肺泡呼吸音为复苏成功标志。若有苏生器，采用苏生器自动进行人工呼吸更佳，同时针刺人中、涌泉、太冲等穴位，必要时注射呼吸中枢兴奋剂。

（五）及时解毒和促进毒物排出

发生急性中毒后应及时采取各种解毒及排毒措施，降低或消除毒物对机体的作用。

消除毒物在体内的毒作用。溴甲烷、碘甲烷在体内分解为酸性代谢物，可用碱性药物中和；碳酸钡和氯化钡中毒，用硫酸钠静脉注射，生成不溶性硫酸钡而解毒；急性有机磷农药中毒时用氯磷定等胆碱脂酶复能剂可使被抑制的胆碱脂酶活力得到恢复，用阿托品对抗胆碱能神经的过度兴奋；亚硝酸盐中毒可用美兰以还原高铁血红蛋白；氰化物中毒可用亚硝酸盐-硫代硫酸钠法进行解毒。

为促进进入体内的毒物排泄，金属及其盐类的中毒可采用各种金属络合剂，如依地酸二钠钙及其同类化合物、巯基络合物以及二乙基二硫代氨基甲酸钠等可与毒物中的金属离子络合生成稳定的有机化合物，随尿液排出体外。利尿、换血、透析疗法也能加速某些毒物的排除。

吸氧。一氧化碳急性中毒可立即吸入氧气，不但可以缓解机体缺氧，对毒物排出也有一定作用，可中和体内毒物及其分解产物。

第四节　综合防毒措施

一、防毒技术措施

防毒技术措施包括预防措施和回收措施两部分。

（一）预防措施

（1）替代或排除有毒或高毒物料。在化工生产中，原料和辅助材料应该尽量采用无毒或低毒物质。用无毒物料代替有毒物料，用低毒物料代替高毒或剧毒物料，是消除毒性物料危害的有效措施。

（2）改革工艺。通过改革工艺和改进设备，消除生产过程的产毒源，从根本上消除毒物危害。

（3）生产过程的密闭、机械化、连续化措施。在化工生产中，敞开式加料、搅拌、反应、测温、取样、出料、存放等，均会造成有毒物质的散发、外逸，毒化环境。为了控制有毒物质，使其不在生产过程中散发出来造成危害，关键在于生产设备本身的密闭化，以及生产过程各个环节的密闭化。

（4）隔离操作和自动控制。由于条件限制不能使毒物浓度降低至国家卫生标准时，可以采用隔离操作措施。隔离操作是把操作人员与生产设备隔离开来，使操作人员免受散逸出来的毒物的危害。

（二）净化回收措施

生产中采用一系列防毒技术预防措施后，仍然会有有毒物质散逸。如受生产条件限制使得设备无法完全密闭，或采用低毒代替高毒而并不是无毒等，此时必须对作业环境进行治理。治理措施就是将作业中的有毒物质收集起来，然后采取净化回收的措施。

1. 通风排毒

按其范围可分为局部通风和全面通风。

（1）局部通风。局部通风是指毒物比较集中，或工作人员经常活动的局部地区的通风。局部通风有局部排风、局部送风和局部送、排风三种类型。

（2）全面通风。全面通风是用大量新鲜空气将作业场所的有毒气体冲淡至符合卫生要求的通风方式。全面通风多用于毒源不固定，毒物扩散面积较大，或虽实行了局部通风，但仍有毒物散逸点的车间或场所。

（3）混合通风。混合通风是既有局部通风又有全面通风的通风方式。如局部排风，室内空气是靠门窗大量补入的。在冬季大量补入冷空气，会使房间过冷，往往要采用一套空气预热的全面送风系统。

2. 净化回收

净化回收措施包括燃烧净化方法和吸收及吸附。

（1）燃烧净化法。它是利用工业废气中污染物可以燃烧氧化的特性，将其燃烧转变为无害物质的方法。该法的主要化学反应是燃烧氧化，少数是热反应。用燃烧法处理工业废气的方法有如下四种。

1）不需要辅助燃料，但需补充空气才可维持燃烧的废气或尘雾。

2）既不需补充燃料又不需提供空气便可维持燃烧的废气。

3）不加辅助燃料就不能维持燃烧的工业废气或尘雾。

4）让废气通过催化剂床层，使废气中可燃物发生氧化放热反应。

燃烧方式可以分为以下三种。

1）直接燃烧。直接燃烧又称直接火焰燃烧，是用可燃有害废气当作燃料来燃烧的方法。显然，能采用直接燃烧法来处理的废气应当是可燃组分含量较高，或燃烧氧化放出热量较高，能维持持续燃烧的气体混合物，上述第1、2种属于这种情况。

直接燃烧的设备可以是一般的炉、窑，也常采用火炬。例如炼油厂氧化沥青产生的废气经冷却后，可送入生产用加热炉直接燃烧净化，并回收热量。直接燃烧通常在1100℃以上进行，燃烧完全的产物应是二氧化碳、氮气和水蒸气等。

2）热力燃烧。经常碰到的、采用燃烧法处理的工业废气通常是可燃物含量低、不能维持燃烧的第三种气体，用热力燃烧法处理。

3）催化燃烧。催化燃烧是利用催化剂使废气中气态污染物在较低的温度（250～450℃）下氧化分解的方法。它的优点是：①起燃温度低，含烃类物质的废气在通过催化剂床层时，碳氢分子和氧分子分别被吸附在催化剂表面并被活化，因而能在较低温度下迅速完成氧化，分解成 CO_2 和 H_2O，与直接燃烧法相比（其起始温度为600～800℃），它的能耗要小得多，甚至在有些情况下，达到起燃温度后，无须外界供热，还能回收净化后废气带走的热量。②催化燃烧适用于几乎所有的含烃类有机废气及恶臭气体的治理，也就是说它适用于浓度范围广、成分复杂的有机化工、家电等众多行业。③基本上不会造成二次污染。

（2）吸收及吸附。

1）吸收。吸收是在化学工业中用得较多的单元操作，在防毒技术中也有重要应用。是将气相混合物中的溶质不同程度地溶解于液体，从而被液体所吸收。气相混合物主要由不溶的"惰性气体"和溶质组成，这样就可以实现气相混合物各组元的选择性溶解。液体溶剂与气相基本上不混溶，即液体挥发性较小，气化到气相中的量很少。一个典型的例子是用水从空气中吸收氨，吸收后再用蒸馏的方法从溶液中回收溶质。废气的吸收净化，是应用吸收操作除去废气中的一种或几种有害组分，以防危害人体及污染环境。

在吸收操作中，常应用板式塔使气液更有效地接触，最普通的塔板形式是泡罩板。气体从板上的升气管上升，进入位于升气管上方的泡帽，再从泡帽边沿的槽口流出并鼓泡上升穿过流动的液体。泡罩板可以在很宽的气液流量范围高效率地操作，是一种很常用的气液接触设备，技术上也比较成熟。还有其他形式的鼓泡塔板，如筛板塔板、浮阀塔板、喷淋式塔板等。另外，填料塔也常用于气体和液体连续逆流接触的吸收过程。

2）吸附。吸附操作是利用多孔性的固体处理流体混合物，使其中一种或数种组分被吸附在固体表面上，达到流体中组元分离的目的。吸附分离可用于气体的干燥、溶剂蒸气的回收、清除废气中某些有害组分、产品的脱色、水的净化等。

吸附是一种固体表面现象，是在相界面的扩散过程。具有较大内表面的固体才具有吸附功能。当被吸附物的分子与固体表面分子间的作用力为分子引力时，称为物理吸附；其作用力为化学反应力时，称为化学吸附。

气体吸附可以清除空气中浓度相当低的某些有害物质，是有害物质净化回收的重要手段。有害物质的吸附净化要求吸附剂要有良好的选择性能，以达到有害物质吸附净化的目的；要有相当大的内表面积，以保证吸附剂有较大的吸附量；要有很强的再生能力，以延长吸附剂的使用寿命。常用的吸附剂有活性炭、分子筛、硅胶、各种复合吸附剂等。

（3）冷凝净化法。冷凝净化法只适用于蒸气状态的有害物质，多用于回收空气中的有机溶剂蒸气。只有空气中蒸气浓度较高时，冷凝净化法才实用有效。冷凝净化法还适用于处理含大量水蒸气的高湿废气，水蒸气凝结，可使部分有害物溶于凝液中，减少了有害物的浓度。因此，冷凝净化法常用作燃烧、吸附等净化方法的前处理措施。

冷凝净化法是把蒸汽从空气中冷却凝结为液体，收集起来加以利用。用冷却法把空气中的蒸汽冷凝为液体，其限度是冷却温度下饱和蒸气压的浓度，而蒸气压随温度的降低而变小，蒸气浓度也随之变小。所以，气体混合物只有冷却到其露点以下，部分蒸气才会冷凝液化。冷凝净化后，仍有冷却温度下饱和蒸气压浓度的有害蒸气残留在空气中。

冷凝净化法有直接法和间接法两种方法。1）直接法采用接触冷凝器，冷却剂和蒸气直接接触，冷却剂、蒸气、冷凝液混合在一起。接触冷凝器适用于含大量水蒸气的高湿废气，也多用于不回收有害物或含污冷却水不需另行处理的情况。但其用水量大，仍存在废水处理的问题。2）间接法采用表面冷凝器。表面冷凝器常用的有列管冷凝器、螺旋板冷凝器、淋洒式冷凝器等。表面冷凝器处理量比接触冷凝器小，但耗能小，回收的冷凝液也纯净。

二、防毒管理教育措施

（一）防毒管理措施

企业及其主管部门在组织生产的同时要加强对防毒工作的领导和管理。组织管理是防毒技术得以落实的保证。领导首先要提高劳动保护意识，认识生产与劳动安全卫生的辩证统一关系，在组织生产过程中自觉贯彻"管生产必须管安全"的原则，有计划地改善劳动条件、建立健全有关防毒管理制度，教育群众自觉保护自己，只有企业上下一致，才能真正控制毒物，保护职工健康，促进生产。

1. 有毒作业环境管理

有毒作业环境管理的目的是控制甚至消除作业环境中的有毒物质，使作业环境中有毒物质的浓度降到国家卫生标准。主要包括以下几个方面：

（1）组织管理措施。

（2）定期进行作业环境监测。

（3）严格执行"三同时"原则。

（4）及时识别作业场所出现的新有毒物质。

2. 有毒作业管理

有毒作业管理是针对劳动者个人进行的管理，使之免受或少受有毒物质的危害。对有毒作业进行管理的方法是对劳动者进行个别的指导，使之学会正确的作业方法。通过改进作业方法、作业用具状态等防止劳动者在生产中身体过负荷而损害健康。此外，还应教会和训练劳动者正确使用个人防护用品。

3. 健康管理

健康管理是针对劳动差异进行的管理，主要包括：

（1）对劳动者个人进行卫生指导。

（2）由卫生部门定期对从事有毒作业的劳动者做健康检查。

（3）对新员工入厂进行体格检查。

（4）对于有可能发生急性中毒的企业，其企业医务人员应掌握中毒急救知识，并准备好相应的医药器材。

（5）对从事有毒作业的人员，应按国家有关规定，按期发放保健费及保健食品。

（二）防毒教育措施

对职工进行防毒的宣传教育，让职工既明白有毒物质对人体的危害性，又了解这些危害是可以预防的，从而使职工主动遵守安全操作规程，加强个人防护，积极学习和总结防毒先进经验，不断地改善劳动条件。要对工人进行个人卫生指导，如指导工人不在作业场所吃饭、饮水、吸烟等，坚持饭前漱口、班后洗浴、工作服清洗制度等。这对于防止有毒物质污染人体，特别是防止有毒物质从口腔、消化道进入人体有重要意义。企业要定期对从事有毒作业的劳动者进行健康检查，以便能对职业中毒者早期发现、早期治疗。新工人入厂要进行体格检查，有职业禁忌者不得从事有毒作业。厂医务人员和工人要掌握中毒急救知识，并准备好相应的医药器材。

三、个体防护措施

个人可针对有毒物质进入人体的三条途径（呼吸道、皮肤、消化道）予以防护。

（一）呼吸防护

采用呼吸防护器是防止有毒物质从呼吸道进入人体引起职业中毒的有效措施之一。呼吸防护器有过滤式（空气净化式）和隔离式（供气式）两种类型。

1. 过滤式呼吸器

过滤式呼吸防护用品把吸入的环境空气，通过净化部件的吸附、吸收、催化或过滤等作用除去其中有害物质后作为气源，供使用者呼吸用，主要有过滤式防毒面具和过滤式防毒口罩。

过滤式防毒面具由面罩、吸气管和滤毒缺罐组成。

2. 隔离式呼吸器

隔离式呼吸器将使用者呼吸器官与有害空气环境隔绝，靠本身携带的气源（携气式或称自给式）或导气管（长管供气式）引入作业环境以外的洁净空气以供呼吸。

按照面罩内压力模式可分为正压式和负压式。

（二）皮肤防护

生产过程中对皮肤的有害因素有物理因素、化学因素和生物因素。物理因素如放射性辐射、电火、机械摩擦等；化学因素如煤焦油、石油分馏产品，铬、铍、砷、石棉等；生物因素如昆虫叮咬等。

皮肤防护主要依靠个人防护用品，如工作服、工作帽、工作鞋、手套、眼镜等，对外露的皮肤需涂上皮肤防护剂。

皮肤被有毒物质污染后，应采用皮肤清洗剂（如皮肤清洗液、皮肤干洗膏）立即清洗。

（三）消化道防护

消化道是从口腔开始，经咽、食管、胃、小肠、大肠、肛管的很长的肌性管道，包括口腔、咽、食道、胃、小肠（十二指肠、空肠、回肠）、大肠（盲肠、阑尾、结肠、直肠）和肛管等部分。

消化道传染病主要是通过病人的排泄物（如呕吐物、粪便等）传播的，是属于病从口入的疾病，病原体随排泄物排出病人或携带者体外，经过生活接触污染了手、水、食品和食具，吃入体内而感染。因此消化道防护主要是要搞好个人卫生和环境卫生。

思 考 题

4-1 工业毒物是什么，如何分类？试举例说明。

4-2 毒性如何评价和分级？

4-3 工业毒物进入人体的途径有哪些，我们应该如何防止毒物进入人体？

4-4 职业中毒的类型有哪些？并举例说明。

4-5 急救设备有哪些？

4-6 急救药剂有哪些？

4-7 急性中毒的现场急救应遵循的原则包括哪些？

4-8 企业应该如何开展综合防毒？试举出具体的措施。

第五章　压力容器

第一节　压力容器概述

一、压力容器定义及分类

（一）压力容器的定义

为了与一般容器（常压容器）相区别，只有同时满足下列三个条件的容器，才称为压力容器。

（1）最高工作压力≥0.1MPa；

（2）内直径（非圆形截面指其最大尺寸）大于等于0.15m，且容积（V）大于等于0.030m³，工作压力与容积的乘积大于或者等于3.0MPa·L（容积，是指压力容器的几何容积）；

（3）介质为气体、液化气体或最高工作温度高于标准沸点的液体。

（二）压力容器的分类

1. 按工作压力分类

压力的级别有低压、中压、高压和超高压四种。低压（代号L）：0.1MPa≤p<1.6MPa；中压（代号M）：1.6MPa≤p<10MPa；高压（代号H）：10MPa≤p<100MPa；超高压（代号U）：100MPa≤p<1000MPa。

2. 按用途分类

压力容器按用途分为反应容器（R）、换热容器（E）、分离容器（S）和储运容器（T）。

（1）反应容器。主要用来完成工作介质的物理、化学反应的容器称为反应容器。如反应器、发生器、聚合釜、合成塔、变换炉等。

（2）换热容器。主要用来完成介质的热量交换的容器称为传热容器。如热交换器、冷却器、加热器、硫化罐等。

（3）分离容器。主要用来完成介质的流体压力平衡、气体净化、分离等的容器称为分离容器。如分离器、过滤器、集油器、缓冲器、洗涤塔、铜洗塔、干燥器等。

（4）储运容器。主要用来盛装生产和生活用的原料气体、液体、液化气体的容器称为储运容器。如储槽、储罐、槽车等。

（三）按危险性和危害性分类

从安全监察的角度，将压力容器按照其危险性和危害性进行分类，即综合考虑设计压力的高低、容器内介质的危险性大小、反应或作用过程的复杂程度以及一旦发生事故的危害性大小，可分为三类。

（1）一类容器。非易燃或无毒介质的低压容器及易燃或有毒介质的低压传热容器和分离容器属于一类容器。

（2）二类容器。任何介质的中压容器，剧毒介质的低压容器，易燃或有毒介质的低压反应容器和储运容器属于二类容器。

（3）三类容器。下列容器为三类，如高压、超高压容器；$p_V \geqslant 0.2\mathrm{MPa} \cdot \mathrm{m}^3$ 的剧毒介质低压容器和剧毒介质的中压容器；$p_V \geqslant 0.5\mathrm{MPa} \cdot \mathrm{m}^3$ 的易燃或有毒介质的中压反应容器；$p_V \geqslant 10\mathrm{MPa} \cdot \mathrm{m}^3$ 的中压储运容器以及中压废热锅炉和内径大于 1m 的低压废热锅炉。

（四）　按压缩器内的介质分类

国家劳动总局颁发的《压力容器安全监察规程》的规定，压力容器按介质的有毒、剧毒和易燃的界限划分如下：

（1）剧毒介质。指进入人体的量小于 50g 即会引起肌体严重损伤或致死作用的介质，如氟、氢氟酸、光气、碳酰氟等。

（2）有毒介质。指进入人体量 ≥50g 即会引起人体正常功能损伤的物质，如二氧化碳、氨、一氧化碳、氯乙烯、甲醇、环氧乙烷，二硫化碳、硫化氢等。

（3）易燃介质。指与空气混合时，其爆炸极限的下限小于 10%，或其上下限之差大于 20% 的介质，如乙烷、乙烯、氢、一甲胺、甲烷、氯甲烷、环丙烷、丁烷、丁二烯等。

二、压力容器的设计、制造和安装

（一）　压力容器的设计

压力容器的设计过程中，壁厚的确定、材料的选用、合理的结构是直接影响容器安全运行的三个方面。

（二）　压力容器的制造

为了确保压力容器制造质量，国家规定凡制造和现场组焊压力容器的单位必须持有劳动部颁发的制造许可证。制造单位必须按批准的范围制造或组焊。无制造许可证的单位不得制造或组焊压力容器。

（三）　压力容器的安装

压力容器的专业安装单位必须经劳动部门审核批准才可以从事承压设备的安装工作。安装作业必须执行国家有关安装的规范。安装过程中应对安装质量实行分段验收和总体验收。验收由使用单位和安装单位共同进行。总体验收时，应有上级主管部门参加。压力容器安装竣工后，施工单位应将竣工图、安装及复验记录等技术资料及安装质量证明书等移交给使用单位。

三、压力容器定期检验的要求

压力容器的使用单位，必须认真安排压力容器的定期检验工作，按照《固定式压力容器安全技术监察规程》的规定由取得检验资格的单位和人员进行检验。

（一）　定期检验的内容

压力容器定期检验包括外部检验、内外部检验、全面检验和耐压试验。

（二）定期检验的周期

外部检验期限：每年至少一次。内外部检验期限分为：安全状况等级为 1～3 级的，每隔 6 年至少一次；安全状况等级为 3～4 级的，每隔 3 年至少一次。

（三）压力容器的安全附件

（1）安全阀。压力容器在正常工作压力运行时，安全阀保持严密不漏；当压力超过设定值时，安全阀在压力作用下自行开启，使容器泄压，以防止容器或管线的破坏；当容器压力泄至正常值时，它又能自行关闭，停止泄放。安全阀要定期检验，每年至少检验一次。定期检验工作包括清洗、研磨、试验和校正。

（2）防爆片。防爆片又称防爆膜、防爆板，是一种断裂型的安全泄压装置。

（3）防爆帽。防爆帽又称爆破帽，也是一种断裂型安全泄压装置。

（4）压力表。压力表是测量压力容器中介质压力的一种计量仪表。

（5）液面计。液面计是指用以指示和观察容器内介质液位变化的装置，又称"液位计"。压力容器使用的液面计属安全附件。

第二节　压力容器的安全使用

一、概述

（一）压力容器的安全技术管理

领导重视是搞好压力容器安全技术管理的关键。

（1）购置与验收。购置的压力容器或受压元件必须由具有相应制造资格的单位制造。

（2）安装和登记。安装单位的资质应经专职管理人员审查。安装单位必须是有相应制造资格的单位或省级安全监察机构批准的安装单位，其监理工程师应持证上岗。安装方案须经专职管理人员审核、总机械师审批。

（3）使用管理。专职管理人员应建立压力容器台账。

（4）检验。化工企业有一个特点，就是连续生产，这给检验工作带来了很大不便。

（5）修理与改造。压力容器进行修理或改造前，应由使用车间编制修理、改造方案，分厂机动部门和分厂总机械师同意，还应经专职管理人员审核和公司总机械师审批。施工单位必须是取得相应制造资格的单位或是经省级安全监察机构审查批准的单位。

（二）对压力容器使用单位及人员的要求

在压力容器投入使用前，压力容器的使用单位应按劳动部颁布的《压力容器使用登记管理规则》的要求，向地、市劳动部门锅炉压力容器安全监察机构申报和办理使用登记手续。

二、压力容器的破坏形式

压力容器破裂形式包括韧性破裂、脆性破裂、疲劳破裂和应力腐蚀破裂四类。

（一）韧性破裂

韧性破裂是容器壳体承受过高的应力，以致超过或远远超过其屈服极限和强度极限，使壳体产生较大的塑性变形，最终导致破裂。

韧性破裂的特征主要表现在断口有缩颈，其断面与主应力方向呈45°，有较大剪切唇，断面多成暗灰色纤维状。当严重超载时，爆炸能量大、速度快、金属来不及变形，易产生快速撕裂现象，出现正压力断口。

（二）脆性破裂

脆性破裂从压力容器的宏观变形观察，并不表现出明显的塑性变形，常发生在截面不连续处，并伴有表面缺陷或内部缺陷，即常发生在严重的应力集中处。因此，把容器未发生明显塑性变形就被破坏的破裂形式称为脆性破裂。

容器发生脆性破裂时，具体特征如下：

（1）容器没有明显的伸长变形，其内部也没有增大。

（2）裂口齐平，断口呈金属光泽的结晶状。

（3）容器常常破裂成若干碎块。

（4）破裂时的名义应力（正应力）较低。

（5）脆性破裂多数在温度较低的情况下发生。

（6）脆性破裂常用于高强度钢制造的容器。

（三）疲劳破裂

疲劳破裂的基本特征是容器没有明显的变形，压力容器的疲劳破裂也是先在局部应力较高的地方产生微细的裂纹，然后逐步扩展，最后剩下的截面积的应力达到材料的断裂强度，因而发生开裂。所以，它也和脆性破裂一样，一般没有明显的变形，即使它的后断裂区是韧性断裂，也不会使容器产生整体塑性变形，即破裂后的容器直径不会有明显的增大，大部分壁厚也没有显著的减薄。

疲劳破裂断口一般都存在比较分明的两个区域：一个是疲劳裂纹产生及扩展区，另一个是后断裂区。在压力容器的断口中，裂纹产生及扩展区并不像一般受对称循环载荷的机器零件那样光滑，因为它所受的应力都是拉伸应力而没有压应力，断面不会受到反复的挤压研磨；而且大多数压力容器的载荷变化周期较长，裂纹扩展较为缓慢，加上器内介质在裂缝内的渗透侵蚀，所以有时仍可以见到裂纹扩展的弧形纹路。如果断口上的纹路比较清晰，由此还可较容易地找到产生疲劳裂纹的策源点。策源点的断口一般与其他区域的形貌不一样，而且常常是在应力集中的地方，特别是在容器的接管处。

容器常因开裂泄漏而失效，疲劳破裂的容器一般不像脆性破裂那样常常会产生脆片，而只是开裂一个缝口，使容器泄漏而失效。

（四）应力腐蚀破裂

应力腐蚀有以下特点：引起应力腐蚀的应力必须是拉应力，且应力可大可小，极低的应力水平也可能导致应力腐蚀破坏；应力既可由载荷引起，也可是焊接、装配或热处理引起的残余应力。

三、压力容器的安全操作

（一）对于压力容器操作人员的安全要求

（1）压力容器操作人员必须是受过培训，经过考核并取得操作资格证书。

（2）操作人员必须遵守压力容器安全操作规程；熟悉本岗位的工艺流程，有关容器的结构、类别、主要技术参数和技术性能，严格按操作规程操作。

（3）压力容器要严格按照操作规程操作，定期进行检查、试压、探伤和变形的测定。

（二）对使用、管理部门的安全要求

（1）生产部门监督压力容器的正确使用，车间要维护好压力容器。

（2）使用容器的单位，应根据生产工艺的要求和容器的技术性能制定压力容器安全操作规程，并严格执行。

（3）压力容器必须严格按照规定的操作压力、温度条件使用，不得在超温、超压和超负荷下运行。变动温度、压力控制指标，报请领导批准，方可变动。

（4）使用容器的单位，必须对每台压力容器进行编号、登记，建立设备档案。

（5）加强容器、管道的防腐工作，容器和管道外表面要经常喷刷，保持油漆完整。

（6）压力容器操作人员应经培训考试合格，严格遵守安全操作规程和岗位责任制，要定时、定量、定线进行检查。

（7）设备部门对容器的使用、维护、检验和管理进行全面监督。

（8）容器内部有压力时，不得对主要受压元件进行任何修理和紧固工作。

（9）属于下列情况之一的容器，在投入使用前，应做内外部检验，必要时做全面检验。1）停断使用 2 年以上，需要恢复使用的；2）由外单位拆卸调入将安装使用的；3）改变或修理容器主体结构，影响强度的；4）更换容器衬里的。

（10）压力容器配备的安全装置。要定期进行检查，并保证安全附件齐全、灵敏可靠，发现不正常现象及时处理。

（11）压力容器发生异常现象，如工作压力、介质温度或壁温超过许可值，采取措施仍不能使之下降；受压件发生裂纹、鼓泡、变形、泄漏等缺陷；安全附件失效；紧固体破坏等不能安全运行，操作者有权采取紧急措施及时报告。

（三）压力容器安全操作的一般要求

（1）压力容器要平稳操作。容器开始加压时，速度不宜过快，要防止压力突然上升。高压容器或工作温度低于 0℃ 的容器，加热或冷却都应缓慢进行。尽量避免操作中压力、温度的突然变化。

（2）压力容器严禁超温、超压运行。随时检查安全附件的运行情况，保证其灵敏可靠。

（3）严禁带压拆卸压紧螺栓。

（4）坚持容器运行期间的巡回检查，及时发现操作中或设备上出现的不正常状态，并采取相应的措施进行调整或消除。

（四）压力容器的运行操作

1. 压力容器的投运

（1）做好投运前准备工作。

1）压力容器投运前要对容器及其装置进行全面检查验收，检查容器及其装置的设计、制造安装、检修等质量是否符合国家有关技术法规和标准的要求，检查安装装置是否齐全、灵敏、可靠，以及操作环境是否符合安全运行的要求。

2）操作人员了解设备，熟悉工艺流程和工艺条件，认真检查本岗位压力容器及其安全附件的完善情况，在确认容器可以正常运行后才能开工。

（2）压力容器的开工。开工过程中，要严格按工艺和操作规程操作。

（3）压力容器进料。压力容器及其装置在进料前要关闭所有的放空阀门。在进料过程中，检查防止物料泄漏或走错方向。在调整工况阶段，应注意检查阀门的开启度是否合适。

2. 运行中工艺参数控制

（1）使用压力和使用温度的控制。

1）压力和温度是压力容器使用过程中的两个主要工艺参数，使用压力控制的主要要点是控制其不超过最高工作压力。

2）使用温度控制的主要要点是控制其极端工作温度，高温下主要控制最高工作温度，低温下控制最低工作温度。

（2）要防止介质对容器的腐蚀，必须严格控制介质的成分、流速、温度、水分及 pH 值等工艺指标，以减小腐蚀速度，延长使用寿命。

（3）工艺上要求间断操作的容器，要尽量做到压力、温度平稳升降，尽量避免突然停车，同时尽量避免不必要的频繁加压和泄压。对要求压力、温度稳定的工艺过程，要防止压力的急剧升降，使操作工艺指标稳定。

3. 压力容器的停止运行

（1）由于容器及设备要进行定期检验、检修、技术改造，或因原料、能源供应不及时，或因容器本身要求采用间歇式操作工艺的方法等正常原因而停止运行，均属正常停止运行。

（2）为保证停工过程中操作人员能安全合理地操作，保证容器设备、管线、仪表等不受损坏，首先应编制停工方案。包括停工周期，容器及设备内剩余物料的处理，停工检修的内容、要求、组织措施及有关制度。

（3）对于高温下工作的压力容器，应控制降温速度，避免因为急剧降温使容器壳壁产生疲劳现象和较大的收缩应力，严重时使容器产生裂纹、变形、零件松脱、连接部位发生泄漏等现象，以致造成重大事故；停工阶段的操作应更加严格、准确无误。开关阀门操作动作要缓慢、操作顺序要正确；应清除干净容器内的残留物料；停工操作期间，容器周围应杜绝一切火源。

（4）压力容器运行中遇到下列情况时应立即停车运行：1）容器的工作压力、介质温度或器壁温度超过许用值，采取措施仍不能得到有效控制；2）容器的主要承压部件出现裂纹、鼓包、变形、泄漏等危及安全的缺陷；3）容器的安全装置失效，连接管断裂，紧固件损坏，难以保证正常运行；4）发生火灾直接威胁到容器的安全运行；容器液位失去控制，采取措施仍不能得到有效控制；5）高压容器的信号孔或警告孔泄漏。

（5）压力容器运行过程中需紧急停止运行时，操作人员应立即采取以下措施。1）迅速切断电源，使向容器内输送物料的运转设备停止运行，同时联系有关岗位停止向容器内输送物料；2）迅速打开出口阀，泄放容器内的气体或其他物料，使容器压力降低，必要时打开放空阀排放。

4. 容器运行期间的检查

压力容器运行期间的检查内容包括工艺条件、设备状况以及安全装备等方面。

（1）工艺条件等方面的检查。主要检查操作压力、操作温度、液位是否在安全操作规程规定的范围内；检查工作介质的化学成分是否符合要求。

（2）设备状况方面的检查。主要检查压力容器各连接部位有无泄漏、渗漏现象；容器有无明显的变形、鼓包；容器有无腐蚀以及其他缺陷或可疑迹象；容器及其连接管道有无震动、磨损等现象；基础和支座是否松动，基础有无下沉不均匀现象，地脚螺栓有无腐蚀等。

（3）安全装置方面的检查。主要检查安全装置以及与安全有关的器具（如温度计、计量用的衡器及流量计等）是否保持完好状态。

5. 压力容器的维护保养

（1）压力容器设备的完好标准：1）容器运行正常，效果良好；2）各种装备及附件完整，质量良好。

（2）容器运行期间的维护和保养：1）保持完好的防腐层。2）经常检查容器的紧固件和紧密封状况，保持完好，防止产生"跑、冒、滴、漏"。3）对压力容器定期进行检查、实验和校正，发现不准确或不灵敏时，应及时检修和更换。容器上安全装置不得任意拆卸或封闭不用。4）尽量减少或消除压力容器的震动。

（3）容器停用期间的维护保养检查：1）停止运行尤其是长期停用的容器，一定要将其内部介质排除干净。要注意防止容器的"死角"内积存腐蚀性介质。2）要经常保持容器的干燥和清洁，并保持容器及周围环境的干燥。3）要保持容器外表面的防腐油漆等完整无损，要注意保温层下和支座处的防腐。4）压力容器运行或进行耐压试验时，严禁对承压元件进行任何修理或紧固、拆卸、焊接等工作。5）对于操作规程许可的热紧固、运行调试应严格遵守安全技术规范，容器运行或耐压试验需要调试、检查时，人的头部应避开事故源。检查路线应按确定部位进行。

（4）进入容器内部应做好以下工作：1）切断压力源。应用盲板隔断与其连接的设备和管道，并应有明显的隔断标记，禁止仅仅用阀门代替盲板隔断。断开电源后的配电箱、柜应上锁，挂警示牌。2）盛装易燃、有毒、剧毒或窒息性介质的容器，必须经过置换、中和、消毒、清洗等处理并监测，取样分析合格。3）将容器人、手孔全部打开，通风放散达到要求。4）对于有内衬和耐火材料衬里的反应容器，在操作或停车充氮期间，均应定时检查壁温，如有疑问，应进行复查。每次投入反应的物料，应称量准确，且物料规格应符合工艺要求。

6. 压力容器操作工岗位职责

（1）压力容器操作工必须持有劳动部门颁发的"压力容器操作证"，才能单独上岗，无证不得独立操作。

（2）熟悉所操作压力容器的技术性能，并能熟悉掌握操作方法，做到精心操作、及时维修、正确保养。

（3）切实执行压力容器操作规程和各项规章制度，确保压力容器的安全经济运行，发现问题及时处理；发现压力容器有异常现象危及安全时，有权采取紧急停炉措施，并及时报告有关部门领导。

（4）对任何有害压力容器安全运行的违章指挥，应拒绝执行。

（5）严格遵守劳动纪律，工作中不做与本岗无关的事，不携带儿童和闲杂人员进入压力容器室，不脱岗、不睡觉，不在班上喝酒、聊天。

（6）做好压力容器的巡回检查，密切监视和调整压力，认真填写各项记录，注意字迹清楚、数字准确，并签名负责。

（7）经常保持压力容器区域范围内和设备的清洁卫生，搞好文明生产。

（8）努力学习压力容器安全技术知识，不断提高操作技术水平。

第三节　气瓶的安全技术

气瓶是指在正常环境下（$-40 \sim 60℃$）可重复充气使用的，公称工作压力为 $0 \sim 30MPa$（表压），公称容积为 $0.4 \sim 1000L$ 的盛装永久气体、液化气体或溶解气体等的移动式压力容器。

一、气瓶的分类

（1）按充装介质的性质分类。可以分为压缩气体气瓶、液化气体气瓶、溶解气体气瓶。

（2）按制造方法分类：

1）钢制无缝气瓶。用于盛装压缩气体和高压液化气体。

2）钢制焊接气瓶。这类气瓶用于盛装低压液化气体。

3）缠绕玻璃纤维气瓶。这类气瓶由于绝热性能好、重量轻，多用于盛装呼吸用压缩空气，供消防、毒区或缺氧区域作业人员随身背挎并配以面罩使用。

（3）按公称工作压力分类。气瓶按公称工作压力分为高压气瓶和低压气瓶。

1）高压气瓶，公称工作压力有 $30MPa$、$20MPa$、$15MPa$、$12.5MPa$、$8MPa$。

2）低压气瓶，公称工作压力有 $5MPa$、$3MPa$、$2MPa$、$1.6MPa$、$1MPa$。

二、气瓶的安全附件

（1）安全泄压装置。气瓶的安全泄压装置，是为了防止气瓶在遇到火灾等高温时，瓶内气体受热膨胀而发生破裂爆炸。气瓶常见的泄压附件有爆破片和易熔塞。

（2）其他附件。其他附件有防震圈、瓶帽、瓶阀。

三、气瓶的颜色

国家标准《气瓶颜色标记》对气瓶的颜色、字样和色环做了严格的规定。常见气瓶的颜色见表 5.1。

表 5.1　气瓶颜色标记

序号	充装气体名称	化学式	瓶色	字样	字色	色环
1	乙炔	$CH \equiv CH$	白	乙炔不可近火	大红	
2	氢	H_2	淡绿	氢	大红	$P=20$，淡黄色单环 $P=30$，淡黄色双环

续表 5.1

序号	充装气体名称		化学式	瓶色	字样	字色	色环
3	氧		O_2	淡（酞）兰	氧	黑	$P=20$，白色单环
4	氮		N_2	黑	氮	淡黄	$P=30$，白色双环
5	空气			黑	空气	白	
6	二氧化碳		CO_2	铝白	液化二氧化碳	黑	$P=20$，黑色单环
7	氨		NH_3	淡黄	液化氨	黑	
8	氯		Cl_2	深绿	液化氯	白	
9	甲烷		CH_4	棕	甲烷	白	$P=20$，淡黄色单环 $P=30$，淡黄色双环
10	液化石油气	工业用		棕	液化石油气	白	
		民用		银灰	液化石油气	大红	
11	乙烯		$CH_2 = CH_2$	棕	液化乙烯	淡黄	$P=15$，白色单环 $P=20$，白色双环
12	氩		Ar	银灰	氩	深绿	$P=20$，白色单环 $P=30$，白色双环

注：色环栏内的 P 是气瓶的公称工作压力，MPa。

四、气瓶的管理

（一）充装安全

（1）气瓶充装过量。气瓶充装过量，是气瓶破裂爆炸的常见原因之一。应防止气瓶在最高使用温度下的压力超过气瓶的最高许用压力。

（2）防止不同性质气体混装。

（二）储存安全

（1）气瓶的储存应有专人负责管理。

（2）气瓶的储存，空瓶、实瓶应分开（分室储存）。

（3）气瓶库（储存间）应符合《建筑设计防火规范》，应采用二级以上防火建筑。

（三）使用安全

（1）各种气瓶涂漆标志要正确，使用时必须直立放置，加以适当固定，防止倾倒。

（2）气瓶应放置在通风良好的地方，防雨淋和日光曝晒，不应放置在焊割施工的钢板上及电流通过的导体上。

（3）气瓶，尤其是瓶阀周围严禁沾有油脂等易燃物质；安装减压表时，要检查瓶阀和出气口内有无油脂等杂质。

（4）气瓶严禁近火，乙炔瓶温不得超过 40℃，液化气瓶温不得超过 45℃，明火操作之间的距离大于 10m，瓶阀带路不得漏气，严禁明火试漏。

（5）瓶内气体不应全部用完，防止气体倒灌。

（6）气瓶应定期在指定的单位进行检查，检测 3 年一次，表头至少 6 个月检测一次。

（7）不准将氧气代替空气或氧气作通风使用；气瓶装置的防爆紫铜片不准私自调换；气瓶用后要将气瓶阀关闭。

五、气瓶的检验

气瓶的定期检验，应由取得检验资格的专门单位负责进行，未取得资格的单位和个人，不得从事气瓶的定期检验。各类气瓶的检验周期为：

（1）盛装腐蚀性气体的气瓶，每两年检验一次；

（2）盛装一般气体的气瓶，每三年检验一次；

（3）液化石油气气瓶，使用未超过20年的，每五年检验一次，超过20年的，每两年检验一次；

（4）盛装惰性气体的气瓶，每五年检验一次。

第四节　工业锅炉安全技术

一、锅炉安全及附件

锅炉是使燃烧产生的热能把水加热或变成蒸汽的热力设备。锅炉安全附件是锅炉运行中不可缺少的部分，主要是指压力表、水位计、安全阀、汽水阀、排污阀等附件。其中，压力表、水位计、安全阀被人们称为锅炉三大安全附件。

（1）安全阀。安全阀是锅炉的重要安全附件之一，它能自动防止锅炉的蒸汽压力超过预定的允许范围，保证锅炉安全运行。

（2）压力表。压力表用以测量锅炉运行时锅内的压力。压力表的装置校验应符合国家计量部门的规定。装用后每半年至少校验一次。压力表校验后应铅封。

（3）水位表。水位表是用来监视锅筒内水位的重要安全装置。

二、锅炉水质处理

（一）锅炉给水处理的重要性

熟悉锅炉用水；了解水质不良对锅炉的危害；掌握水、汽质量标准；做好锅炉用水处理以及必要的炉内化学处理；并在运行中严格按标准要求监督水、汽质量，以确保锅炉的水质和蒸汽品质以及锅炉安全经济运行是极其重要的。只要做好了这些，锅炉才能够安全、经济、可靠、稳定运行，才能够产出合格的蒸汽或热水。

（二）水质标准

蒸汽锅炉和汽水两用锅炉的给水一般应采用锅外化学水，水质应符合表5.2的规定。

表 5.2　水质标准

项　目		给　水			锅　水		
额定蒸汽压力/MPa		≤1.0	>1.0≤1.6	>1.6≤2.5	≤1.0	>1.0≤1.6	>1.6≤2.5
悬浮物/mg·L^{-1}		≤5	≤5	≤5	—	—	—
总硬度/mmol·L^{-1}		≤0.03	≤0.03	≤0.03	—	—	—
总碱度	无过热器	—	—	—	6~26	6~24	6~16
/mmol·L^{-1}	有过热器	—	—	—	—	≤14	≤12

项　目		给　水			锅　水		
pH(25℃)		≥7	≥7	≥7	10~12	10~12	10~12
溶解氧/mg·L^{-1}		≤1.0	≤1.0	≤0.05	—	—	—
溶解固形物 /mg·L^{-1}	无过热器	—	—	—	<4000	<3500	<3000
	有过热器	—	—	—	—	<3000	<2500
SO$_3^{2-}$/mg·L^{-1}		—	—	—	—	10~30	10~30
PO$_4^{-3}$/mg·L^{-1}		—	—	—	—	10~30	10~30
相对碱度游离 NaOH 溶解固形物		—	—	—	—	<0.2	<0.2
含油量/mg·L^{-1}		≤2	≤2	≤2	—	—	—
含铁量/mg·L^{-1}		≤0.3	≤0.3	≤0.3	—	—	—

（三）水处理方法

锅炉水处理主要包括补给水（即锅炉的补充水）处理、凝结水（即汽轮机凝结水或工艺流程回收的凝结水）处理、给水除氧、给水加氨和锅内加药处理四部分。补给水处理因蒸汽用途（供热或发电）和凝结水回收程度的不同，锅炉的补给水量也不相同。凝汽式电站锅炉的补给水量一般低于蒸发量的 3%，供热锅炉的补给水量可高达 100%。

（1）补给水处理流程如下：

1）预处理。当原水为地表水时，预处理的目的是除去水中的悬浮物、胶体物和有机物等。通常是在原水中投加混凝剂（如硫酸铝等），使上述杂质凝聚成大的颗粒，借自重而下沉，然后过滤成清水。当以地下水或城市用水作补给水时，原水的预处理可以省去，只进行过滤。常用的澄清设备有脉冲式、水力加速式和机械搅拌式澄清器；过滤设备有虹吸滤池、无阀滤池和单流式或双流式机械过滤器等。为了进一步清除水中的有机物，还可增设活性炭过滤器。

2）软化。采用天然或人造的离子交换剂，将钙、镁硬盐转变成不结硬垢的盐，以防止锅炉管子内壁结成钙镁硬水垢。对含钙镁重碳酸盐且碱度较高的水，也可以采用氢钠离子交换法或在预处理（如加石灰法等）中加以解决。对于部分工业锅炉，这样的处理通常已能满足要求，虽然给水的含盐量并不一定明显降低。

3）除盐。随着锅炉参数的不断提高和直流锅炉的出现，甚至要求将锅炉给水中所有的盐分都除尽。这时就必须采用除盐的方法。化学除盐采用的离子交换剂品种很多，使用最普遍的是阳离子交换树脂和阴离子交换树脂，简称"阳树脂"和"阴树脂"。在离子交换器中，含盐水流经树脂时，盐分中的阳离子和阴离子分别与树脂中的阳离子（H$^+$）和阴离子（OH$^-$）发生变换后被除去。在阳离子交换器之后一般都要求串联脱碳器以除去二氧化碳。含盐量特别高的水，也可采用反渗透或电渗析工艺，先淡化水质，再进入离子交换器进行深度除盐。

对高压以上的锅筒锅炉或直流锅炉，还必须除去给水中的微量硅；中、低压锅炉则按含量情况处理。

（2）凝结水处理。凝结水在循环过程中，会受到汽轮机凝汽器冷却水泄漏和系统腐蚀产物等的污染，有时也需要进行处理。其典型的处理流程与凝结水的处理量及锅炉的参数、炉型（如有无锅筒或分离器）和凝结水的污染情况有关。随着锅炉参数的提高，凝结水的处理量一般逐渐增加。对超临界压力锅炉应全部处理；对超高压及亚临界压力锅炉处理量为 25%~100%；对有锅筒的高压以下锅炉一般不进行处理。常用的凝结水处理设备有纤维素覆盖过滤器和电磁过滤器等。凝结水在其中除去腐蚀产物（氧化铜和氧化铁等）后，再进入混合床或粉末树脂覆盖过滤器进行深度除盐。

（3）给水除氧。锅炉给水中的溶解氧会腐蚀热力系统的金属。腐蚀产物在锅炉热负荷较高处结成铜铁垢，使传热恶化，甚至造成爆管或在汽轮机高压缸中沉积，使汽轮机效率降低。因此，经过软化或除盐的补给水和凝结水，在进入锅炉之前一般都要除氧。常用的除氧方式有热力除氧和真空除氧等，有时还辅以化学除氧。

所谓热力除氧，就是当给水在除氧器中被加热到沸腾时，气体在水中的溶解度降低，使气体从水中逸出，排入大气。按工作压力来分，应用较多的热力除氧器有 0.12MPa 和 0.6MPa 的。热力除氧时水必须加热到饱和温度，除氧水的表面积要大（如采用淋水或雾化播散装置），以便逸出的气体能够迅速地排出。真空除氧常在汽轮机凝汽器中进行。化学除氧。就是在给水中添加联胺或亚硫酸钠，将水中含氧量进一步减少。给水加氨和锅内加药处理。经补给水处理、凝结水处理和给水除氧后的锅炉给水，一般都要求添加氨或有机胺等以提高给水的 pH 值，防止酸性水对金属部件的腐蚀。对有锅筒的锅炉一般都要进行锅内处理。处理时，在锅筒内投加磷酸三钠或其他化学剂，把水中能形成水垢的盐类杂质变成可以在排污时排掉的泥渣，以防止或减缓水垢的形成。

三、锅炉运行的安全管理

（一）锅炉启动的安全要点

（1）全面检查。锅炉启动前一定要进行全面检查，符合启动要求后才能进行下一步的操作。检查的内容有检查汽水各级系统、燃烧系统、风烟系统、锅炉本体和辅机是否完好；检查人孔、手孔、看火门、防爆门及种类阀门、接板是否正常；检查安全附件是否齐全、完好并使之处于启动要求的位置；检查各种测量仪表是否完好。

（2）上水要求。为防止产生过大应力，上水水温最高不应超过 90~100℃；上水速度要缓慢，全部上水时间在夏季不小于 1h，在冬季不小于 2h。冷炉上水至最低安全水位时应停止上水，以防受热膨胀后水位过高。

（3）烘炉和煮炉。烘炉应根据事先制定的烘炉升温曲线进行，整个烘炉时间根据锅炉大小、型号不同而定，一般为 3~14 天。烘炉后期可以同时进行煮炉。

煮炉时在锅水中加入碱性药剂，步骤为：上水至最高水位；加入适量药剂（2~4kg/t）；燃烧加热锅水至沸腾但不升压，维持 10~12h；减弱燃烧，排污之后适当放水；加强燃烧并使锅炉升压到 25%~100%工作压力，运行 12~24h；停炉冷却，排除锅水并清洗受热面。

（4）点火与升压。一般锅炉上水后即可点火升压；进行烘炉煮炉的锅炉，待煮炉完毕，排水清洗后再重新上水，然后点火升压。应注意的问题有：1）防止炉膛内爆炸；2）防止热应力和热膨胀造成破坏；3）监视和调整各种变化。

（5）暖管与并气。暖管就是用蒸汽缓慢加热管道三阀门、法兰等元件，使其温度缓慢上升，避免向冷态或较低温度的管道突然供入蒸汽，以防止热应力过大而损坏管道、阀门等元件。同时将管道中的冷凝水驱出，防止在供汽时发生水击。冷态蒸汽管道的暖管时间一般不少于 2h，热态蒸汽管道的暖管一般为 0.5~1h。

并汽也叫并炉、并列，即已投入运行的锅炉向共用的蒸汽供汽。并汽时应燃烧稳定、运行正常、蒸汽品质合格，已入蒸汽压力稍低于蒸汽总管内气压。

（二）锅炉运行中的安全要点

（1）锅炉运行中，保护装置与联锁不得停用。需要检验或维修时，应经有关主要领导批准。

（2）锅炉运行中，安全阀每天人为排汽试验一次。电磁安全阀电气回路试验每月应进行一次。安全阀排汽试验后，其起座压力、回座压力、阀瓣开启高度应符合规定，并作记录。

（3）锅炉运行中，应定期进行排污试验。

（三）锅炉停炉时的安全要点

1. 正常停炉

正常停炉是计划内停炉。停炉中应注意的主要问题是：防止降压降温过快，以避免锅炉元件因降温收缩不均匀而产生过大的热应力。停炉操作应按规定的次序进行。锅炉正常停炉时先停燃料供应，之后停止送风，降低引风；与此同时，逐渐降低锅炉负荷，相应地减少锅炉上水，但应维持锅炉水位稍高于正常水位。锅炉停止供汽后，应隔绝与蒸汽总管的连接，排汽降压。待锅内无气压时，开启空气阀，以免锅内因降温形成真空。为防止锅炉降温过快，在正常停炉的 4~6h 内，应紧闭炉门和烟道接板；之后打开烟道接板，缓慢加强通风，适当放水。停炉 18~24h，在锅水温度降至 70℃ 以下时，方可全部放水。

2. 紧急停炉

锅炉运行中出现水位低于水位表的下部可见边缘；不断加大向锅炉给水及采取其他措施，但水位仍继续下降；水位超过最高可见水位（满水），经放水仍不能见到水位；给水泵全部失效或给水系统故障，不能向锅炉进水；水位表或安全阀全部失效；炉元件损坏等严重威胁锅炉安全运行的情况，则应立即停炉。

紧急停炉的操作次序是：立即停止添加燃料和送风，减弱引风。与此同时，设法熄灭炉膛内的燃料，对于一般层燃炉可以用砂土或湿灰灭火，链条炉可以开快挡使炉排快速运转，把红火送入灰坑。灭火后即把炉门、灰门及烟道接板打开，以加强通风冷却。锅内可以较快降压并更换锅水，锅水冷却至 70℃ 左右允许排水。但因缺水紧急停炉时，严禁给炉上水，并不得开启空气阀及安全阀快速降压。

（四）锅炉停炉时保养

锅炉停炉后的维护保养分为炉体外部和锅内的防腐保养。锅内的防腐保养，按停炉时间长短有压力保养、干法保养、湿法保养和充气保养几类。

（1）压力保养。当停炉时间不超过 1 周时，可采用压力保养。即在停炉过程终止之前使汽水系统灌满水，维持余压为 0.05~0.1MPa，维持锅水温度在 100℃ 以上，这样可阻止空气进入锅炉内。维护锅炉内压力的温度的措施为由邻炉通汽加热，或本炉定期加热。

（2）当锅炉停用时间较长时，可采用干法保养。干法保养指在锅内及炉膛内放置干燥剂进行防护的方法。具体做法是：停炉后将锅水放净，利用炉膛余温将锅炉烘干，及时清除锅内垢渣，然后将装有干燥剂的托盘放入锅筒内及炉排上，最后关闭所有阀门和人孔、手孔门。定期检查保养情况，及时更换失效的干燥剂。

在做干法保养时，首先在锅炉停炉冷却后，必须彻底清除受热面的积灰和炉排上部、炉体下部的灰渣，然后要保持烟道有一定的自然通风。一般情况下，为了防潮应在炉膛、烟道中放置干燥剂，如以生石灰作为干燥剂，则每立方米炉膛或烟道内一般应放置 3kg 左右，放置后应严密关闭所有的通风门。生石灰变粉后要更换。如锅炉房位置低洼，停炉期间地面泛潮严重时，则应采用经常小火烘烤和放置干燥剂相结合的办法。如果锅炉停炉时间很长，在彻底清除烟灰后应在炉体金属外表面涂以红丹油或其他防腐漆。至于炉体内部停炉的防腐保养方法，则要按停炉时间的长短来定。一般情况下，停炉不超过一个月的可用湿法保养，一个月以上的应采取干法保养。

干法保养时要注意以下几点问题：干燥剂不要直接接触锅炉金属表面，可装在铁盘等容器内；放置干燥剂后，要关严手孔和其他孔盖，汽、水管道上的阀门必须截断；生石灰变粉应及时更换。

（3）湿法保养。是将具有保护性的水溶液充满锅炉，杜绝空气中的氧气进入锅内，从而避免或减缓锅炉因停炉而发生的腐蚀。主要包括以下六种方法。

1）联氨法。联氨法是将除氧剂的联氨配成具有保护性的水溶液充满锅炉内。采用联氨溶液保护锅炉时，在启动前应将保护药液排放到地沟中去。因为联氨有毒，在排放时应就地稀释以确保安全，排放后对锅炉进行清洗。

2）胺液法。胺液法是基于在氨量很大的水（$500 \sim 800mg/L$）中钢铁具有不易被氧腐蚀的性能。锅炉在充氨前，应将存水放净，过热器内的存水应用胺液将积水顶出。对铜制件应事先拆除，或者隔离可能与胺液接触的铜制件。胺液容易蒸发，故水温不宜过高，但冬季要有防冻措施。

3）保持水压法。保持水压力方法是用给水泵将锅炉给水（除过氧的水）充满锅炉的水汽系统，维持锅内水压在 0.15MPa 以上，关闭阀门，防止空气渗入炉内。要注意保持压力，当压力下降时，可用给水泵顶压。本法适用于短期停用锅炉或锅炉冷备用，停用时间不超过 1 周。

4）保持蒸汽压力法。用间断升火的办法保持锅炉蒸汽压力在 $0.1 \sim 0.5MPa$ 以上，防止空气渗入锅炉的水、汽系统内。这种方法适用于锅炉的热备用状态。而且停用时间不超过 1 周。

5）碱液法。碱液法是采用加碱液的方法，使锅炉中充满 pH 值达到 10 以上的水。所用碱为氢氧化钠或磷酸三钠。这种方法适用于较长时间停用的锅炉。

6）磷酸盐和亚硝酸盐混合液保养法。这种方法的工作原理是亚硝酸钠与磷酸三钠溶液可在金属表面形成保护膜，从而防止金属的腐蚀。

（4）充气保养。充气保养可用于长期停炉保养。锅炉停炉后，不要放水，使水位保持在高水位线上，采取措施使锅炉脱氧，然后将锅水与外界隔绝。通入氮气或氨气，使充气后的压力维持在 $0.2 \sim 0.3MPa$。由于氮能与氧生成氧化氮，使氧不能与钢板接触；氨溶于水后使水呈碱性，能有效地防止氧腐蚀，因此氮与氨都是很好的防腐剂。充气保养效果较好，但它要求锅炉汽水系统具有好的严密性。

思 考 题

5-1　压力容器定义，如何分类？

5-2　压力容器定期检验的要求是什么？

5-3　压力容器的破裂形式包括哪些？

5-4　气瓶如何分类？

5-5　锅炉安全附件包括哪些？

5-6　锅炉运行的安全管理包括哪些？

5-7　锅炉如何保养？

第六章　电气安全与静电防护技术

第一节　电气安全技术

一、电气安全基本知识

（一）电流对人体的伤害

电流对人体的伤害有电击、电伤和电磁场生理伤害等三种形式。

（1）电击。电击是指电流通过人体，破坏人的心脏、肺及神经系统的正常功能。电击分为直接电击和间接电击。

（2）电伤。电伤是指电流的热效应、化学效应或机械效应对人体的伤害。主要是指电弧烧伤、熔化金属溅出烫伤等。

（3）电磁场生理伤害。电磁场生理伤害是在高频电磁场的作用下，使人出现头晕、乏力、记忆力减退、失眠、多梦等神经系统症状。电流对人体造成死亡的原因主要是电击。

（二）引起触电的三种情形

发生触电事故主要有三种情形：单相触电，两相触电，跨步电压、接触电压和雷击触电。

（1）单相触电。在人体与大地互不绝缘的情况下，人体触及一相带电体，使电流通过人体流入大地，形成一个闭合回路，这种情形称为单相触电。

（2）两相触电。当人体的两处，如两手、或手和脚，同时触及电源的两根相线发生触电的现象，称为两相触电。

（3）跨步电压、接触电压和雷击触电。

1）当电气设备发生接地故障或当线路发生一根导线断线故障，并且导线落在地面时，故障电流就会从接地体或导线落地点流入大地，并以半球形向大地流散，距电流入地点越近电位越高，距电流入地点越远电位越低，入地点20m以外处，地面电位近似零。如果此时有人进入这个区域，其二脚之间的电位差就是跨步电压。由跨步电压引起的触电称为跨步电压触电。

2）接触电压是指人站在发生接地短路故障设备的旁边，触及漏电设备的外壳时，其手、脚之间所承受的电压。由接触电压引起的触电称为接触电压触电。

3）雷电是自然界中的一种大规模静电放电现象。

（三）影响触电伤害程度的因素

人体触电所受伤害程度取决于下述几个主要因素：

（1）流过身体的电流大小。

（2）电流流经身体的途径。

（3）电流通过人体的持续时间。

（4）电流频率高低。

（四）人体电阻和人体允许电流

（1）人体电阻。当电压一定时，人体电阻越小，通过人体的电流就越大，触电的危险性也就越大。电流通过人体的具体路径为：皮肤—血液—皮肤。

人体电阻包括内部组织电阻（简称体电阻）和皮肤电阻两部分。体内电阻较稳定，一般不低于 500Ω。皮肤电阻主要由角质层（厚 0.05~0.2mm）决定。角质层越厚，电阻就越大。角质层电阻为 1000~1500Ω。因此人体电阻一般为 1500~2000Ω（保险起见，通常取为 800~1000Ω）。如果角质层有损坏，则人体电阻将大为降低。

影响人体电阻的因素很多。除皮肤厚薄外，皮肤潮湿、多汗、有损伤、带有导电粉尘等都会降低人体电阻。清洁、干燥、完好的皮肤电阻值较高，接触面积加大、通电时间加长、发热出汗会降低人体电阻；接触电压增高，会击穿角质层并增加机体电解，也可导致人体电阻降低；人体电阻值也与电流频率有关，一般随频率的增大而有所降低。此外，人体与带电体的接触面积增大、压力加大，电阻就减小，触电的危险性也就增大。

（2）人体允许电流。由实验得知，在摆脱电流范围内，人被电击后一般多能自主摆脱带电体，从而摆脱触电危险。因此，通常把摆脱电流看作是人体允许电流。如前所述，成年男性的允许电流约为 16mA；成年女性的允许电流约为 10mA。当线路及设备装有防止触电的电流速断保护装置时，人体允许电流可按 30mA 考虑；在空中、水面等可能因电击导致坠落、溺水的场合，则应按不引起痉挛的 5mA 考虑。

当人手接触带电导线触电时，常会出现紧握导线丢不开的现象。这并不是因为电有吸力，而是由于电流的刺激作用，使该部分机体发生了痉挛、肌肉收缩的缘故，是电流通过人手时所产生的生理作用引起的。显然，这就增大了摆脱电源的困难，从而也就会加重触电的后果。

（五）电压对人体的影响和选用要求

（1）电压对人体安全的影响。通常确定对人体的安全条件并不采用安全电流而是用安全电压。因为影响电流变化的因素很多，而电力系统的电压却是较为固定的。

当人体接触电流后，随着电压的升高，人体电阻会有所降低；当接触高压电时，如果皮肤受损破裂则会使人体电阻下降，通过人体的电流就会随之增大。

（2）不同场所对使用电压的要求。不同类型的场所（建筑物），在电气设备或设施的安装、维护、使用以及检修等方面，也都有不同的要求。按照触电的危险程度，可将它们分成以下三类。

1）无高度触电危险的建筑物。它是指干燥（湿度不大于 75%）、温暖、无导电粉尘的建筑物。室内地板由木板或沥青、瓷砖等非导电性材料制成，且室内金属性构件与制品不多，金属占有系数（金属制品所占面积与建筑物总面积之比）小于 20%。属于这类建筑物的有住宅、公共场所、生活建筑物、实验室等。

2）有高度触电危险的建筑物。它是指地板、天花板和四周墙壁经常处于潮湿、室内炎热高温（气温高于 30℃）和有导电粉尘的建筑物。一般金属占有系数大于 20%，室内地坪由泥土、砖块、湿木板、水泥和金属等制成。属于这类建筑物的有金工车间、锻工车间、拉丝车间、电炉车间、泵房、变（配）电所、压缩机房等。

3）有特别触电危险的建筑物。它是指特别潮湿、有腐蚀性液体及蒸汽、煤气或游离性气体的建筑物。属于这类建筑物的有化工车间、铸工车间、锅炉房、酸洗车间、染料车间、漂洗间、电镀车间等。

在不同场所里，各种携带型电气工具要选择不同的使用电压。具体是：无高度触电危险的场所，不应超过交流220V；有高度触电危险的场所，不应超过交流36V；有特制触电危险的场所，不应超过交流12V。

（六）触电事故的规律及其发生原因

根据统计分析，从发生率上看，触电事故有如下规律：

（1）低压设备触电事故多。主要是由于低压电气设备远多于高压设备引起的，一般人员与低压设备接触机会较多，且又相对比较缺乏电气安全知识。

（2）农村触电事故多。主要是由于农村设备简陋，安全用电知识普及也比较差。

（3）六月、七月、八月、九月触电事故多。主要是由于这段时间天气炎热，人体多汗，触电危险性较大；还由于多雨、潮湿、电气设备绝缘性能下降；以及这段时间某些地区是农忙季节，农村用电量增加，以致触电事故多。

（4）携带式设备和移动式设备触电事故多。主要是由于这些设备需要经常移动，工作条件较差，容易发生故障，而且不少是在人的紧握之下工作。

（5）电气连接部位触电事故多。电气接头、插销、开关等连接部位机械牢固性较差，电气可靠性也较低，尤其是乱拉乱接更容易出现故障，造成人身触电。

（6）冶金、矿业、建筑、机械行业触电事故多。由于这些行业存在潮湿、高温的生产场所，移动式电气设备和金属设备多。

（7）青、中年人以及非电工触电事故多。这些人往往是主要操作者，电气安全知识又相对不足。

（8）误操作事故多。造成触电事故的原因主要是由于教育不够、违章作业以及安全措施不完备。

造成触电事故的具体原因：缺乏电气安全知识、违反操作规程、设备不合格、维修不善等。由于电气线路设备安装不符合要求，会直接造成触电故事；由于电气设备运行检修管理不当，绝缘损坏漏电，又没有有效的安全措施，也会造成触电；接线错误，特别是插销座接错线，造成很多触电事故；由于操作失误，带负荷拉刀闸，未拆除接地线合刀闸等均会导致电弧引起触电；检修工作中，保证安全的组织措施、技术措施不完善，误入带电间隔、误登带电设备、误合开关等造成触电事故；高压线断落地面可能造成跨步电压触电等。应当注意，很多触电事故都不是由单一原因造成的。希望人们提高警惕，尽量避免触电事故的发生。

二、电气安全技术措施

为防止人体直接、间接和跨步电压触电（电击、电伤），应采取以下措施。

（一）接零、接地保护系统

接电源系统中性点是否接地，分别采用保护接零系统或保护接地系统。在建设项目中，中性点接地的低压电网应优先采用 TN-S、TN-C-S 保护系统。

（二）漏电保护

在电源中性点直接接地的 TN、TT 保护系统中，在规定的设备、场所范围内必须安装漏电保护器（部分标准称为漏电流动作保护器、剩余电流动作保护器）和实现漏电保护器的分级保护。一旦发生漏电，切断电源时会造成事故和重大经济损失的装置和场所应安装报警式漏电保护器。

（三）绝缘

根据环境条件（潮湿、高温、有导电性粉尘、腐蚀性气体、金属占有系数大的工作环境，如机加工、铆工、电炉电极加工、锻工、铸工、酸洗、电镀、漂染车间和水泵房、空压站、锅炉房等场所）选用加强绝缘或双重绝缘（Ⅱ类）的电动工具、设备和导线；采用绝缘防护用品（绝缘手套、绝缘鞋、绝缘垫等）、选用不导电环境（地面、墙面均用不导电材料制成）；上述设备和环境均不得有保护接零或保护接地装置。

（四）电气隔离

采用原、副边电压相等的隔离变压器实现工作回路与其他回路电气上的隔离。在隔离变压器的副边构成一个不接地隔离回路（工作回路），可阻断在副边工作的人员单相触电时电击电流的通路。

隔离变压器的原、副边间应有加强绝缘，副边回路不得与其他电气回路、大地、保护接零（地）线有任何连接；应保证隔离回路（副边）电压 $U \leqslant 500V$、线路长度 $L \leqslant 200m$，且副边电压与线路长度的乘积 $U \cdot L \leqslant 100000V \cdot m$；副边回路较长时，还应装设绝缘监测装置；隔离回路带有多台用电设备时，各设备金属外壳间应采取等电位连接措施，所用的插座应带有供等电位连接的专用插孔。

（五）安全电压

直流电源采用低于 120V 的电源。交流电源用专门的安全隔离变压器（或具有同等隔离能力的发电机、独立绕组的变流器、电子装置等）提供安全电压电源（42V、36V、24V、12V、6V），并使用Ⅲ类设备、电动工具和灯具。应根据作业环境和条件选择工频安全电压额定值，即在潮湿、狭窄的金属容器、隧道、矿井等工作的环境，宜采用 12V 安全电压。

用于安全电压电路的插销、插座应使用专用的插销、插座，不得带有接零或接地插头和插孔；安全电压电源的原、副边均应装设熔断器作短路保护。当电气设备采用 24V 以上安全电压时，必须采取防止直接接触带电体的保护措施。

（六）屏护和安全距离

（1）屏护包括屏蔽和障碍，是指能防止人体有意、无意触及或过分接近带电体的遮栏、护罩、护盖、箱匣等装置，是将带电部位与外界隔离，防止人体误入带电间隔的简单、有效的安全装置。例如：开关盒、母线护网、高压设备的围栏、变配电设备的遮栏等。

金属屏护装置必须接零或接地。屏护的高度、最小安全距离、网眼直径和栅栏间距应符合（防护屏安全要求）（GB/T 8197—1987）中的规定。

屏护上应根据屏护对象特征挂有警示标志，必要时还应设置声、光报警信号和连锁保护装置，当人体越过屏护装置接近带电体时，声、光报警且被屏护的带电体应可以自动断电。

（2）安全距离是指有关规程明确规定的、必须保持的带电部位与地面、建筑物、人体、其他设备、其他带电体、管道之间的最小电气安全空间距离。安全距离的大小取决于电压的高低、设备的类型和安装方式等因素，设计时必须严格遵守安全距离规定；当无法达到安全距离时，还应采取其他安全技术措施。

（七）连锁保护

设置防止误操作、误入带电间隔等造成触电事故的安全连锁保护装置。例如：变电所的程序操作控制锁、双电源的自动切换连锁保护装置、打开高压危险设备屏护时的报警和带电装置自动断电保护装置、电焊机空载断电或降低空载电压装置等。

三、触电急救

（一）触电急救的要求与原则

触电急救的要点是动作迅速、救护得法。发现有人触电首先要尽快使触电者脱离电源，然后根据触电者的具体情况进行相应的救治。对急救方法要经常练习，做到动作熟练、操之有数，只凭单纯学习条文是不行的。人触电以后，出现昏迷不省人事，甚至停止呼吸、心跳情况。但不应当认为是死亡，而应当看作是假死，并正确迅速而持久地进行抢救。根据统计材料提供，触电 1min 后开始救治者，90%有良好效果；6min 后开始救治者，10%有良好效果，而从 12min 后开始救治者，救活的可能性就很小了。由此可知，动作迅速非常关键。

触电急救的基本原则（八字原则）：迅速、就地、准确、坚持。

（二）解救触电者脱离电源的方法

使触电者迅速脱离电源，这是触电急救有效的第一步。但在触电者未脱离电源前急救人员不准用手直接拉触电者，以防急救人员触电。为了使触电者脱离电源，急救人员应根据现场条件果断地采取适当的方法和措施。脱离电源的方法和措施一般有以下三种：

（1）低压触电脱离电源。

1）在低压触电附近有电源开关或插头时，应立即将开关拉开或插头拔脱，以切断电源。

2）如电源开关离触电地点较远，可用绝缘工具将电线切断，但必须切断电源侧电线，并应防止被切断的电线误触他人。

3）当带电低压导线落在触电者身上，可用绝缘物体将导线移开，使触电者脱离电源。但不允许用任何金属棒或潮湿的物体去移动导线，以防急救者触电。

4）若触电者的衣服是干燥的，急救者可用随身干燥衣服、干围巾等将自己的手严格包裹，然后用包裹的手拉触电者干燥衣服，或用急救者的干燥衣物结在一起，拖拉触电者，使触电者脱离电源。

5）若触电者离地距离较大，应防止切断电源后触电者从高处摔下造成外伤。

（2）高压触电脱离电源。当发生高压触电时，应迅速切断电源开关；若无法切断电源开关，则应使用适合该电压等级的绝缘工具，使触电者脱离电源。另外，急救人员在抢救时，应对该电压等级保持一定的安全距离，以保证急救人员的人身安全。

（3）架空线路触电脱离电源。当有人在架空线路上触电时，应迅速拉开关，或用电话告知当地供电部门停电。如不能立即切断电源，可采用抛掷短路的方法使电源侧开关跳闸。在抛掷短路线时，应防止电弧灼伤或断线危及人身安全。杆上触电者脱离电源后，可用绳索将触电者送至地面。

（三）脱离电源后的现场救护

抢救触电者使其脱离电源后，应立即就近移至干燥通风场所。再根据不同情况进行对症救护。

1. 情况判断

（1）触电者若出现闭目不语、神志不清情况，应让其就地仰卧平躺，且确保气道通畅。可迅速呼叫其名字或轻拍其肩部（时间不超过5s），以判断触电者是否丧失意识。但禁止摇动触电者头部进行呼叫。

（2）触电者若神志昏迷、意识丧失，应立即检查是否有呼吸、心跳，具体可用"看、听、试"的方法尽快（不超过10s）进行判定：所谓看，即仔细观看触电者的胸部和腹部是否还有起伏动作；所谓听，即用耳朵贴近触电者的口鼻与心房处，细听有无微弱呼吸声和心跳音；所谓试，即用手指或小纸条测试触电者口鼻处有无呼吸气流，再用手指轻按触电者左侧或右侧喉结凹陷处的颈动脉有无搏动，以判定是否还有心跳。

2. 对症救护

触电者除出现明显的死亡症状外，一般均可按以下三种情况分别进行对症处理。

（1）伤势不重、神志清醒但有点心慌、四肢发麻、全身无力；或触电过程中曾一度昏迷，但已清醒过来，此时应让触电者安静休息，不要走动，并严密观察；也可请医生前来诊治，或必要时送往医院。

（2）伤势较重、已失去知觉，但心脏跳动和呼吸存在，应使触电者舒适、安静地平卧，不要围观，让空气流通，同时解开其衣服，包括领口与裤带，以利于呼吸；若天气寒冷还应注意保暖，并速请医生诊治或送往医院。若出现呼吸停止或心跳停止情况，应随即分别施行口对口人工呼吸法或胸外心脏按压法进行抢救。

（3）伤势严重、呼吸或心跳停止，甚至都已停止，即处于所谓"假死状态"，则应立即施行口对口人工呼吸及胸外心脏按压进行抢救，同时速请医生或送往医院。应特别注意，急救要尽早进行，切不能消极地等待医生到来；在送往医院途中，也不应停止抢救。

第二节　静电防护技术

一、静电及相关概念

（一）静电的产生与危害

静电是由于两种不同的物体（物质）互相摩擦，或者物体与物体间紧密接触后又分离而产生的。固体、液体甚至气体都会因接触分离而带上静电。为什么气体也会产生静电呢？因为气体也是由分子、原子组成，当空气流动时分子、原子也会发生"接触分离"而起电。所以在我们的周围环境甚至我们的身上都会带有不同程度的静电，当静电积累到一定程度时就会发生放电。在日常生活，各类物体都可能由于移动或摩擦而产生静电，比如桌面、地板、椅子、衣服、纸张、卷宗、包装材料、流动空气、流动的液体、漏斗等。

（1）静电产生的原理。不同物质对其周围电子束缚的能力是不同的，两种物质紧密接触时，电子从束缚小的一方转移于束缚大的一方，这时，在接触的界面两侧会出现数量相等、极性相反的两层电荷，这两层电荷叫双电层，它们之间的电位差叫接触电位差。当这两种物质分离时，由于存在电位差，电子就不能完全复原，从而产生了电荷的滞留，形成了静电。

（2）静电起电序列。按照物质得失电子的难易，或按物质相互接触时起电性不同，可把带正电荷的物质排在前面，把带负电荷的物质排在后面，依次排列下去，形成一个长长的序列。

（+）玻璃—头发—尼龙—羊毛—绸—黑橡胶—莎纶—聚四氟乙烯（−）。

化工生产中，静电的危害主要有三个方面：引起爆炸与火灾、静电电击、静电妨碍生产。

（二）静电的特性

（1）电量小，但是静电电压高。如橡胶带与滚筒的摩擦。

（2）虽然静电压很高，因其电量很小，故能量很小。静电能量越大，发生火花放电时表现的危险性也越大。

（3）绝缘的静电导体所带的电荷平时无法导走，一有放电机会，全部自由电荷将一次经放电点放掉，因此带有相同数量静电荷和表观电压的绝缘的导体要比非导体危险大。

（4）尖端放电。导体表面曲率越大，电荷密度越大。发生电晕放电。

（5）感应放电。静电感应可能产生意外的火花。

（6）绝缘体电阻率很大，所以静电泄漏很慢，这样使带电体保留危险性状态的时间延长，危险性相应增加。

（三）静电引起燃烧爆炸的基本条件

（1）有产生静电的来源。

（2）静电得以积累，并达到足以引起火花放电的静电电位。

（3）静电放电火花能量达到爆炸性混合物最小点燃能量。

（4）静电火花周围有可燃气体、蒸汽和空气形成的混合物。

二、静电防护技术

静电安全防护主要是对爆炸和火灾的防护。

（一）场所危险程度的控制

采取减轻或消除场所周围环境火灾、爆炸危险性的间接措施。如用不燃介质代替易燃介质、惰性气体保护、负压操作等，如果工艺条件允许，可采用较大颗粒的粉体代替较小颗粒的粉体。

（二）工艺控制

工艺控制包括控制流速、选用合适的材料、增加静止时间等方法。

（三）接地

（1）用来加工输送、储存各种易燃液体的设备必须接地。

（2）倾注容器的漏斗、浮动灌顶、工作站台等应接地。

（3）汽车槽车在装卸之前，与储存设备跨接并接地。

（4）可能产生和积累静电的固体和粉体设备，如筛分器接地。

（四）增湿

提高空气中水蒸气的浓度可在物体表面形成一层导电的液膜，从而提高静电从物体表面消散的能力。常用方法：通风加湿、地面洒水、喷雾水蒸气等，若工艺条件允许，空气相对湿度在70%为宜。

（五）抗静电剂

抗静电剂具有较好的导电性或较强的吸湿性。因此在易产生静电的高绝缘材料中，加入抗静电剂，可使材料的电阻率下降，加快静电泄漏，消除静电危害。抗静电剂种类很多，有无机盐类，如氯化钾等。

（六）静电消除器

静电消除器是一种能产生电子或离子的装置，其借助于产生的电子或离子中和物体上的静电，从而达到消除静电危害的目的。优点是使用方便，不影响产品质量。

（七）人体的防静电措施

（1）采用金属网或金属板等导电材料遮蔽带电体，以防带电体向人体放电。操作人员在接触静电带电体时，宜带金属线和导电性纤维混纺的手套，穿防静电工作服。

（2）穿防静电工作鞋，防静电工作鞋的电阻为 $10^5 \sim 10^8 \Omega$，穿着后人体所带的静电荷可由防静电工作鞋卸掉。

（3）在易燃场所入口处，安装硬铝或铜等导电金属的接地走道，同时入口扶手也采用金属结构并接地，可导除静电。

（4）采用电导性地面，不但能导走设备上静电，而且有利于除掉人体上的静电。

第三节　防雷电技术

一、雷电的形成、分类及危害

（一）雷电的形成

雷电是大气中的放电现象，多形成在积雨云中，积雨云随着温度和气流的变化会不停地运动，运动中摩擦生电，就形成了带电荷的云层，一些云层带有正电荷，另一些云层带有负电荷。另外，由于静电感应常使云层下面的建筑物、树木等带有异性电荷。随着电荷的积累，雷云的电压逐渐升高，当带有不同电荷的雷云与大地凸出物相互接近到一定温度，其间的电场超过 $25 \sim 30 \mathrm{kV/cm}$ 时，将发生激烈的放电，同时出现强烈的闪光。由于放电时温度高达2000℃，空气受热急剧膨胀，故发生爆炸的轰鸣声，这就是闪电与雷鸣。雷电的大小和多少以及活动情况，与各个地区的地形、气象条件及所处的纬度有关。一般山地雷电比平原多，沿海地区的雷电比大陆腹地要多，建筑越高，遭雷击的机会就越多。

（二）雷电的种类及其危害

（1）直击雷。直击雷是云层与地面凸出物之间放电形成的。直击雷可在瞬间击伤击毙人畜。巨大的雷电流流入地下，令在雷击点及其连接的金属部分产生极高的对地电压，可能直接导致接触电压或跨步电压的触电事故。

（2）球形雷。球形雷是一种球形、发红光或极亮白光的火球。球形雷能从门、窗、烟囱等通道侵入室内，极其危险。

（3）雷电感应。雷电感应分为静电感应和电磁感应两种。静电感应是由于雷云接近地面，在地面凸出物顶部感应出大量异性电荷所致。在雷云与其他部位放电后，凸出物顶部的电荷失去束缚，以雷电波形式沿突出物极快地传播。电磁感应是由于雷击后，巨大雷电流在周围空间产生迅速变化的强大磁场所致。这种磁场能在附近的金属导体上感应出很高的电压，造成对人体的二次放电，从而损坏电气设备。

（4）雷电冲击波。雷电冲击波是由于雷击而在架空线路上或空中金属管道上产生的冲击电压沿线或管道迅速传播的雷电波。雷电侵入波可毁坏电气设备的绝缘装置，使高压窜入低压，造成严重的触电事故。

二、常用防雷装置的种类与作用

常用防雷装置主要包括避雷针、避雷线、避雷网、避雷带、保护间隙及避雷器。完整的防雷装置包括接闪器、引下线和接地装置。而上述避雷针、避雷线、避雷网、避雷带及避雷器实际上都只是接闪器。除避雷器外，它们都是利用其高出被保护物的突出地位，把雷电引向自身，然后通过引下线和接地装置把雷电流泄入大地，使被保护物免受雷击。各种防雷装置的具体作用如下：

（1）避雷针。主要用来保护露天变配电设备及比较高大的建（构）筑物。它是利用尖端放电原理，避免设置处所遭受直接雷击。

（2）避雷线。主要用来保护输电线路，线路上的避雷线也称为架空地线。避雷线可以限制沿线路侵入变电所的雷电冲击波幅值及陡度。

（3）避雷网。主要用来保护建（构）筑物。分为明装避雷网和笼式避雷网两大类。将建筑物上部明装金属网格作为接闪器，沿外墙装引线接到接地装置上的，称为明装避雷网，一般建筑物中常采用这种方法。而把整个建筑物中的钢筋结构连成一体，构成一个大型金属网笼的，称为笼式避雷网。笼式避雷网又分为全部明装避雷网、全部暗装避雷网和部分明装部分暗装避雷网等几种。如高层建筑中都用现浇的大模板和预制装配式壁板，结构中钢筋较多，当把它们从上到下与室内的上下水管、热力管网、煤气管道、电气管道、电气设备及变压器中性点等都连接起来，形成一个等电位的整体，叫作笼式暗装避雷网。

（4）避雷带主要用来保护建（构）筑物。该装置由沿建筑物屋顶四周易受雷击部位明设的金属带、沿外墙安装的引下线及接地装置构成。多用在民用建筑，特别是山区的建筑上。一般而言，使用避雷带或避雷网的保护性能比避雷针的要好。

（5）保护间隙是一种最简单的避雷器。将它与被保护的设备并联，当雷电波袭来时，间隙先行被击穿，把雷电流引入大地，从而避免被保护设备因高幅值的过电压而被击穿。

保护间隙主要由直径 $6 \sim 9mm$ 的镀锌圆钢制成的主间隙和辅助间隙组成。主间隙做成羊角型，以便其间产生电弧时，因空气受热上升，被推移到间隙的上方，拉长而熄灭。因为主间隙暴露在空气中，比较容易短接，所以加上辅助间隙，可防止意外短路。保护间隙的击穿电压应低于被保护设备所能承受的最高电压。

（6）避雷器主要用来保护电力设备，是一种专用的防雷设备。分为管型和阀型两类。它可进一步防止沿线路侵入变电所或变压器的雷电冲击波对电气设备的破坏。防雷电波的接地电阻一般不得大于 5~30Ω，其中阀型避雷器的接地电阻不得大于 5~10Ω。

（7）压敏电阻。金属氧化物压敏电阻是一种过电压保护器件，用于从几千伏交/直流电压的电力系统、低压设备、变流设备和家用电器中吸收雷电压合操作过电压，保护电气设备、晶闸管、电子设备。

三、建（构）筑物、化工设备及人体的防雷

（一）建（构）筑物的防雷

根据建（构）筑物对防雷的不同要求，可将其分为三类。

1. 第一类建筑及其防雷保护

遇下列情况之一时，应划为第一类防雷建筑物：

（1）凡制造、使用或储存炸药、火药、起爆药、人工品等大量爆炸物质的建筑物，因电火花而引起爆炸，会造成巨大破坏和人身伤亡者。

（2）具有 0 区或 10 区爆炸危险环境的建筑物。

（3）具有 1 区爆炸危险环境的建筑物，因电火花而引起爆炸，会造成巨大坡坏和人身伤亡者。

2. 第二类建筑及其防雷保护

遇下列情况之一时，应划为第二类防雷建筑物：

（1）国家级重点文物保护的建筑物。

（2）国家级的会堂、办公建筑物、大型展览和博览建筑物、大型火车站、国宾馆、国家级档案馆、大型城市的重要给水水泵房等特别重要的建筑物。

（3）国家级计算中心、国际通信枢纽等对国民经济有重要意义且装有大量电子设备的建筑。

（4）制造、使用或储存爆炸物质的建筑物，且电火花不易引起爆炸或不致造成巨大破坏和人身伤亡者。

（5）具有 1 区爆炸危险环境的建筑物，且电火花不易引起爆炸或不致造成巨大破坏和人身伤亡者。

（6）具有 2 区或 11 区爆炸危险环境的建筑物。

（7）工业企业内有爆炸危险的露天钢质封闭气罐。

（8）预计雷击次数大于 0.06 次/年的部、省级办公建筑物及其他重要或人员密集的公共建筑物。

（9）预计雷击次数大于 0.3 次/年的住宅、办公楼等一般性民用建筑物。

3. 第三类建筑及其防雷保护

遇下列情况之一时，应划为第三类防雷建筑物：

（1）省级重点文物保护的建筑物及省级档案馆。

（2）预计雷击次数大于或等于 0.012 次/年，且小于或等于 0.06 次/年的部、省级办公建筑物及其他重要或人员密集的公共建筑物。

（3）预计雷击次数大于或等于 0.06 次/年，且小于或等于 0.3 次/年的住宅、办公楼等一般性民用建筑物。

（4）预计雷击次数大于或等于 0.06 次/年的一般性工业建筑物。

（5）根据雷击后对工业生产的影响及产生的后果，并结合当地气象、地形、地质及周围、环境等因素，确定需要防雷的 21 区、22 区、23 区火灾危险环境。

（6）在平均雷暴日大于 15d/a 的地区，高度在 15m 及以上的烟囱、水塔等孤立的高耸建筑物；在平均雷暴日小于或等于 15d/a 的地区，高度在 20m 及以上的烟囱、水塔等孤立的高耸建筑物。

（二）化工设备的防雷

（1）当罐顶钢板厚度大于 4mm，且装有呼吸阀时，可不装设防雷装置。但油罐体应做良好的接地，接地点不少于 2 处，间距不大于 30m，其接地装置的冲击接地电阻不大于 30Ω。

（2）当罐顶钢板厚度小于 4mm 时，虽装有呼吸阀，也应在罐顶装设避雷针，且避雷针与呼吸阀的水平距离不应小于 3m，保护范围高出呼吸阀不应小于 2m。

（3）浮顶油罐（包括内浮顶油罐）可不设防雷装置，但浮顶与罐体应有可靠电气连接。

（4）非金属易燃液体的储罐应采用独立的避雷针，以防止直接雷击；同时，还应有感应雷措施。避雷针冲击接地电阻不大于 30Ω。

（5）覆土厚度大于 0.5m 的地下油罐，可不考虑防雷措施，但呼吸阀、量油孔、采气孔应做良好接地。接地点不少于 2 处，冲击接地电阻不大于 10Ω。

（6）易燃液体的敞开储罐应设独立避雷针，其冲击接地电阻不大于 5Ω。

（7）户外架空管道的防雷：

1）户外输送可燃气体、易燃或可燃体的管道，可在管道的始端、终端、分支处、转角处以及直线部分每隔 100m 处接地，每处接地电阻不大于 30Ω。

2）当管道与爆炸危险厂房平行敷设的间距小于 10m 时，在接近厂房的一段，其两端及每隔 30~40m 应接地，接地电阻不大于 20Ω。

3）当管道连接点（弯头、阀门、法兰盘等）不能保持良好的电气接触时，应用金属线跨接。

4）接地引下线可利用金属支架。若是活动金属支架，在管道与支持物之间必须增设跨接线；若是非金属支架，必须另作引下线。

5）接地装置可利用电气设备保护接地的装置。

思 考 题

6-1　电流对人体的伤害有哪些形式？

6-2　引起触电的三种情形是哪些？

6-3　影响触电伤害程度的因素有哪些？

6-4　为防止人体直接、间接和跨步电压触电（电击、电伤），应采取哪些措施？

6-5　静电是什么，如何产生的？

6-6　静电的特性有哪些？

6-7　静电引起燃烧爆炸的基本条件是什么？

6-8　静电防护技术有哪些？

6-9　雷电产生的原因是什么？

6-10　雷电的分类及危害？

6-11　试分析各类构建筑物如何防雷？

第七章　化工装置安全检修

第一节　概　　述

一、化工装置检修的分类与特点

（一）装置检修的分类

化工装置和设备的检修分为计划检修和非计划检修。

按计划进行的检修称为计划检修。根据计划检修内容、周期和要求不同，计划检修可分为小修、中修、大修。

（二）装置检修的特点

化工企业的装置、设备特别多，几乎都由管道、阀门、仪器、仪表等组成，因此化工装置检修具有复杂、危险性大的特点。

二、生产装置检修的安全管理要求

（一）加强组织领导

成立检修指挥部，负责检修计划、调度、安排人力、物力、运输及安全工作。在各级指挥系统中建立由安全、人事、保卫、消防等部门负责人组成的安全保证体系。

（二）制定检修方案

在检修计划中，根据生产工艺过程及公用工程之间的相互关联，安排好各装置、工号先后停车的顺序，停料、接料、停水、停汽、停电的具体时间，确定灭火炬和点火炬时间。还要明确规定各个装置、工号的检修时间，检修项目的进度，以及开车顺序。

（三）做好安全教育

企业安全、人事、设备、生产技术、工程管理部门要合力组织好对本单位参加检修人员的教育；同时也要加强承包商队伍、人员及其他单位参加检修人员的教育。

安全教育的内容包括检修的安全制度和检修现场必须遵守的安全规定，重点要做好检修方案和技术交底工作，使其明确检修内容、步骤、方法、质量标准、注意事项及存在的危险因素和必须采取的措施；还要学习各种作业规定，比如停工检修的有关规定、人身安全十大禁令、防火防爆十大禁令、动火作业的规定、入有限空间作业的规定、抽堵盲板作业的规定、高处作业的规定、吊装作业的规定、断路作业的规定、破土作业的规定，等等。

（四）全面检查

安全检查包括装置停工检修前的安全检查、装置检修中的安全检查和生产装置检修后开工前的安全检查。

第二节　装置停车的安全处理

一、停车前的准备工作

（一）编写好停车方案

主要内容应包括停车时间、步骤、设备管线倒空及吹扫置换流程登记表、抽堵盲板位置图，并根据具体情况制定防堵、防冻、防凝措施。对每一个步骤都要明确规定具体时间、工艺条件变化幅度指标和安全检查内容，责任到人。

（二）作好检修期间的劳动组织及分工

根据装置的特点、检修工作量大小、停车时的季节及员工的技术水平，合理调配人员。要分工明确，任务到人，措施到位，防止忙乱出现漏洞。在检修期间，除派专人与施工单位配合检修外，各岗位、控制室均应有人监守岗位。

（三）检查鉴定

装置停车初期，要组织技术水平高的有关人员，对设备内部进行检查鉴定，以尽早提出新发现的检修项目，便于备料施工，消除设备内部缺陷，保证下个开工周期的安全生产。

（四）做好停车检修前的组织动员

通过动员会使全体人员都明确检修的任务、进度，熟悉停开车方案，重温有关安全制度和规定，对照过去的经验教训，提出停车可能出现的问题，制定防范措施，进行事故预想，克服麻痹思想，为安全停车和检修打下扎实的基础。

二、装置环境安全标准

装置环境安全标准主要包括以下四个方面：

（1）在设备内检修，动火时氧含量应为 $19\% \sim 21\%$，燃烧爆炸物质浓度应低于安全值，有毒有害物质浓度应低于最高允许浓度。

（2）设备外壁检修、动火时，设备内部的可燃气体含量应低于安全值。

（3）检修场地水井、地沟，应清理干净，加盖砂封，设备管道内无余压、无灼烫物、无沉淀物。

（4）设备、管道物料排空后，加水冲洗，再用氮气、空气置换至设备内可燃物含量合格，氧含量在 $19.5\% \sim 23.0\%$。

三、抽堵盲板

盲板（blind disk）也称为法兰盖（flange cover），有的也称为盲法兰或者管堵。它是中间不带孔的法兰，用于封堵管道口。所起到的功能和封头及管帽是一样的，只不过盲板密封是一种可拆卸的密封装置，而封头的密封是不准备再打开的。材质有碳钢、不锈钢、合金钢、铜、铝、PVC 及 PPR 等。盲板主要是用于将生产介质完全隔离，防止由于切断阀关闭不严，影响生产，甚至造成事故。盲板抽堵就是将与检修设备相连的管道用盲板相隔离，装置开车前再将盲板抽掉，适合于气、液、固的物料。抽堵盲板时要注意以下八个方面。

（1）根据装置的检修计划，制定抽堵盲板流程图，对需要抽堵的盲板要统一编号，注明抽堵盲板的部位和盲板的规格，并指定专人负责此项作业和现场监护，防止漏抽漏加。

（2）盲板的制作，以钢板为准，应留有手柄，便于抽堵和检查，最好做成眼睛式的，一端为盲板、一端为垫圈，使用方便，标志明显。不准用石棉板、马口铁皮或油毡纸等材料代用。盲板要有足够的强度，其厚度一般应不小于管壁厚度。

（3）加盲板的位置，应加在有物料来源的阀门后部法兰处，盲板两侧均应有垫片，并把紧螺栓，以保持严密性。不带垫片，就不严密，也会损坏法兰。

（4）抽堵盲板时要采取必要的安全措施。

（5）如果管线轴抽堵盲板处距离两侧管架较远，应该采取临时支架或吊架措施，防止抽出螺栓后管线下垂伤人。

（6）做好抽堵盲板的检查登记工作。

（7）盲板用后统一收藏，下次再用，以免浪费。

（8）如果有特殊情况时，还需要办理其他作业证，比如如果盲板处于高处的，还要办理《高处安全作业证》。

四、停车操作及设备置换

在化工装置检修过程中经常要进行停车、设备置换，在这个过程中也常常伴随危险事故，因此要注意以下七个方面。

（1）降温、降量的速度不宜过快，尤其在高温条件下，以防金属设备温度变化剧烈，热胀冷缩造成设备泄漏。

（2）开关阀门操作在一般情况下要缓慢，尤其开阀门时，打开头两扣后要停片刻，使物料少量通过，观察物料畅通情况（对热物料来说，可使设备管道有个热过程），然后再逐渐开大直至达到要求为止。

（3）加热炉的停炉操作，应按停车方案规定的降温曲线逐渐减少烧嘴。

（4）高温真空设备的停车，必须先破坏真空恢复常压，待设备内介质温度降到自然点以下时方可与大气相通，以防设备内的燃爆。

（5）装置停车时，设备管道内的液体物料应尽可能抽空，送出装置外。可燃、有毒气体物料应排到火炬烧掉。

（6）设备吹扫和置换，必须按停车方案规定的吹扫置换程序和时间执行。

（7）如有特殊情况，应制定特殊方案进行特殊置换。

第三节　化工装置的安全检修

在化工行业中，装置的检修是很重要的工作，化工设备检修的技术性比较强，操作复杂，风险较大。本节主要分析化工装置在检修时需要注意的一些安全事项和操作规范，确保装置能再次正常投入生产使用，为化工行业的安全生产做贡献。

化工行业是生产环境特殊的高危行业，化工装置检修工作危险性高并且存在着巨大的安全隐患。本节从检修前的准备工作和检修过程中的安全管控方面进行介绍，提出相应的安全措施，保证检修工作安全顺利进行。

化工行业生产环境特殊、危险性高、操作复杂，而且现代大部分的化工作业任务都由仪器和设备完成。化工装置的安全检修是化工企业进行安全生产、持续作业的根本保障。但是在进行安全检修过程中也常常伴随危险，因此，确保检修过程中的安全性对化工企业安全生产至关重要，需要重点做好以下九个方面的工作。

一、检修许可证制度

对化工生产装置进行候车检修。尽管经过全面吹扫、蒸煮水洗、置换、抽加盲板等工作，但检修前仍需对装置系统内部进行取样分析、测爆，进一步核实空气中可燃或有毒物质是否符合安全标准，认真执行安全检修票证制度。

二、检修作业安全要求

在化工生产装置检修过程中，由于各种原因的影响，如果作业人员没有能够充分地进行风险识别和安全评价，防范措施不到位，很可能导致在工作中产生某种失误，造成事故的发生。有关数据表明，在化工企业生产、检修过程中发生的事故中，由于作业人员的不安全行为造成的事故约占事故总数的 88%，由于工作中的不安全条件造成的事故约占事故总数的 10%，其余 2% 是综合因素造成的。可以看出，在相同的工作条件下，作业人员的不安全行为是造成事故的主要原因。

（一）腐蚀性介质检修作业

1. 作业风险

泄漏的腐蚀性液体、气体介质可能会对作业人员的肢体、衣物、工具产生不同程度的损坏，并对环境造成污染。

2. 安全措施

（1）检修作业前，必须联系工艺人员把腐蚀性液体、气体介质排净、置换、冲洗，分析合格，办理《作业许可证》。

（2）作业人员应按要求穿戴劳保用品，熟知工作内容，特别是有关部门签署的意见。

（3）低洼处检修，场地内不得有积聚的腐蚀性液体，以防作业时滑倒伤人。

（4）腐蚀性液体的作业面应低于腿部，否则应联系相关人员搭设脚手架，以防残留液体淋伤身体、衣物，不得以铁桶等临时支用。

（5）作业时，根据具体情况戴橡胶手套、防护面罩，穿胶鞋等相应的特殊劳保用品。

（6）拆卸时，可用清水冲洗连接面，以减少腐蚀性液体、气体介质的侵蚀作用。

（7）接触到腐蚀性介质的肢体、衣物、工具等应及时清洗，若有不适，应及时治疗。

（8）作业完成后，工完、料净、场地清，做好现场的清洁卫生工作。

（二）转动设备（含阀门、电动机）检修作业

1. 作业风险

转动设备检修时，误操作使电、汽源产生误转动，会危及检修作业人员的生命和财产安全；设备（或备件）较大（重）时，安全措施不当，可发生机械伤害。

2. 安全措施

（1）检修作业前，必须联系工艺人员将系统进行有效隔离，把动火检修设备、管道内

的易燃易爆、有毒有害介质排净、冲洗、置换，分析合理，办理《作业许可证》。

（2）在修理带电（汽）设备时，要同有关人员和班组联系，切断电（汽）源，并在开关箱上挂"禁止合闸、有人工作"的标示牌。

（3）作业项目负责人应落实该项作业的各项安全措施和办理作业许可证及审批；对于危险性特大的作业，应与作业区域安全负责人一起进行安全评估，制定安全作业方案。

（4）作业人员应按要求穿戴劳保用品；熟知工作内容，特别是有关部门签署的意见，在作业前和作业中均要认真执行。

（5）拆卸的零、部件要分区摆放，妥善保护，重要部位或部件要派专人值班看守。

（6）在使用风动、电动、液压等工具作业时，要按《安全操作使用说明书》规范操作，安全施工。

（7）设备（或备件）较大（重），需要多工种协同作业时，必须统一指挥。

（8）加强油品类物质管理，所有废油应倒入回收桶内。

（9）作业完成后，工完、料净、场地清，做好现场的清洁卫生工作。

（三）高处检修作业

1. 作业风险

作业位置高于正常工作位置，容易发生人和物的坠落，产生事故。

2. 安全措施

（1）作业项目负责人安排办理《作业许可证》《高处作业许可证》，按作业高度分级审批；作业所在的生产部门负责人签署部门意见。

（2）作业项目负责人应检查、落实高处作业用的脚手架（梯子、吊篮）、安全带、绳等用具是否安全，安排作业现场监护人；工作需要时，应设置警戒线。

（3）作业人员应按要求穿戴劳保用品，熟知工作内容，特别是有关部门签署的意见；使用安全带工作时，按照《安全带使用管理规定》执行；使用梯子工作时，按照《梯子安全管理规定》执行；使用脚手架工作时，按照《脚手架使用安全管理规定》执行；在吊篮或吊架内作业时，参照《起重设备安全管理规定》执行。

（4）高处作业时不应上下同时垂直作业。特殊情况下必须同时垂直作业时，应经单位领导批准，并设置专用防护棚或采取其他隔离措施。

（5）避免夜间进行高处作业。必须夜间进行高处作业时，应经有关部门批准，作业负责人要进行风险评估，制定出安全措施，并保证充足的灯光照明。

（6）遇有6级以上大风、雷电、暴雨、大雾等恶劣天气而影响视觉和听觉的条件下或对人身安全无保证时，不允许进行高处作业。

（7）高处作业过程中，安全监护人要经常与高处作业人员联络，不得从事其他工作，更不准擅离职守；当生产系统发生异常情况时，立即通知高处作业人员停止作业，撤离现场；当作业条件或作业环境发生重大变化时，必须重新办理《高处作业许可证》。

（8）作业完成后，工完、料净、场地清，做好现场的清洁卫生工作。

（四）动火检修作业

1. 作业风险

加热、熔渣散落、火花飞溅可能造成人员烫伤、火灾、爆炸事故，弧光辐射、触电等也会对人体产生危害。

2. 安全措施

（1）检修作业前，联系工艺人员将系统有效隔离，把动火设备、管道内的易燃易爆介质排净、冲洗、置换。

（2）分析合格后，办理《作业许可证》《动火作业许可证》，分级审批；取样分析合格后，任何人不得改变工艺状态；动火作业过程中，如间断半小时以上必须重新取样分析。

（3）《动火作业许可证》由动火作业人员随身携带。所有作业人员必须清楚工作内容，特别是有关部门签署的意见。

（4）作业人员必须按要求穿戴劳保用品，持有相应的资格证；在进行焊接、切割作业前，必须清除周围可燃物质，设置警戒线，悬挂明显标示，不得擅自扩大动火范围。

（5）动火作业应设监护人，备有灭火器；作业时，禁止无关人员进入动火现场。在甲类禁火区进行动火作业，项目负责人要按规定提前通知专业消防人员到现场协助监护。

（6）进行电焊作业时，要检查接头、线路是否完好，防止漏电产生事故。

（7）气焊作业时，氧气瓶与乙炔气瓶间的距离应保持在 5m 以上，两个气瓶与动火点距离应保持在 10m 以上，检查气管是否完好。

（8）高处焊接、切割作业时，需安放接火盆，防止火花溅落；同时，要清除下方所有的可燃物，地沟、阴井、电缆等要加以遮盖。

（9）可燃气体带压不置换动火时，要有作业方案，并落实安全措施；同时，设备内压力不得小于 0.98kPa，不得超过 1.5691MPa，以保证不会形成负压；设备内氧含量不得超过 0.5%，否则，不得进行动火作业。

（10）作业人员离开动火现场时，应及时切断施工使用的电源和熄灭遗留下来的火源，不留任何隐患。

（11）作业完成后，工完、料净、场地清，做好现场的清洁卫生工作。

（五）密闭空间检修作业

1. 作业风险

密闭空间内存在有缺氧、高温、有毒有害、易燃易爆气体等隐患，安全措施不到位，易发生燃烧、爆炸，可造成人员伤亡等事故。

2. 安全措施

（1）联系工艺人员切断设备上与外界连接的电源，并采取上锁措施，加挂警示牌；有效隔离与有限空间或容器相连的所有设备、管线。

（2）密闭空间经排放、隔离（加盲板）、清洗、置换、通风，取样分析合格后，作业人员办理《作业许可证》《进入密闭空间作业许可证》，分级审批。取样分析合格后，任何人不得改变工艺状态。

（3）作业前，准备好应急救援物资，包括安全带、安全绳、长管面具、不超过 24V 的安全电压照明、防触电（漏电）保护器以及配备通信工具。

（4）监护人员应按要求穿戴劳保用品，选择好安全监护人员的位置；监护过程中，要经常联络，发现异常应立即通知作业人员中断作业，撤离危险区域；同时，必须注意自身保护。

（5）作业人员应按要求穿戴劳保用品。第一次进入密闭空间，必须佩戴好防毒面具（长管或空气呼吸器），必须系安全带和安全绳；熟知工作内容，特别是有关部门签署的意见；密闭空间作业人员实行轮班制，按时换班，及时撤至外面休息。

（6）密闭空间移去盖板后，必须设置路障、围栏、照明灯等，以免发生事故。

（7）进入密闭空间作业，必须在线分析，若有异常情况，应及时撤离。

（8）作业完成后，工完、料净、场地清，做好现场的清洁卫生工作。

（六）电气检修作业

1. 作业风险

电气检修作业时可能发生电击危险、电弧危害或因线路短路产生火花造成事故等，使人体遭受电击、电弧引起烧伤、电弧引起爆炸冲击受伤等伤害。此外，电气事故还可能引发火灾、爆炸以及造成装置停电等危险。

2. 安全措施

（1）检修作业前，联系运行人员切断与设备连接的电源，并采取上锁措施，在开关箱上或总闸上挂上醒目的"禁止合闸，有人工作"的标志牌。

（2）所有在带电设备上或其近旁工作的均需要办理《作业许可证》，执行《许可证管理程序》。

（3）作业人员应按要求穿戴劳保用品（符合"变电所工作时个人防护器材要求"），熟知工作内容，特别是运行人员签署的意见。

（4）电气作业只能由持证合格人员完成，作业时必须2人以上进行，其中1人进行监护。

（5）电气监护人员必须经过专业培训，取得上岗合格证，有资格切断设备的电源，并启动报警信号；作业时防止无关人员进入有危险的区域；不得进行其他的工作。

（6）在维护检修和故障处理中，任何人不得擅自改变、调整保护和自动装置的设定值。

（7）电弧危害的分析和预防，对于能量大于 $5.016J/m^2$ 的设备，必须进行电弧危害分析，以确保安全有效的工作。

（8）对于维修中易产生静电的过程或系统，应该进行静电危害分析，并制定相应措施和程序，以预防静电危害。

（9）金属梯子、椅、凳等均不能在电气作业场合下使用。

三、动火作业

在化工企业中，凡是动用明火或可能产生火种的作业都属于动火作业。

（一）动火安全要点

在禁火区动火时，应按以下程序和要点进行：

1. 审证

禁火区内动火应办理"动火许可证"的申请、审核和批准手续，明确动火的地点、时间、范围、动火方案、安全措施、现场监护人。

2. 联系

动火前要和生产车间、工段联系，明确动火的设备、位置。事先由专人负责做好动火设备的转换、清洗、吹扫、隔离等解除危险因素的工作，并落实其他安全措施。

3. 拆迁

凡能拆迁到固定动火区或其他安全地方进行动火的作业不应放在生产现场（禁火区）内进行，尽量减少禁火区内的动火工作量。

4. 隔离

动火设备应与其他生产系统可靠隔离，防止运行中设备、管道内的物料泄漏到动火设备中来；应将动火区与其他区域采取临时隔火墙等措施加以隔开，防止火星飞溅而引起事故。

5. 移去可燃物

将动火周围 10m 范围以内的一切可燃物移到安全场所。

6. 灭火措施

水源要保证充足；足够数量的灭火器具；危险性大的重要地段动火，消防车和消防人员要到现场。

7. 检查和监护

根据动火制度的规定，厂、车间或安全、保卫部门负责人现场检查，对照动火方案中提出的安全措施检查是否已落实，并再次明确和落实现场监护人和动火现场指挥，交代安全注意事项。

8. 动火分析

动火分析不宜过早，一般不要早于动火前半小时。

9. 动火

动火应由经过安全考试合格的人员担任。动火时注意火星飞溅方向，采用不燃或难燃材料做成的挡板控制火星飞溅方向，防止火星落入危险区域。

（二）动火作业安全要求

1. 油罐带油动火

若罐内油品无法抽空只得带油动火时，除应严格遵守检修动火的要求外，还要保证做到油面以上不准动火，在焊补前还应进行壁厚测定。

2. 油管带油动火

油管带油动火，同油罐带油动火处理的原则是相同的。只是在油管破裂、生产系统无法停下来的情况下，抢修堵漏才采用。带油管路动火的方法是：用铅或石棉绳等堵塞漏处，然后打卡（包箍）进行焊补。

3. 带压不置换动火

带压不置换动火，就是严格控制含氧量，使可燃气体的浓度大大超过爆炸上限，然后让它以稳定的速度，从管道口向外喷出，并点燃燃烧，使其与周围空气形成一个燃烧系统，并保持稳定连续燃烧。

四、检修用电

检修使用的电气设施有两种：（1）照明电源；（2）检修施工机具电源。

电气设施要求：线路绝缘良好，没有破皮漏电现象；线路铺设整齐，埋地或架高铺设均不能影响施工作业、行人和车辆通过；线路不能与热源、火源接近；移动或局部式照明灯具悬吊要有铁网罩保护。

五、动土作业

动土作业必须办理《动土安全作业证》，没有《动土安全作业证》不准动土作业。

动土作业施工现场应根据需要设置护栏、盖板和警告标志，夜间应悬挂红灯示警；施工结束后要及时回填土，并恢复地面设施。

六、高处作业

（1）高处作业。凡在坠落高度基准面 2m 以上（含 2m）有可能坠落的高处进行的作业为高处作业。

（2）高处作业可分为四个等级：

1）高处作业高度在 2~5m 时，称为一级高处作业。

2）高处作业高度在 5~15m 时，称为二级高处作业。

3）高处作业高度在 15~30m 时，称为三级高处作业。

4）高处作业高度在 30m 以上时，称为特级高处作业。

（3）高处作业的一般安全要求：

1）作业人员。患有精神病等职业禁忌症的人员不准参加高处作业。检修人员饮酒、精神不振时禁止登高作业。作业人员必须持有作业证。

2）作业条件。高处作业必须戴安全帽、系安全带。作业高度 2m 以上应设置安全网，并根据位置的升高随时调整；高度超 15m 时，应在作业位置垂直下方 4m 处，架设一层安全网，且安全网数不得少于 3 层。

3）现场管理。高处作业现场应设有围栏或其他明显的安全界标，除有关人员外，不准其他人在作业点的下面通行或逗留。

4）防止工具材料坠落。高处作业应一律使用工具袋。

5）防止触电和中毒。预先做好触电和中毒的防护措施。

6）气象条件。选择合适的气候条件下作业。

7）注意结构的牢固性和可靠性。

（4）脚手架的安全要求：

1）脚手架材料。脚手架的杆柱可采用竹、木或金属管，本杆应采用剥皮杉木或其他坚韧的硬木；竹竿应采用坚固无伤的毛竹；金属管应无腐蚀，各根管子连接部分应完整无损。

2）脚手架的连接与固定。脚手架要与建筑物连接牢固。

3）脚手板、斜道板和梯子。脚手板和脚手架应连接牢固；脚手板的两头都应放在横杆上，固定牢固，不准在跨度间有接头；脚手板与金属脚手架应固定在其横梁上。

4）临时照明。脚手架上禁止乱拉电线。

5）冬季、雨季防滑。

6）拆除。脚手架拆除前，应在其周围设围栏，通向拆除区域的路段应挂警告牌；高层脚手架拆除时应有专人负责监护。

七、限定空间作业或罐内作业

（一）清理刷洗

清理盛装酸、碱和有毒物质溶液的罐时，应先采取正常方法排出液体物质。对刷洗的废液处理后方可排放，严防中毒、着火、腐蚀和环境污染。

（二）可靠隔离

需作业的罐槽必须与其他设备可靠隔离，并将与罐槽相连的一切管线切断或用盲板堵死，避免其他设备中的介质进入检修的罐内。

（三）切断电源

进入有搅拌或其他有动力电源的罐内作业前，必须切断电源，上锁或设专人看管，并在电源处悬挂"严禁合闸"的警告牌。

（四）气体分析

入罐内作业前必须对罐内空气中的含氧量进行测量，氧含量应在13%~21%的范围内。若罐内介质是有毒的，工业卫生人员还应测定罐内空气中有毒有害气体的浓度。

（五）个人防护

入罐内作业应穿戴好规定的劳动保护用具，穿戴好工作帽、工作服、工作鞋、防毒面具（或氧气呼吸器）等。

（六）预救措施

企业应根据作业情况做好相应的预救方案。

（七）现场监护

在罐内作业时，应指派两人以上进行罐外现场监护。

（八）办理手续

落实好各项安全措施后，应按有关规定到技安管理部门办理作业手续，并经技安人员、主管领导检查批准后方可作业。

（九）善后处理

罐内作业结束后应清理现场，把所有工具、材料等拿出罐外，防止遗漏在罐内。

八、起重作业

起重作业必须做到"十不吊"原则，即无人指挥或者信号不明不吊；斜吊和斜拉不吊；物件有尖锐棱角与钢绳未垫好不吊；重量不明或超负荷不吊；起重机械有缺陷或安全装置失灵不吊；吊杆下方及其转动范围内站人不吊；光线阴暗，视物不清不吊；吊杆与高压电线没有保持应有的安全距离不吊；吊挂不当不吊；人站在起吊物上或起吊物下方有人不吊。

九、运输与检修

为做好运输与检修安全工作，必须加强辅助部门人员的安全技术教育工作，以提高职工安全意识。机动车辆进入石油化工装置前，给排烟管装上火星扑灭器；装置出现跑料时，生产车间应对装置周围马路实行封闭，熄灭一切火源。执行监护任务的消防、救护车应选择上风处停放。在正常情况下厂区行驶车速不得大于 15km/h，铁路机车过交叉口要鸣笛减速。液化石油气罐、站操作人员必须经过培训考试，发给合格证。罐车状况要符合设计标准，定期检验。

第四节　装置检修后开车

一、装置开车前安全检查

生产装置经过停工检修后，在开车运行前要进行一次全面的安全检查和验收，包括以下六项内容。

（一）焊接检验

焊接检验内容包括整个生产过程中使用的材料、工具、设备、工艺过程和成品质量的检验，分为三个阶段：焊前检验、焊接过程中的检验、焊后成品的检验。检验方法根据对产品是否造成损伤可分为破坏性检验和无损探伤两类。

（二）试压和气密试验

任何设备、管线在检修复位后，为检验施工质量，应严格按有关规定进行试压和气密试验，防止生产时跑、冒、滴、漏，造成各种事故。

（三）吹扫、清洗

在新建装置开工前应对全部管线和设备彻底清洗，把施工过程中遗留在管线和设备内的焊渣、泥砂、锈皮等杂质清除掉，使所有管线都贯通。

（四）烘炉

各种反应炉在检修后开车前，应按烘炉规程要求进行烘炉。

（五）传动设备试车

化工生产装置中机、泵起着输送液体、气体、固体介质的作用，由于操作环境复杂，一旦单机发生故障，就会影响全局。因此要通过试车，对机、泵检修后能否保证安全投料一次开车成功进行考核。

（六）联动试车

联动试车是指对规定范围的机器、设备、管道、电气、自动控制系统等，在各自达到试车标准后，以水、空气、氮气等为介质所进行的模拟试运行。

二、装置开车

装置开车要在开车指挥部的领导下，统一安排，并由装置所属的车间领导负责指挥开车。岗位操作工人要严格按工艺卡片的要求和操作规程操作。

（一）贯通流程

用蒸汽、氮气通入装置系统，一方面扫去装置检修时可能残留部分的焊渣、焊条头、铁屑、氧化皮、破布等，防止这些杂物堵塞管线；另一方面验证流程是否贯通。按规定用蒸汽、氮气对装置系统置换，分析系统氧含量是否达到安全值以下的标准。

（二）装置进料

进料前，在升温、预冷等工艺调整操作中，检修工与操作工配合做好螺栓紧固部位的热把、冷把工作，防止物料泄漏。岗位应备有防毒面具。油系统要加强脱水操作，深冷系统要加强干燥操作，为投料奠定基础。

　　装置进料前要关闭所有的放空、排污、倒淋等阀门，然后按规定流程，经操作工、班长、车间值班领导检查无误，启动机泵进料。进料过程中，操作工要沿管线进行检查，防止物料泄漏或物料走错流程；装置开车过程中，严禁乱排乱放各种物料。装置升温、升压、加量应按规定缓慢进行；操作调整阶段，应注意检查阀门开度是否合适，逐步提高处理量，使其达到正常生产为止。

思　考　题

7-1　化工装置检修如何分类，有何特点？

7-2　如何制定检修方案？

7-3　化工装置停车前的准备工作有哪些？

7-4　动火作业的安全要点有哪些？

7-5　确保检修过程中的安全性，需要重点做好哪些方面工作？

7-6　简述高空作业及等级区别。

7-7　起重作业"十不吊"原则是哪些？

7-8　装置开车前安全检查包括哪些内容？

第八章 劳动保护相关知识

第一节 概 述

劳动保护就是保护劳动者在生产劳动过程中的安全与健康。我国劳动保护的完整概念是：国家为了保护劳动者在生产劳动过程中的安全和健康，在改善劳动条件，预防因工伤亡事故和职业危害，实现劳逸结合，以及加强女职工和未成年工保护方面所采取的各种组织措施和技术措施。

危及劳动者安全与健康的因素可分为直接的和间接两类。

(1) 直接的因素，如机械伤害、电击电伤，建筑施工可能发生高处坠落、物体打击；交通运输可能发生车辆伤害和淹溺，有毒有害作业可能发生职业病害，矿井可能发生瓦斯爆炸、冒顶、片帮、水灾、火灾，等等。

(2) 间接的因素，如劳动者工作时间过长或劳动强度过大，造成过度疲劳，容易发生事故或积劳成疾；女工从事过于繁重的劳动或有害特殊生理的作业，造成危害；管理不到位造成的其他安全事故；等等。

为了消除这些不安全和不卫生因素所采取的各种技术措施和组织措施，都属于劳动保护的范畴，为了实现以上目的，国家采取各种组织措施和技术措施。

(1) 组织措施包括制定劳动保护方针政策；进行劳动保护立法，制定劳动保护法律、法规、规章和各项政策；建立劳动保护管理机构；总结劳动保护工作经验，交流劳动保护情报和信息，开展劳动保护宣传教育；实行劳动保护监察，依法强制企业重视劳动保护工作。

(2) 技术措施包括开展劳动保护科学研究，逐步实现生产过程的机械化、自动化、电气化和封闭化，达到本质安全；应用安全技术和劳动卫生技术，消除生产劳动过程中出现的各种不安全和不卫生因素；供给职工个人劳动防护用品和保健食品，提高预防能力、补偿特殊损害，以减轻危害程度；等等。

第二节 灼伤及其防护

一、灼伤及其分类

机体受热源或化学物质的作用，引起局部组织损伤，并进一步导致病理和生理改变的过程称为灼伤。按发生原因不同可分为化学灼伤、热力灼伤和复合性灼伤。

(1) 化学灼伤。化学灼伤是由强酸、强碱、磷和氢氟酸等化学物质所引起的灼伤。

(2) 热力灼伤。热力灼伤是由于接触炙热物体、火焰、高温表面、过热蒸汽等所造成的损伤。

（3）复合性灼伤。复合性灼伤是由化学灼伤和热力灼伤同时造成的伤害，或化学灼伤兼有的反应。

二、化学灼伤的现场急救

化学腐蚀品造成的化学灼伤与火烧伤、烫伤不同，不同类别的化学灼伤，急救措施不同，要根据灼伤物的不同性质，分别进行急救。化学灼伤的一般处理方法如下：

（1）迅速脱离污染物，并立即用流动冷水冲洗 20~30min 以上。有时应先拭去创面上的化学物质（如干石灰粉）再用水冲洗，以避免与水产生大量热，造成创面进一步损害。被强酸或强碱等灼伤，应迅速用大量清水冲洗，至少冲半小时。酸类灼伤用饱和的碳酸氢钠溶液冲洗，碱类灼伤用醋酸溶液冲洗或撒以硼酸粉。冲洗完后可再用中和剂，中和时间不宜过久，片刻之后再用流动水冲洗。

（2）及时确认是否伴有化学物质中毒，并按其救治原则及时治疗。如一时无法获得解毒剂或肯定致毒物质时，可先用大量高渗葡萄糖和维生素 C 静点，给氧，输新鲜血液等，如无禁忌应及早使用利尿剂，然后据情况选用解毒剂。

（3）烧伤病毒按烧伤的治疗方法进行休克复苏及创面处理，早期切除Ⅲ芫焦痂，消除深Ⅱ度创面坏死组织，以切断毒物来源。

（4）及时处理合并症及并发症，必要时请相关科室协助诊治。

三、化学灼伤的预防措施

化学灼伤往往是伴随着生产事故或设备、管道等腐蚀、断裂时发生的，它与生产管理、操作、工艺和设备等因素有密切关系，因此必须采取综合性安全技术措施才能有效地预防化学灼伤事故。主要包括以下六个方面：（1）采取有效防腐措施；（2）改革工艺和设备结构；（3）加强安全性预测检查；（4）加强安全防护措施；（5）加强个人防护；（6）遵守安全操作规程，使用适当的防护用品，时刻注意防止自我污染。

第三节　工业噪声及其控制

一、噪声的定义

风声、雨声、流水声，倾诉大自然的变化；歌声、笑声、音乐声，描绘着人们的快乐。但是，当声音超过了一个范围后就会带给人们烦恼，这时就称为噪声。噪声是指人们在生产和生活中一切令人不快或不需要的声音。从环境保护的角度上可理解为：凡是影响人们正常学习、工作、和休息的声音，凡是人们在某些场合"不需要的声音"，都可称为噪声。

二、噪声的强度

（一）频率

频率是指物体或介质每秒（单位时间）发生振动的次数，单位是 Hz（赫兹）。频率越高，声音的音调也越高。

（二）声功率

声功率是指单位时间内，声波通过垂直于传播方向某指定面积的声能量。在噪声监测中，声功率是指声源总声功率，单位为 W。

（三）声强（I）

声强是指单位时间内，声波通过垂直于声波传播方向单位面积的声能量。单位为 W/m^2。

（四）声压（P）

声压是介质因声波在其中传播而引起的压力扰动，声压的单位是 N/m^2（Pa），能听到的声音的声压为 $2×10^{-5}N/m^2$，震耳欲聋的声音的声压为 $20N/m^2$，两者相差百万倍。声波在空气中传播时形成压缩和稀疏交替变化，所以压力增值是正负交替的。但通常讲的声压是取均方根值，叫有效声压，故实际上总是正值，对于球面波和平面波，声压与声强的关系如下：

$$I = P^2/\rho c$$

式中　ρ——空气密度；

　　　c——声速。

（五）分贝

人们日常生活中听到的声音，若以声压值表示，由于变化范围非常大，可以达 6 个数量级以上；同时由于人体听觉对声信号强弱刺激反应不是线形的，而是呈对数比例关系，所以采用分贝来表达声学量值。所谓分贝是指两个相同的物理量（例 A_1 和 A_0）之比取以 10 为底的对数并乘以 10（或 20）。

$$N = 10\lg(A_1/A_0)$$

式中　A_0——基准量（或参考量）；

　　　A_1——被量度量。

分贝符号为"dB"，它是无量纲的。

被量度量和基准量之比取对数，这对数值称为被量度量的"级"。

（六）声功率级

$$L_w = 10\lg(W/W_0)$$

式中　L_w——声功率级，dB；

　　　W——声功率，W；

　　　W_0——基准声功率，$10^{-12}W$。

（七）声强级

$$L_I = 10\lg(I/I_0)$$

式中　L_I——声强级，dB；

　　　I——声强，W/m^2；

　　　I_0——基准声强，$10^{-12}W/m^2$。

炮弹的爆炸声是"很响"的，而一个人在远处的谈话声就是"不很响"的，这种人耳直观上感觉的"很响"与"不很响"不仅与声波强度的对数近于成正比，而且与声波的频率也有关。

（八）声压级

$$L_P = 20\lg(P/P_0)$$

式中　L_P——声压级，dB；

　　　P——声压，Pa；

　　　P_0——基准声压，2×10^{-5}Pa，该值是对 1000Hz 声音人耳刚能听到的最低声压。

三、噪声的分类

噪声无处不在，常见的环境噪声如图 8.1 所示。

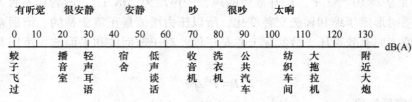

图 8.1　常见的噪声及强度

常见的噪声主要有以下四类：

（1）城市环境噪声。在噪声研究中占有很重要的地位，它主要来源于交通噪声、工业噪声、建筑施工噪声和社会生活噪声。由于城市中机动车辆的日益增多和超声速飞机的大量使用，运输工具（如汽车、拖拉机、火车、飞机等）产生的噪声成了城市环境噪声的主要污染源之一。

（2）工业噪声。不仅直接对生产工人带来危害，而且影响附近居民。工业噪声中，纺织厂的噪声在 90~106dB，机械工业在 80~120dB，大型球磨机、大型鼓风机在 130dB 以上。工业噪声是造成噪声性耳聋的主要原因。

（3）建筑施工噪声。是由于建筑工地使用各种打桩机、搅拌机、切割机等施工机械引起的噪声。

（4）社会活动和家庭生活噪声。也是普遍存在的，例如为了宣传活动而过量地使用高音喇叭，就会产生令人烦恼的噪声。在社会生活中，使用收音机、录音机、电视机，在很多情况下也会成为一种对邻居干扰的噪声源，比如广场舞。

四、噪声对人的危害

（一）噪声对人体的影响

噪声对人产生严重的身体和心理伤害，主要包括影响工作和学习、休息；损害人的听力；引发神经衰弱症状，甚至发疯或死亡；心脏病和高血压的重要诱因；等等。

（1）噪声对睡眠的影响。在噪声下大部分人都是难于入睡的，据说有高达 28% 的人认为噪声影响睡眠，时间长了会造成身体的其他疾病。

（2）噪声引起的听力损伤。噪声可伤害耳朵感声器官（耳蜗）的感觉发细胞（sensoryhaircells），一旦感觉发细胞受到伤害，则永远不会复原。感觉高频率的感觉发细胞最容易受到噪声的伤害，因此当一般人听力已经受噪声伤害，但由于没有做听力检验而发现，当听力丧失到无法与人沟通时，已经为时已晚。早期听力的丧失以 4000Hz 最容易发生，且双侧对称（4Kdip），病患以无法听到轻柔高频率的声音为主。除非突然暴露在非常强烈的声音下、如枪声、爆竹声等，听力的丧失也是渐进性的。

（3）噪声对心理和神经的影响。在高频率的噪声下，一般人都有焦躁不安的症状，容易激动。研究发现噪声越高的工作场所，意外事件越多，生产力越低。

（4）噪声引起心脏血管伤害。急性噪声暴露常引起高血压，在 100dB 10min 时肾上腺激素分泌升高，交感神经被激动。在动物实验上，也有相同的发现。虽然流行病学调查结果不一致，但最近几个大规模研究显示长期噪声的暴露与高血压呈正相关的关系。暴露噪声 70~90dB 五年，其患高血压的危险性高达正常情况下的 2.47 倍。

（5）噪声对生殖能力的影响。近年来，一些专家提出了"环境激素"理论，指出环境中存在着能够像激素一样影响人体内分泌功能的化学物质，噪声就是其中一种。它会使人体内分泌紊乱，导致精液和精子异常。长时间的噪声污染可以引起男性不育；对女性而言，则会导致流产和胎儿畸形。在其他方面的研究到目前仍无结论，尚待进一步的探讨。

（二）噪声分贝大小对人类生活的影响

1. 噪声对睡眠的干扰

人类有近 1/3 的时间是在睡眠中度过的。睡眠是人类消除疲劳、恢复体力、维持健康的一个重要条件。但环境噪声会使人不能安眠或被惊醒，在这方面，老人和病人对噪声干扰更为敏感。当睡眠被干扰后，工作效率和健康都会受到影响。研究结果表明，连续噪声可以加快熟睡到轻睡的回转，使人多梦，并使熟睡的时间缩短；突然的噪声可以使人惊醒。一般来说，40dB 连续噪声可使 10% 的人受到影响；70dB 可影响 50%；而突发动噪声在 40dB 时，可使 10% 的人惊醒，到 60dB 时，可使 70% 的人惊醒。睡眠被长期干扰会造成失眠、疲劳无力、记忆力衰退，甚至产生神经衰弱症候群等。在高噪声环境里，发病率可达 50%~60% 以上。

2. 噪声对语言交流的干扰

噪声对语言交流的影响，来自噪声对听力的影响。这种影响，轻则降低交流效率，重则损伤人们的语言听力。研究表明，30dB 以下属于非常安静的环境，如播音室、医院等应该满足这个条件。40dB 是正常的环境，如一般办公室应保持这种水平。50~60dB 属于较吵的环境，此时脑力劳动受到影响，谈话也受到干扰。当打电话时，周围噪声达 65dB 则对话有困难；在 80dB 时，则听不清楚。在噪声达 80~90dB 时，距离约 0.15m 也得提高嗓门才能进行对话。如果噪声分贝数再高，实际上不可能进行对话。

3. 噪声损伤听觉

人短期处于噪声环境时，即使离开噪声环境，也会对耳朵造成短期的听力下降，但当回到安静环境时，经过较短的时间即可以恢复。这种现象叫听觉适应。如果长年无防护地在较强的噪声环境中工作，在离开噪声环境后听觉敏感性的恢复就会延长，需经数小时或十几小时听力才可以恢复。这种可以恢复听力的损失称为听觉疲劳。随着听觉疲劳的加重会造成听觉机能恢复不全。因此，预防噪声性耳聋首先要防止疲劳的发生。一般情况下，85dB 以下的噪声不至于危害听觉，而 85dB 以上则可能发生危险。统计表明，长期工作在

90dB 以上的噪声环境中，耳聋发病率明显增加。

4. 噪声可引起多种疾病

噪声除了损伤听力以外，还会引起其他人身损害。噪声可以引起心绪不宁、心情紧张、心跳加快和血压增高。噪声还会使人的唾液、胃液分泌减少，胃酸降低，从而易患胃溃疡和十二指肠溃疡。一些工业噪声调查结果指出，劳动在高噪声条件下的钢铁工人和机械车间工人比安静条件下的工人循环系统发病率高。在强声下，患高血压的人也多。不少人认为，20世纪生活中的噪声是造成心脏病的原因之一。长期在噪声环境下工作，对神经功能也会造成障碍。实验室条件下的人体实验证明，在噪声影响下，人脑电波可发生变化。噪声可引起大脑皮层兴奋和抑制的平衡，从而导致条件下反射的异常。有的会引起患者顽固性头痛、神经衰弱和脑神经机能不全等。症状表现与接触的噪声强度有很大关系。例如，当噪声在 80~85dB 时，往往很易激动、感觉疲劳，头痛多在颞额区；95~120dB时，作业个人常前头部钝性痛，并伴有易激动、睡眠失调、头晕、记忆力减退；噪声强到140~150dB 时不但引起耳病，而且发生恐惧和全身神经系统紧张性增高。据调查，四个精神病人中有三个是因为噪声引起的；在巴黎和东京的自杀事件中有35%由噪声引起的；有35%的犯罪狂与噪声有关。

五、工业噪声的控制与评价程序

（一）噪声控制的一般原则

噪声控制设计一般应坚持科学性、先进性和经济性的原则。科学性是指噪声控制的技术方案合理、可行；先进性是指噪声控制的技术和设备都属于先进的；经济性是指噪声控制方案能让企业负担的起，价格低廉、控制有效。

（二）噪声的控制程序

主要包括以下七个步骤。

（1）噪声源测量分析。声源分布、频率特性、时间特性。

（2）传播途径调查和分析。传播途径中是否有空气声、固体声。

（3）受影响区域调查。危害状况、允许标准。

（4）降噪量确定。总降噪量，声源、传播途径降噪量。

（5）制订治理方案。总声源控制、传播途径控制。

（6）设计施工。按要求建设。

（7）工程评价。声环境质量评价，经济性、适应性评价。

工业噪声评价程序如图 8.2 所示。

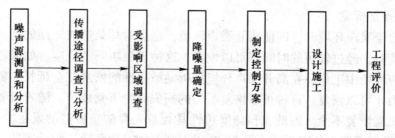

图 8.2　工业噪声的控制与评价程序

（三）噪声的控制方法

1. 减小声源强度

选用低噪声设备和改进生产工艺；提高机械设备的加工精度和装配技术，校准中心，维持好动态平衡，注意维护保养，并采取阻尼减振措施等；对于高压、高速管道辐射的噪声，应降低压差和流速，改进气流喷嘴形式，降低噪声；控制声源的指向性。对环境污染面大的强噪声源，要合理地选择和布置传播方向。对车间内小口径高速排气管道，应引至室外，让高速气流向上空排放。

2. 用隔声方法降低噪声

隔声即用构件将噪声源和接收者分开，隔离空气噪声的传播，从而降低噪声污染程度。采用适当隔声设施，能降低噪声级 20~50dB(A)。这些设施包括隔墙、隔声间、隔声罩、隔声幕和隔声屏障等。

3. 用吸声方法降低噪声

利用吸声材料或吸声结构来吸收声能以降低噪声。若某种材料或结构具有吸收声能的能力，则这材料或结构就称为吸声材料或吸声结构。吸声材料和吸声结构的种类主要有多孔材料、亥姆霍兹共振器、穿孔板吸声结构（包括微穿孔板吸声结构）、薄板共振吸声结构、柔顺材料等。

4. 用消声器降低噪声

消声器是一种允许气流通过而使声能衰减的装置。通常用在气流噪声控制方面，如把消声器安装在空气动力设备气流通道上，可以降低该设备的噪声，如风机噪声、通风管道噪声和排气噪声等。消声器种类很多，主要有四种：阻性消声器、抗性消声器、阻抗复合消声器、微孔板消声器。

5. 个人防护用具

在许多场合下，采取个人防护是最有效、最经济的办法。个人防护用具有耳塞、耳罩、耳棉等。耳塞一般平均隔声可达 20dB(A) 以上，性能良好的耳罩可达 30dB(A)。

6. 其他方法

比如规划好构建筑物和设备防止的布局，尽可能合理；提高绿化率对减少噪声也有一定的效果。

（四）噪声测量仪器

噪声测量仪器的测量内容有噪声的强度，主要是声场中的声压，由于声强、声功率的直接测量较麻烦，故较少直接测量；其次是测量噪声的特征，即声压的各种频率组成成分。随着现代电子技术的飞速发展，噪声测量仪器发展也很快。在噪声测量中，人们可根据不同的测量与分析目的，选用不同的仪器，采用相应的测量方法。常用的测量仪器有声级计、频谱分析仪、自动记录仪、录音机和实时分析仪等。

第四节　电磁辐射及其防护

现代经济飞速发展，科技日新月异。一种看不见、摸不着的污染源日益受到各界的关注，这就是被人们称为"隐形杀手"的电磁辐射。如今，手机、计算机、微波炉、电磁炉等越来越多的电子设备的涌入我们的生活中，使得各种频率的不同能量的电磁波充斥着地球的每一个角落乃至更加广阔的宇宙空间。

常见的电磁源包括雷达系统、电视和广播发射系统、射频感应及介质加热设备、射频及微波医疗设备、各种电加工设备、通信发射台站、卫星地球通信站、大型电力发电站、输变电设备、高压及超高压输电线、地铁列车及电气火车，以及大多数家用电器等，都可以产生各种形式、不同频率、不同强度的电磁辐射源。

对于人体这一良导体，电磁波不可避免地会构成一定程度的危害。

一、电离辐射的卫生防护

（一）电离辐射的基本概念

电离辐射是一切能引起物质电离的辐射总称。

（二）电离辐射的危害

（1）中枢神经和大脑伤害。主要表现为虚弱、倦怠、嗜睡、昏迷、震颤、痉挛，可在两周内死亡。

（2）胃肠伤害。主要表现为恶心、呕吐、腹泻、虚弱或虚脱，症状消失后可出现急性昏迷，通常可在两周内死亡。

（3）造血系统伤害。主要表现为恶心、呕吐、腹泻，但很快好转，约 2~3 周无病症之后，出现脱发、经常性流鼻血，再度腹泻，造成极度憔悴，2~6 周后死亡。

（三）电磁辐射危害人体的机理

电磁辐射危害人体的机理主要是热效应、非热效应和累积效应等。

（1）热效应。人体 70% 以上是水，水分子受到电磁波辐射后相互摩擦，引起机体升温，从而影响到体内器官的正常工作。

（2）非热效应。人体的器官和组织都存在微弱的电磁场，它们是稳定和有序的，一旦受到外界电磁场的干扰，处于平衡状态的微弱电磁场即遭到破坏，人体也会遭受损伤。

（3）累积效应。热效应和非热效应作用于人体后，对人体的伤害在尚未来得及自我修复之前（通常所说的人体承受力——内抗力），若再次受到电磁波辐射，其伤害程度就会发生累积，久而久之会成为永久性病态，危及生命。对于长期接触电磁波辐射的群体，即使功率很小、频率很低，也可能会诱发想不到的病变，应引起警惕。辐射效应积累后容易引起体力减退、白内障、白血病、脑肿瘤、心血管疾病、大脑机能障碍、免疫力低下等。

（四）电离辐射的防护

（1）缩短接触时间。

（2）远离辐射源，扩大操作距离或实行遥控。

（3）屏蔽防护。是利用屏蔽体阻止电磁场在空间传播的一种方法，即限制从屏蔽材料的一侧空间向另一侧空间传递电磁能量。其作用原理是采用低电阻的导体材料，由于导体材料对电磁能流具有反射和引导作用，在导体材料内部产生与源电磁场相反的电流和磁极化，从而减弱源电磁场的辐射效果。比如女人怀孕期间可穿防辐射衣防止计算机、手机的辐射伤害。

砖、木、水泥、塑料、有机玻璃等不能屏蔽电磁辐射，可以采用铜、铝等材料制成屏蔽设备。

(4) 接地技术。将在屏蔽体内由于感应生成的射频电流导入大地，使屏蔽体与大地成为等位体，不会形成二次辐射源，使屏蔽体获得高效能。

(5) 吸收防护。典型应用是微波炉的炉门与炉体结合处。电磁波吸收材料的作用是吸收入射的电磁波，并将电磁能转换成热能损耗掉。目前耗损电磁能的手段有借助介电物或微粒的分子在电磁作用下趋于运动，同时受限定导电率影响而将电磁能转变成热能损耗掉；采用以结构形式使入射波相位与反射波的相位相反来衰减电磁能。

(6) 个人防护服和用具：

1) 新型屏蔽织物与防护服。比如用涂层法、电镀法及复合纺丝法制造的电磁屏蔽织物。与薄膜、板材等电磁屏蔽材料相比，电磁屏蔽织物更贴近人们的生活。用电磁屏蔽织物做成的服装、包装袋、装饰材料等，即满足人们日常生活需要，又起防护作用。

2) 戴防护面具。面具可制作成封闭型（罩上整个头部），或半边型（只罩头部的后面和面部）。

3) 戴防护眼镜。眼镜可用金属网或薄膜做成风镜式，较受欢迎的是金属膜防护目镜。

(7) 操作安全事项。

(8) 信号和报警设施。

二、非电离辐射的卫生防护

电离辐射是指携带足以使物质原子或分子中的电子成为自由态，从而使这些原子或分子发生电离现象的能量的辐射。非电离辐射是指能量比较低，并不能使物质原子或分子产生电离的辐射，主要有紫外线、光线、红外线、微波及无线电波等。它们的能量不高，只会使物质内的粒子震动，温度上升。

非电离辐射对人体也有影响，辐射时间长后会对身体造成伤害，因此也要做好防护措施，具体措施与电离辐射相似。

思 考 题

8-1 灼伤是什么，如何分类？

8-2 化学灼伤的预防措施有哪些？

8-3 简述噪声的定义，常见噪声来自哪里？

8-4 简述噪声对人体的伤害。

8-5 噪声的控制方法包括哪些？

8-6 电磁辐射危害人体的机理是什么？

8-7 电磁辐射的防护措施有哪些？

第九章　安全分析与安全评价

第一节　系统安全分析

一、系统分析

系统分析是以预测和防止事故为前提，对系统的功能、操作、环境、可靠性等经济技术指标以及系统的潜在危险性进行分析和测定。

系统分析的程序、方法和内容如下：

（1）把所研究的生产过程和作业形式作为一个整体，确定安全设想和预定的目标。

（2）把工艺过程和作业形式分成几个部分和环节，绘制流程图。

（3）应用数学模型和图表形式以及有关符号，将系统的结构和功能抽象化，并将因果关系、层次及逻辑结构用方框或流线图表示出来，也就是将系统变换为图像模型。

（4）分析系统的现状及其组成部分，测定与诊断可能发生的故障、危险及其灾难性后果，分析并确定导致危险的各个事件的发生条件及其相互关系。

二、安全评价

（一）安全评价的定义

以实现安全为目的、应用安全系统工程原理和方法，辨识与分析工程、系统、生产经营活动中的危险、有害因素，预测发生事故，造成职业危害的可能性及其严重程度，提出科学、合理、可行的安全对策措施建议，做出评价结论的活动。

（二）安全评价的目的

（1）在计划、设计、建设、生产等全过程考虑安全技术和管理问题，辨识生产过程中的危险因素。

（2）对危险因素导致事故发生的原因进行分析，寻求控制事故的最优方案。

（3）分析计算研究对象存在的危险性、导致事故后果的严重程度和频率大小，评价其安全性。

（4）明确系统的危险所在，制定消除和控制危险的技术措施和管理措施，降低事故发生的频率。

（5）促进实现安全管理系统化，形成教育训练、日常检查、操作维修等完整的安全管理体系。

（6）实现安全技术与管理的标准化和科学化。

（三）安全评价的原理

1. 相关性原理

系统的结构表达如下：

$$E = \max f(X, R, C)$$

式中　E——最优结合效果；

X——系统组成的要素集，即组成系统的所有元素；

R——系统组成要素的相关关系集，即系统各元素之间的所有相关关系；

C——系统组成的要素及其相关关系在各阶层上可能的分布形式；

f——X、R、C 的结合效果函数。

2. 因果关系

因果关系如图 9.1 所示。

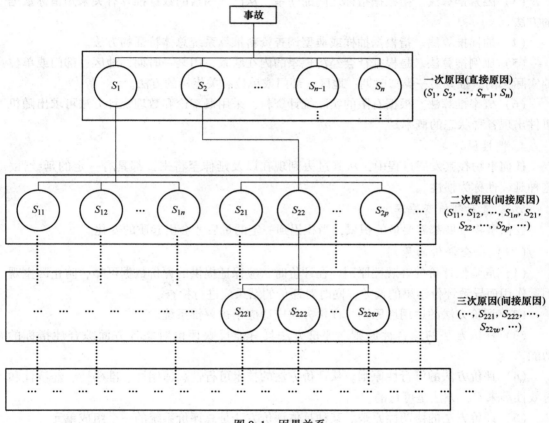

图 9.1　因果关系

3. 类推原理

类比推理是根据两个或两类对象之间存在着某些相同或相似的属性，从一个已知对象具有的某个属性来推出另一个对象具有此种属性的一种推理。

其基本模式为：若 A、B 表示两个不同对象，A 有属性 P_1、P_2、…、P_m、P_n，B 有属性 P_1，P_2，…，P_m，则对象 A 与 B 的推理可用如下公式表示：

A 有属性 P_1，P_2，…，P_m，P_n；

B 有属性 P_1，P_2，…，P_m；

所以，B 也有属性 $P_n(n>m)$。

类比推理的结论是或然性的。所以，在应用时要注意提高其结论可靠性，方法有：（1）要尽量多地列举两个或两类对象所共有或共缺的属性；（2）两个类比对象所共有或共缺的属性愈本质，则推出的结论愈可靠；（3）两个类比对象共有或共缺的对象与类推的属性之间具有本质和必然的联系，则推出结论的可靠性就高。

常用的类推方法有：

（1）平衡推算法。指根据相互依存的平衡关系来推算所缺有关指标的方法。

（2）代替推算法。指利用具有密切联系（或相似）的有关资料、数据，来代替所缺资料、数据的方法。

（3）因素推算法。指根据指标之间的联系，从已知因素的数据推算有关未知指标数据的方法。

（4）抽样推算法。指根据抽样或典型调查资料推算系统总体特征的方法。

（5）比例推算法。是根据社会经济现象的内在联系，用某一时期、地区、部门或单位的实际比例，推算另一类似时期、地区、部门或单位有关指标的方法。

（6）概率推算法。根据有限的实际统计资料，采用概率论和数理统计方法可求出随机事件出现各种状态的概率。

4. 惯性原理

任何事物在其发展过程中，从其过去到现在以及延伸至将来，都具有一定的延续性，这种延续性称为惯性。

5. 从量变到质变原理

任何事物发展都需要量的积累，当积累到一定的量后才会引起质的变化。

（四）安全评价的原则

（1）危险性评价的客观性原则。在评价时，应保证提供的评价数据可靠，防止因主观因素作用而导致评价结果的偏差，同时对评价的结果应进行检查。

（2）评价方法的适用性原则。评价方法应适应于被评价系统。

（3）评价方法的综合性原则。评价方法具有能反映评价对象各方面综合性指标的功能。

（4）评价方法的可行性原则。从评价方法的技术可行性、适用性、准确性、经济性和时效性等来看，方法是可行的。

（5）评价方法的协调性原则。某种具体评价方法是总评价系统的一个组成单元。

（6）安全指标的可比性原则。所用评价指标参数必须确实能用数值反映其危险程度。

（7）评价结果的简明性原则。评价结果应该用综合的单一数字表达，由于评价时要考虑多方面的因素，用综合的单一数字表达其评价结果，才能真实地反映系统安全性的实际情况。

（8）危险性取值的适当性原则。危险性参数的取值范围不应过大，否则，使用者无所依从，给该方法的推广带来困难。

（五）安全评价的基本要素

1. 物的原因

物的原因主要是设备和装置的结构不良、强度不够、磨损和劣化，有毒有害物质及火灾爆炸物质，安全装置及防护器具的缺陷等因素。此外，对各种机械、装置管道、储罐等在整个系统中所占的地位和作用，以及它们在什么情况和条件下可能发生事故，这些事故对系统的安全可能发生哪些影响，各种有毒有害物质的储存、运输和使用的状况，都应进行具体的分析，以便于防范和控制。

2. 人的原因

人的原因主要是误判断、误操作、违章作业、违章指挥、精神不集中、疲劳以及身体的缺陷等。生产活动过程中发生的事故大多数原因是由于人的误操作造成的。所谓误操作是指生产活动中，作业人员在操作或处理异常情况时，对情况的识别、判断和行为上的差错与失误。在危险性较大的生产活动过程中，保持作业人员处于良好的精神状态是避免发生事故的重要环节。

3. 环境条件

主要是作业环境中的色彩、照明、温度、湿度、通风、噪声、振动，以及对于邻近的火灾爆炸和有毒有害物质的泄漏、弥散等可能形成发生灾害的环境条件。

（六）安全评价的内容

安全评价的主要内容如图9.2所示。

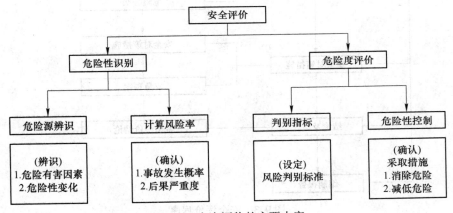

图9.2 安全评价的主要内容

（七）安全评价的程序

安全评价的主要内容如图9.3所示。

（八）安全评价的类型

（1）安全预评价。安全预评价是指根据建设项目可行性研究报告的内容，分析和预测该建设项目存在的危险、有害因素的种类和程度，提出合理可行的安全对策措施和建议。

（2）安全验收评价。安全验收评价是在建设项目竣工、试生产运行正常后，通过对建设项目的设施、设备、装置实际运行状况的检测、考察，查找该建设项目投产后可能存在的危险、有害因素，提出合理可行的安全对策措施和建议。

（3）安全现状综合评价。安全现状综合评价，是针对某一个生产经营单位总体或局部生产经营活动的安全现状进行的评价。这种对在用生产装置、设备、设施、储存、运输及

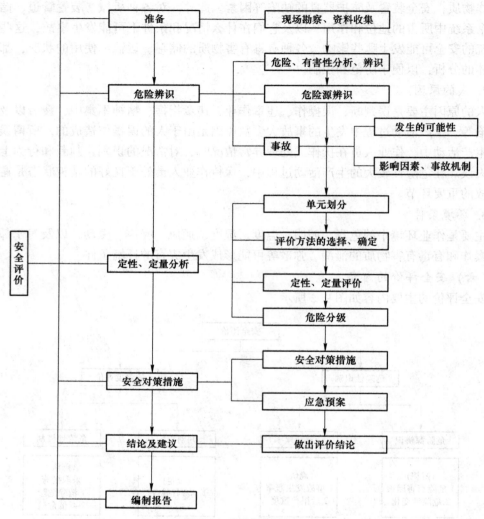

图 9.3　安全评价程序

安全管理状况进行的全面综合安全评价，是根据政府有关法规的规定或是根据生产经营单位职业安全、健康的管理要求进行的，主要内容包括全面收集评价所需的信息资料，采用合适的安全评价方法进行危险识别，给出量化的安全状态参数值；对于可能造成重大后果的事故隐患，采用相应的数学模型进行事故模拟，预测极端情况下的影响范围，分析事故的最大损失，以及发生事故的概率；对发现的隐患，根据量化的安全状态参数值、整改的优先进度进行排序；提出整改措施与建议。

（4）专项安全评价。专项安全评价是针对某一项活动或场所，如一个特定的行业、产品、生产方式、生产工艺或生产装置等存在的危险、有害因素进行的安全评价，目的是查找其存在的危险、有害因素，确定其程度，提出合理可行的安全对策措施及建议。

（九）危险、有害因素的定义、分类及评价单元划分

危险因素是指能对人造成伤亡或对物造成突发性损害的因素。有害因素是指能影响人的身体健康，导致疾病，或对物造成慢性损害的因素。通常情况下，二者并不加以区分而

统称为危险、有害因素，主要指客观存在的危险、有害物质或能量超过临界值的设备、设施和场所等。

对危险、有害因素进行分类的目的在于安全评价时便于进行危险有害因素的分析与识别。危险、有害因素分类的方法多种多样，安全评价中常用"按导致事故的直接原因"和"参照事故类别"的方法进行分类。

1. 按导致事故的直接原因进行分类

根据《生产过程危险和有害因素分类与代码》（GB/T 13861—1992）的规定，将生产过程中的危险、有害因素分为如下六类。

（1）物理性危险、有害因素：

1）设备、设施缺陷（强度不够、刚度不够、稳定性差、密封不良、应力集中、外形缺陷、外露运动件、操纵器缺陷、制动器缺陷、控制器缺陷、设备设施其他缺陷等）；

2）防护缺陷（无防护、防护装置和设施缺陷、防护不当、支撑不当、防护距离不够、其他防护缺陷等）；

3）电危害（带电部位裸露、漏电、雷电、静电、电火花、其他电危害等）；

4）噪声危害（机械性噪声、电磁性噪声、流体动力性噪声、其他噪声等）；

5）振动危害（机械性振动、电磁性振动、流体动力性振动、其他振动危害等）；

6）电磁辐射（电离辐射包括 X 射线、γ 射线、α 粒子、β 粒子、质子、中子、高能电子束等；非电离辐射包括紫外线、激光、射频辐射、超高压电场等）；

7）运动物危害（固体抛射物、液体飞溅物、坠落物、反弹物、土/岩滑动、料堆（垛）滑动、飞流卷动、冲击地区、其他运动物危害等）；

8）明火；

9）能造成灼伤的高温物质（高温气体、高温液体、高温固体、其他高温物质等）；

10）能造成冻伤的低温物质（低温气体、低温液体、低温固体、其他低温物质等）；

11）粉尘与气溶胶（不包括爆炸性、有毒性粉尘与气溶胶）；

12）作业环境不良（基础下沉、安全过道缺陷、采光照明不良、有害光照、缺氧、通风不良、空气质量不良、给/排水不良、涌水、强迫体位、气温过高、气温过低、气压过高、气压过低、高温高湿、自然灾害、其他作业环境不良等）；

13）信号缺陷（无信号设施、信号选用不当、信号位置不当、信号不清、信号显示不准、其他信号缺陷等）；

14）标志缺陷（无标志、标志不清晰、标志不规范、标志选用不当、标志位置缺陷、其他标志缺陷等）；

15）其他物理性危险和有害因素。

（2）化学性危险、有害因素：

1）易燃易爆性物质（易燃易爆性气体、易燃易爆性液体、易燃易爆性固体、易燃易爆性粉尘与气溶胶、遇湿易燃物质和自燃性物质、其他易燃易爆性物质等）；

2）反应活性物质（氧化剂、有机过氧化物、强还原剂）；

3）有毒物质（有毒气体、有毒液体、有毒固体、有毒粉尘与气溶胶、其他有毒物质等）；

4）腐蚀性物质（腐蚀性气体、腐蚀性液体、腐蚀性固体、其他腐蚀性物质等）；

5）其他化学性危险和有害因素。

（3）生物性危险、有害因素：

1）致病微生物（细菌、病毒、其他致病性微生物等）；

2）传染病媒介物；

3）致害动物；

4）致害植物；

5）其他生物危险和有害因素。

（4）心理、生理性危险、有害因素：

1）负荷超限（体力负荷超限、听力负荷超限、视力负荷超限、其他负荷超限）；

2）健康状况异常；

3）从事禁忌作业；

4）心理异常（情绪异常、冒险心理、过度紧张、其他心理异常）；

5）识别功能缺陷（感知延迟、识别错误、其他识别功能缺陷）；

6）其他心理、生理性危险和有害因素。

（5）行为性危险、有害因素：

1）指挥错误（指挥失误、违章指挥、其他指挥错误）；

2）操作错误（误操作、违章作业、其他操作错误）；

3）监护错误；

4）其他错误；

5）其他行为性危险和有害因素。

（6）其他危险、有害因素：

1）搬举重物；

2）作业空间；

3）工具不合适；

4）标识不清。

2. 参照《企业职工伤亡事故分类》进行分类

参照《企业职工伤亡事故分类》，综合考虑起因物、引起事故的诱导性原因、致害物、伤害方式等，可将危险因素分为 20 类。

（1）物体打击。指物体在重力或其他外力的作用下产生运动，打击人体造成人身伤亡事故，不包括因机械设备、车辆、起重机械、坍塌等引发的物体打击。

（2）车辆伤害。指企业机动车辆在行驶中引起的人体坠落和物体倒塌、下落、挤压伤亡事故，不包括起重设备提升、牵引车辆和车辆停驶时发生的事故。

（3）机械伤害。指机械设备运动（静止）部件、工具、加工件直接与人体接触引起的夹击、碰撞、剪切、卷入、绞、碾、割、刺等伤害，不包括车辆、起重机械引起的机械伤害。

（4）起重伤害。指各种起重作业（包括起重机安装、检修、试验）中发生的挤压、坠落、（吊具、吊重）物体打击和触电。

（5）触电。包括雷击伤亡事故。

（6）淹溺。包括高处坠落淹溺，不包括矿山、井下透水淹溺。

（7）灼烫。指火焰烧伤、高温物体烫伤、化学灼伤（酸、碱、盐、有机物引起的体内外灼伤）、物理灼伤（光、放射性物质引起的体内外灼伤），不包括电灼伤和火灾引起的烧伤。

（8）火灾。

（9）高处坠落。指在高处作业时发生坠落造成的伤亡事故，不包括触电坠落事故。

（10）坍塌。指物体在外力或重力作用下，超过自身的强度极限或因结构稳定性破坏而造成的事故，如挖沟时的土石塌方、脚手架坍塌、堆置物倒塌等，不适用于矿山冒顶片帮和车辆、起重机械、爆破引起的坍塌。

（11）冒顶片帮。片帮，指矿井作业面、巷道侧壁在矿山压力作用下变形，破坏而脱落的现象。冒顶是顶板失控而自行冒落的现象。

（12）透水。

（13）放炮。指爆破作业中发生的伤亡事故。

（14）火药爆炸。指火药、炸药及其制品在生产、加工、运输、储存中发生的爆炸事故。

（15）瓦斯爆炸。

（16）锅炉爆炸。

（17）容器爆炸。

（18）其他爆炸。

（19）中毒和窒息。

（20）其他伤害。

（十）　识别危险、有害因素的原则

（1）科学性。危险、有害因素的识别是分辨、识别、分析确定系统内存在的危险，而并非研究防止事故发生或控制事故发生的实际措施。它是预测安全状态和事故发生途径的一种手段，这就要求进行危险、有害因素识别必须要有科学的安全理论作指导，使之能真正揭示系统安全状况危险、有害因素存在的部位、存在的方式、事故发生的途径及其变化的规律，并予以准确描述，以定性、定量的概念清楚地显示出来，用严密的合乎逻辑的理论予以解释清楚。

（2）系统性。危险、有害因素存在于生产活动的各个方面，因此要对系统进行全面、详细地剖析，研究系统和系统及子系统之间的相关和约束关系。分清主要危险、有害因素及其相关的危险、有害性。

（3）全面性。识别危险、有害因素时不要发生遗漏，以免留下隐患，要从厂址、自然条件、总图运输、建构筑物、工艺过程、生产设备装置、特种设备、公用工程、安全管理系统、设施、制度等各方面进行分析、识别；不仅要分析正常生产运转、操作中存在的危险、有害因素，还要分析、识别开车、停车、检修、装置受到破坏及操作失误情况下的危险、有害后果。

（4）预测性。对于危险、有害因素，还要分析其触发事件，亦即危险、有害因素出现的条件或设想的事故模式。

（十一）　评价单元划分的原则与方法

评价单元就是在危险、有害因素分析的基础上，根据评价目标和评价方法的需要，将系统分成的有限、确定范围进行评价的单元。

常用的评价单元划分原则和方法如下。

（1）以危险、有害因素的类别为主划分评价单元：

1）对工艺方案、总体布置及自然条件、社会环境对系统影响等方面综合进行危险、有害因素的分析和评价，宜将整个系统作为一个评价单元。

2）将具有共性危险因素、有害因素的场所和装置划为一个单元。

（2）以装置和物质特征划分评价单元：

1）按装置工艺功能划分。

2）按布置的相对独立性划分。

3）按工艺条件划分评价单元。

4）按储存、处理危险物品的潜在化学能、毒性和危险物品的数量划分评价单元。

5）根据以往事故资料，将发生事故能导致停产、波及范围大、造成巨大损失和伤害的关键设备作为一个单元；将危险性大且资金密度大的区域作为一个单元；将危险性特别大的区域、装置作为一个单元；将具有类似危险性潜能的单元合并为一个大单元。

（十二）安全评价方法简介

下面介绍六种评价方法。分别是生产作业条件安全评价（LEC）方法，美国道（DOW）化学公司火灾爆炸指数（F&EI）评价法，蒙德火灾、爆炸危险指数评价法，日本劳动省化工企业六阶段安全评价法，危险性预先分析（PHA）评价法，事故树分析（FTA）评价法。

1. 生产作业条件安全评价（LEC）方法

美国的 K. J. 格雷厄姆（Keneth J. Graham）和 G. F. 金尼（Gilbert F. Kinney）认为，对于一个具有潜在危险性的作业条件，影响危险性的主要因素有三个：

（1）发生事故或危险事件的可能性；

（2）暴露于这种危险环境的情况；

（3）事故一旦发生可能产生的后果。可用下式来表示：

$$D = L \cdot E \cdot C$$

式中　D——作业条件的危险性；

　　　L——事故或危险事件发生的可能性；

　　　E——暴露于危险环境的频率；

　　　C——发生事故或危险事件的可能结果。

L、E、C、D 的分值见表 9.1~表 9.4。

表 9.1　事故或危险事件发生可能性 L 分值

分值	事故或危险情况发生可能性	分值	事故或危险情况发生可能性
10[①]	完全会被预料到	0.5	可以设想，但高度不可能
6	相当可能	0.2	极不可能
3	不经常，但可能	0.1[①]	实际上不可能
1[①]	完全意外，极少可能		

①"打分"的参考点。

表 9.2　暴露于潜在危险环境频率 E 的分值

分值	出现于危险环境的情况	分值	出现于危险环境的情况
10①	连续暴露于潜在危险环境	2	每月暴露一次
6	逐日在工作时间内暴露	1①	每年几次出现在潜在危险环境
3	每周一次或偶然地暴露	0.5	非常罕见地暴露

①"打分"的参考点。

表 9.3　发生事故或危险事件可能结果 C 的分值

分值	可能结果	分值	可能结果
100①	大灾难，许多人死亡	7	严重，严重伤害
40	灾难，数人死亡	3	重大，致残
15	非常严重，一人死亡	1①	引人注目，需要救护

①"打分"的参考点。

表 9.4　危险性 D 分值

分值	危险程度	分值	危险程度
>320	极其危险，不能继续作业	20~70	可能危险，需要注意
160~320	高度危险，需要立即整改	<20	稍有危险，或许可以接受
70~160	显著危险，需要整改		

【例 9.1】　假如工人每天操作一台没有安全防护装置的机器，有时不注意就会把手挤伤，以往曾经发生过这类事故，造成一只手残废，没有人员死亡。对其作业条件进行安全评价。

解：首先，确定各评价要素的分值：

事故发生的可能性属于"相当可能发生"，所以选取 $L=6$；

人员暴露情况属于"逐日暴露于危险环境"，所以选取 $E=6$；

发生事故后果的严重度属于"致残"，所以选取 $C=3$。

于是，此种生产作业条件的危险性分值为：

$$D = L \cdot E \cdot C = 6 \times 6 \times 3 = 108$$

对照表 9.4 可知，属于显著危险性。需要整改。

2. 美国道（DOW）化学公司火灾爆炸指数（F&EI）评价法

（1）评价目的。客观地量化潜在火灾、爆炸和反应性事故的预期损失，找出可能导致事故发生或使事故扩大的设备，向管理部门通报潜在的火灾、爆炸危险性，使工程技术人员了解各部分可能的损失和减少损失的途径。

（2）适用范围。储存、处理、生产易燃易爆、可燃、活性物质的操作过程，污水处理设备（设施）、公用工程系统、管道系统、变压器、发电设备、热氧化器等工艺单元。

（3）评价程序。确定单元；求取单元内的物质系数 MF；按单元的工艺条件，选用适当的危险系数；用一般工艺危险系数和特殊工艺危险系数相乘求出工艺单元危险系数；将工艺单元危险系数与物质系数相乘，求出火灾、爆炸危险指数（F&EI）；用火灾、爆炸指数查出单元的暴露区域半径，并计算暴露面积；查出单元暴露区域内的所有设备的更换价值，并确定的危害系数，求出基本最大可能财产损失 *MPPD*；应用安全措施补偿系数乘以基本 *MPPD*，确定实际 *MPPD*；根据实际最大可能财产损失，确定最大损失工作日（*MPDO*）；用停产损失工作日 *MPDO* 确定停产损失。

评价程序如图 9.4 所示。

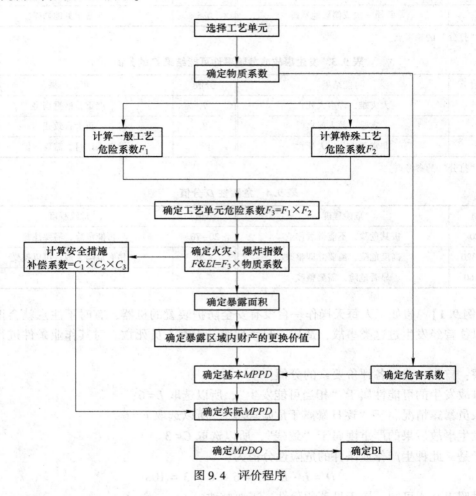

图 9.4　评价程序

A　根据以下参数确定单元

物质的潜在化学能（物质系数），工艺单元中危险物质的数量，密度，操作压力与操作温度，导致火灾、爆炸事故的历史资料，对装置操作起关键作用的设备。

注意：工艺单元的可燃、易燃或化学活性物质的最低量为 2268kg 或 2.27m³；当设备串联布置且中间未相互有效隔开，应认真考虑单元划分的合理性；仔细考虑操作状态和操作时间也很重要。

B　物质系统的确定

物质系数 *MF*。表述物质由燃烧或其他化学反应引起的火灾、爆炸过程中释放能量大小的内在特性。

MF 由 *NF* 和 *NR* 的乘积求得。*NF* 为物质可燃性，*NR* 为化学活泼性（不稳定性）表 9.5 为常见物质的理化性质。

表 9.5 常见物质的理化性质

物质名称	物质系数 MF	燃烧热 H_c /10^6J·kg^{-1}	NFPA			闪点/℃	沸点/℃
			NH	NF	NR		
乙醛	24	24.4	3	4	2	−38	21
乙炔	29	48.1	0	3	3		−83
乙酰基乙醇氨	14	21.9	1	1	1	179	151~153
苯	16	20.2	2	3	0	−11	80
一硫化碳	1	14.2	3	4	0	−30	46

C 工艺单元危险系数

工艺单元危险系数 F_3 的计算公式:

$$F_3 = F_1 \times F_2$$

式中 F_1——一般工艺危险系数;

F_2——特殊工艺危险系数。

一般工艺危险系数 F_1 见表 9.6。

表 9.6 一般工艺危险系数 F_1

一般工艺危险	危险系数范围	采用危险系数
基本系数	1.00	
1. 放热化学反应	0.3~1.25	
2. 吸热反应	0.20~0.40	
3. 物料处理与输送	0.25~1.05	
4. 密闭式或室内工艺单元	0.25~0.90	
5. 通道	0.20~0.35	
6. 排放和泄漏控制	0.25~0.50	

特殊工艺危险系数 F_2 见表 9.7。

表 9.7 特殊工艺危险系数 F_2

特殊工艺危险		危险系数范围	采用危险系数
基本系数		1.00	
1. 毒性物质		0.2~0.80	
2. 负压 (<500mmHg, 66.66kPa)		0.50	
3. 易燃范围及接近易燃范围的操作（惰化性、未惰化性）	(1) 罐装易燃液体	0.50	
	(2) 过程失常或吹扫故障	0.30	
	(3) 一直在燃烧范围内	0.80	
4. 粉尘爆炸		0.25~2.00	
5. 压力	(1) 操作压力（绝对压力)/kPa		
	(2) 释放压力（绝对压力)/kPa		

特殊工艺危险		危险系数范围	采用危险系数
6. 低温		0.20~0.30	
7. 易燃及不稳定物质的质量	（1）物质质量/kg		
	（2）物质燃烧热 H_c/J·kg^{-1} ①工艺中的液体及气体 ②储存中的液体及气体 ③储存中的可燃固体及工艺中的粉尘		
8. 腐蚀及磨蚀		0.10~0.75	
9. 泄漏（接头和填料）		0.10~1.50	
10. 使用明火设备			
11. 热油热交换系数		0.15~1.15	
12. 转动设备		0.50	

D　火灾爆炸指数

$F\&EI$ 可被用来估计生产过程中的事故可能造成的破坏。

$$F\&EI = MF \times F_3$$

式中　MF——物质系数；

　　　F_3——工艺单元危险系数。

$F\&EI$ 及危险等级见表9.8。

表9.8　F&EI 及危险等级

火灾、爆炸危险指数 $F\&EI$	危险等级	火灾、爆炸危险指数 $F\&EI$	危险等级
1~60	最轻	128~158	很大
61~96	较轻	>159	非常大
97~127	中等		

E　安全措施补偿系数

安全措施补偿系数 C 为工艺控制补偿系数（C_1）、物质隔离补偿系数（C_2）、防火措施补偿系数（C_3）之积：

$$C = C_1 \times C_2 \times C_3$$

工艺控制补偿系数（C_1）见表9.9。

表9.9　工艺控制补偿系数（C₁）

项　　目	补偿系数范围	采用补偿系数
1. 应急电源	0.98	
2. 冷却装置	0.97~0.99	
3. 抑爆装置	0.84~0.98	

项　　目	补偿系数范围	采用补偿系数
4. 紧急停车装置	0.96~0.99	
5. 计算机控制	0.93~0.99	
6. 惰性气体保护	0.94~0.96	
7. 操作规程（程序）	0.91~0.99	
8. 化学活性物质检查	0.91~0.98	
9. 其他工艺危险分析	0.91~0.98	

物质隔离补偿系数（C_2）见表 9.10。

表 9.10　物质隔离补偿系数（C_2）

项　　目	补偿系数范围	采用补偿系数
1. 遥控阀	0.96~0.98	
2. 卸料（排空）装置	0.96~0.98	
3. 排放装置	0.91~0.97	
4. 联锁装置	0.98	

防火措施补偿系数（C_3）见表 9.11。

表 9.11　防火措施补偿系数（C_3）

项　　目	补偿系数范围	采用补偿系数
1. 泄漏检测装置	0.94~0.98	
2. 结构钢	0.95~0.98	
3. 消防水供应系统	0.94~0.97	
4. 特殊系统	0.91	
5. 喷洒系统	0.74~0.97	
6. 水幕	0.97~0.98	
7. 泡沫灭火装置	0.92~0.97	
8. 手提式灭火器材（喷水枪）	0.93~0.98	
9. 电缆防护	0.94~0.98	
防火设施安全补偿系数（C_3）		
安全措施补偿系数（$C=C_1C_2C_3$）		

F　工艺单元危险分析汇总

暴露半径　　　　　　　　　　$R = 0.256\,F\&EIR$

暴露区域面积　　　　　　　　$S = \pi R^2$

暴露区域体积　　　　　　　　$V = SR = \pi R^3$

暴露区域内财产价值：更换价值 = 0.82 × 原来成本 × 增长系数

危害系数：危害系数是由单元危险系数 F_3 和物质系数 MF 给出的，它代表了单元中物料泄漏或反应能量释放所引起的火灾、爆炸事故的综合效应。

$$基本最大可能财产损失（Base\ MPPD）= 更换价值 \times 危害系数$$

$$实际最大可能财产损失（Actual\ MPPD）= Base\ MPPD \times C$$

最大可能工作日损失（MPDO）：Actual MPPD → MPDO

认为是正确的时，用 X 代替 MPPD，用 Y 代替 MPDO：

$$\lg Y = 1.325132 + 0.592471(\lg X)$$

认为70%以上正确：　　$\lg Y = 1.550233 + 0.598416(\lg X)$

认为70%以下正确：　　$\lg Y = 1.045515 + 0.610426(\lg X)$

停产损失（B_I）= $MPDO \times VPM \times 0.7/30$，$VPM$ 代表每月产值；0.7 代表固定成本和利润。

3. 蒙德火灾、爆炸危险指数评价法

ICI 公司的蒙德法是在美国道化学公司（DOW）火灾、爆炸危险指数评价法的基础上，发展了某些补偿系数，突出了毒性对评价单元的影响，在考虑火灾、爆炸、毒性危险方面的影响范围及安全补偿方面都较道化学法更为全面。该法在安全措施补偿方面强调了工程管理和安全态度，突出了企业管理的重要性。因而可对较广的范围进行全面、有效、更接近实际的评价。

蒙德火灾、爆炸、毒性指标评价计算程序如图9.5所示。

4. 日本劳动省化工企业六阶段安全评价法

评价步骤如下：

（1）有关资料整理和讨论。为了进行事先评价，必须将有关资料整理并讨论。这些资料主要包括建厂条件、物质的物理化学特性、工程系统图、各种设备情况、操作要领、人员配备、安全教育计划等。

（2）定性评价（安全检查表检查）。主要对厂址选择、工艺流程布置、设备选择、建构物、原材料、中间体、产品、输送储存系统、消防设施等方面用安全检查表进行检查。

（3）定量评价。危险度的定量评价，是将装置分为几个单元，对各单元的物料、容量、温度、压力和操作等五项进行评定，每一项分为 A、B、C、D 四种类别，分别表示 10 分、5 分、2 分和 0 分，最后按照这些项的分数之和来评定该单元的危险度等级。

16分以上为Ⅰ级，属高度危险；11~15 分为Ⅱ级，需联同周围情况与其他设备联系起来进行评价；1~10 分为Ⅲ级，属低危险度。

5. 危险性预先分析（PHA）评价法

危险性预先分析是在每项工程活动之前（如设计、施工、生产之前），或技术改造之后（即制定操作规程和使用新工艺等情况之后），对系统存在的危险性类型、来源、出现条件、导致事故的后果以及有关措施作一概略的分析；它是定性分析评价系统内危险因素和危险程度的方法。

（1）危险性预先分析的目的。防止操作人员直接接触对人体有害的原料、半成品、成品和生产废弃物；防止使用危险性工艺、装置、工具和采用不安全的技术路线；如果必须使用上述技术路线时，应从工艺上或设备上采取安全措施，以保证这些危险因素不致发展

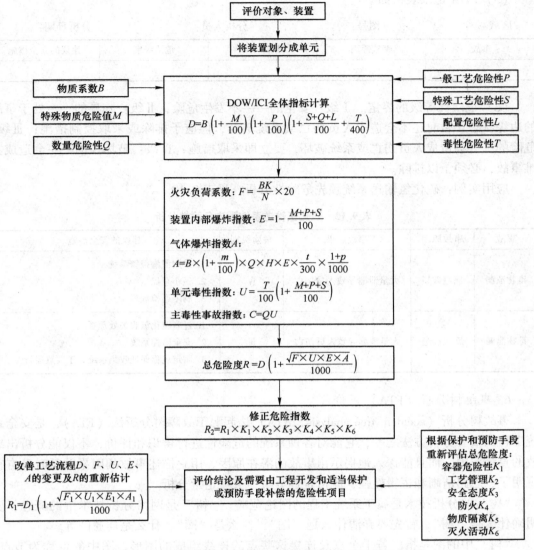

图9.5　蒙德火灾、爆炸、毒性指标评价计算程序

为成为事故。

（2）危险性预先分析的优点。及早采取措施，避免考虑不周造成的损失；分析结果可以提供应遵循的注意事项和指导方针；分析结果可为制定标准、规范和技术文献提供资料；分析结果可编制安全检查表。

（3）危险性预先分析的内容。识别危险的设备、零部件并分析其发生危险的可能条件；分析系统中各子系统、各元件的交接面及其相互关系和影响；分析原材料、产品、特别是有害物质的性能及储存条件；分析工艺过程及其工艺参数或状态参数；人、机、环关系（操作、维修等）；用于保证安全的设备、防护装置等。

（4）危险性预先分析的步骤。确定系统，调查、收集资料，系统功能分解，分析、识别危险性，确定危险等级，制定措施，措施实施。

（5）PHA 记录表格如下：

区域：　　　　　　　　图号：　　　　　　　　分析人员：　　　　　　　分析日期：

事故	事故原因	事故后果	危险级别	建议的安全措施

（6）危险性等级的界定。Ⅰ级：安全的——不发生危险；Ⅱ级：临界的——处于事故的边缘状态，暂时还不会造成人员伤亡或系统破坏，但应予排除或采取控制措施；Ⅲ级：危险的——会造成人员伤亡或系统破坏，要立即采取措施；Ⅳ级：破坏性的——会造成灾难事故，必须予以排除。

应用实例：硫化氢输送系统预先危险性分析，见表 9.12。

表 9.12　硫化氢输送系统预先危险性分析

事故	事故原因	事故后果	危险级别	建议的安全措施
毒物泄漏	储罐破裂	大量泄漏导致人员伤亡	Ⅳ	1. 采用泄漏报警系统 2. 最小存储量 3. 制定巡检规程
毒物泄漏	反应过剩	大量泄漏导致人员伤亡	Ⅲ	1. 过剩硫化氢收集处理系统 2. 安全监控系统 3. 制定规程保证收集系统先于装置运行

6. 事故树分析（FTA）评价法

事故树分析（accident tree analysis，ATA）法起源于故障树分析法（FTA），是安全系统工程的重要分析方法之一，它能对各种系统的危险性进行辨识和评价，不仅能分析出事故的直接原因，而且能深入地揭示出事故的潜在原因。用它描述事故的因果关系时具有直观明了、思路清晰和逻辑性强，既可定性分析，又可定量分析。

"树"的分析技术是属于系统工程的图论范畴。"树"是网络分析技术中的概念，要明确什么是"树"，首先要弄清什么是"图"，什么是"圈"，什么是连通图等。

"树"中的图是指由若干个点及连接这些点的连线组成的图形。图中的点称为节点，线称为边或弧。节点表示某一个体事物，边表示事物之间的某种特定的关系。比如，可以用点表示电话机，用边表示电话线；用点表示各个生产任务，用边表示完成任务所需的时间等。一个图中，若任何两点之间至少有一条边，则称这个图是连通图。若图中某一点、边顺序衔接，序列中始点和终点重合，则称之为圈（或回路）。

树就是一个无圈（或无回路）的连通图。

20 世纪 60 年代初期，很多高新产品在研制过程中，因对系统的可靠性、安全性研究不够，新产品在没有确保安全的情况下就投入市场，造成发生大量安全事故，用户纷纷要求厂家进行经济赔偿，从而迫使企业寻找一种科学方法确保安全。

事故树分析首先由美国贝尔电话研究所于 1961 年在研究民兵式导弹发射控制系统时提出来的，1974 年美国原子能委员会运用 FTA 对核电站事故进行了风险评价，发表了著名的《拉姆逊报告》。该报告对事故树分析作了大规模有效的应用，之后，在社会各界引起了极大的反响，受到了广泛的重视，从而迅速在许多国家和许多企业应用和推广。我国开展事故树分析方法的研究是从 1978 年开始的。目前已有很多部门和企业正在进行普及和推广，并已取得一大批成果，促进了企业的安全生产。20 世纪 80 年代末，铁路运输系统开始把事故树分析方法应用到安全生产和劳动保护上来，并取得了较好的效果。该方法是一种演绎方法，具有全面、简洁、形象直观，定性评价和定量评价的优点。

　　A　事故树分析法的基本符号

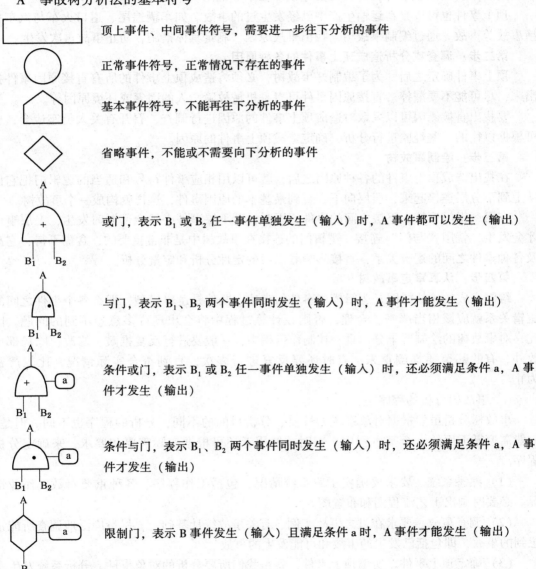

顶上事件、中间事件符号，需要进一步往下分析的事件

正常事件符号，正常情况下存在的事件

基本事件符号，不能再往下分析的事件

省略事件，不能或不需要向下分析的事件

或门，表示 B_1 或 B_2 任一事件单独发生（输入）时，A 事件都可以发生（输出）

与门，表示 B_1、B_2 两个事件同时发生（输入）时，A 事件才能发生（输出）

条件或门，表示 B_1 或 B_2 任一事件单独发生（输入）时，还必须满足条件 a，A 事件才发生（输出）

条件与门，表示 B_1、B_2 两个事件同时发生（输入）时，还必须满足条件 a，A 事件才发生（输出）

限制门，表示 B 事件发生（输入）且满足条件 a 时，A 事件才能发生（输出）

转入符号，表示在别处的部分树，由该处转入（在三角形内标出从何处转入）

转出符号，表示这部分树由此处转移至他处（在三角形内标出向何处转移）

　　B　事故树的编制程序

第一步：确定顶上事件

　　顶上事件就是所要分析的事故。选择顶上事件，一定要在详细掌握系统情况、有关事故的发生情况和发生可能，以及事故的严重程度和事故发生概率等资料的情况下进行，而且事先要仔细寻找造成事故的直接原因和间接原因；然后，根据事故的严重程度和发生概率确定要分析的顶上事件，将其扼要地填写在矩形框内。

　　顶上事件也可以是在运输生产中已经发生过的事故。如车辆追尾、道口火车与汽车相撞事故等事故。通过编制事故树，找出事故原因，制定具体措施，防止事故再次发生。

第二步：调查或分析造成顶上事件的各种原因

　　顶上事件确定之后，为了编制好事故树，必须将造成顶上事件的所有直接原因事件找出来，尽可能不要漏掉。直接原因事件可以是机械故障、人的因素或环境原因等。

　　要找出直接原因可以采取对造成顶上事件的原因进行调查，召开有关人员座谈会，也可根据以往的一些经验进行分析，确定造成顶上事件的原因。

第三步：绘制事故树

　　在找出造成顶上事件的各种原因之后，就可以用相应事件符号和适当的逻辑门把它们从上到下分层连接起来，层层向下，直到最基本的原因事件，这样就构成一个事故树。

　　在用逻辑门连接上下层之间的事件原因时，若下层事件必须全部同时发生，上层事件才会发生，就用"与门"连接。逻辑门的连接在事故树中是非常重要的，含糊不得，它涉及各种事件之间的逻辑关系，直接影响着以后的定性分析和定量分析。

第四步：认真审定事故树

　　绘制完成的事故树图是逻辑模型事件的表达。既然是逻辑模型，那么各个事件之间的逻辑关系就应该相当严密、合理，否则在计算过程中将会出现许多意想不到的问题。因此，对事故树的绘制要十分慎重。在制作过程中，一般要进行反复推敲、修改，除局部更改外，有的甚至要推倒重来，有时还要反复进行多次，直到符合实际情况，比较严密为止。

　　C　事故树分析的程序

　　事故树分析虽然根据对象系统的性质、分析目的的不同，分析的程序也不同。但是，一般需遵循下面的十个基本程序。有时，使用者还可根据实际需要和要求，来确定分析程序。

　　（1）熟悉系统。要求要确实了解系统情况，包括工作程序、各种重要参数、作业情况。必要时画出工艺流程图和布置图。

　　（2）调查事故。要求在过去事故实例、有关事故统计基础上，尽量广泛地调查所能预想到的事故，即包括已发生的事故和可能发生的事故。

　　（3）确定顶上事件。所谓顶上事件，就是我们所要分析的对象事件。分析系统发生事故的损失和频率大小，从中找出后果严重且较容易发生的事故，作为分析的顶上事件。

　　（4）确定目标。根据以往的事故记录和同类系统的事故资料，进行统计分析，求出事故发生的概率（或频率），然后根据这一事故的严重程度，确定要控制的事故发生概率的目标值。

　　（5）调查原因事件。调查与事故有关的所有原因事件和各种因素，包括设备故障、机械故障、操作者的失误、管理和指挥错误、环境因素，等等，尽量详细查清原因和影响。

（6）画出事故树。根据上述资料，从顶上事件起进行演绎分析，一级一级地找出所有直接原因事件，直到所要分析的深度，按照其逻辑关系画出事故树。

（7）定性分析。根据事故树结构进行化简，求出最小割集和最小径集，确定各基本事件的结构重要度排序。

（8）计算顶上事件发生概率。首先根据所调查的情况和资料，确定所有原因事件的发生概率，并标在事故树上。根据这些基本数据，求出顶上事件（事故）发生概率。

（9）进行比较。要根据可维修系统和不可维修系统分别考虑。对可维修系统，把求出的概率与通过统计分析得出的概率进行比较，如果二者不符，则必须重新研究，看原因事件是否齐全，事故树逻辑关系是否清楚，基本原因事件的数值是否设定得过高或过低等；对不可维修系统，求出顶上事件发生概率即可。

（10）定量分析。定量分析包括下列三个方面的内容：

1）当事故发生概率超过预定的目标值时，要研究降低事故发生概率的所有可能途径，可从最小割集着手，从中选出最佳方案。

2）利用最小径集，找出根除事故的可能性，从中选出最佳方案。

3）求各基本原因事件的临界重要度系数，从而对需要治理的原因事件按临界重要度系数大小进行排队，或编出安全检查表，以求加强人为控制。

事故树分析方法原则上应遵循以上 10 个步骤。但在具体分析时，可以根据分析的目的、投入人力物力的多少、人的分析能力的高低，以及对基础数据的掌握程度等，分别进行到不同步骤。如果事故树规模很大，也可以借助电子计算机进行分析。

案例分析如图 9.6、图 9.7 所示。

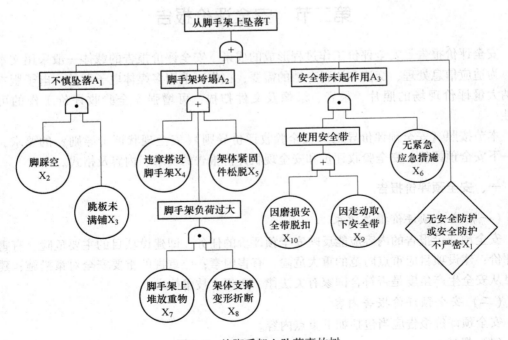

图 9.6　从脚手架上坠落事故树

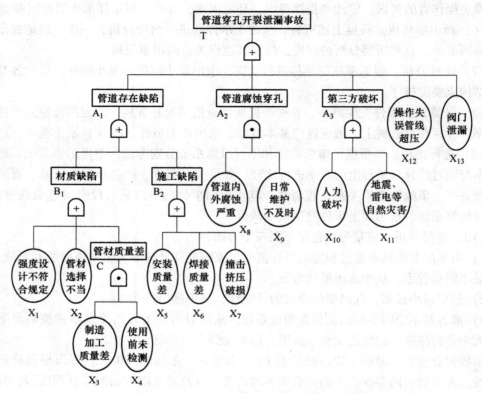

图 9.7　管线穿孔开裂造成煤气泄漏事故树

第二节　安全评价报告

安全评价报告是安全评价工作过程形成的成果。安全评价报告的载体一般采用文本形式，为适应信息处理、交流和资料存档的需要，报告可采用多媒体电子载体。电子版本能容纳大量评价现场的照片、录音、录像及文件扫描，可增强安全验收评价工作的可追溯性。

本节按照《安全预评价导则》《安全验收评价导则》《安全现状评价导则》的要求，介绍一下安全预评价、安全验收评价和安全现状评价报告的要求、内容及格式。

一、安全预评价报告

（一）安全预评价报告要求

安全预评价报告的内容应能反映安全预评价的任务，即建设项目的主要危险、有害因素评价；建设项目应重点防范的重大危险、有害因素；应重视的重要安全对策措施；建设项目从安全生产角度是否符合国家有关法律、法规、技术标准。

（二）安全预评价报告内容

安全预评价报告应当包括如下重点内容。

（1）概述。

1）安全预评价依据。有关安全预评价的法律、法规及技术标准，建设项目可行性研究报告等建设项目相关文件，安全预评价参考的其他资料。

2）建设单位简介。

3）建设项目概况。建设项目选址、总图及平面布置、生产规模、工艺流程、主要设备、主要原材料、中间体、产品、经济技术指标、公用工程及辅助设施等。

（2）危险、有害因素识别与分析。

（3）安全预评价方法和评价单元：

1）安全预评价方法简介；

2）评价单元确定。

（4）定性、定量评价：

1）定性、定量评价；

2）评价结果分析。

（5）安全对策措施及建议：

1）在可行性研究报告中提出的安全对策措施；

2）补充的安全对策措施及建议。

（6）安全预评价结论。

（三）安全预评价报告书格式

（1）封面。

（2）安全预评价资质证书影印件。

（3）著录项。

（4）目录。

（5）编制说明。

（6）前言。

（7）正文。

（8）附件、附录。

二、安全验收评价报告

（一）安全验收评价报告的要求

安全验收评价报告是安全验收评价工作过程形成的成果。安全验收评价报告的内容应能反映安全验收评价两方面的义务：一是为企业服务，帮助企业查出安全隐患，落实整改措施，以达到安全要求；二是为政府安全生产监督管理部门服务，提供建设项目安全验收的依据。

（二）安全验收评价报告主要内容

1. 概述

（1）安全验收评价依据。

（2）建设单位简介。

（3）建设项目概况。

（4）生产工艺。

（5）主要安全卫生设施和技术措施。

（6）建设单位安全生产管理机构及管理制度。

2. 主要危险、有害因素识别

（1）主要危险、有害因素及相关作业场所分析。

（2）列出建设项目所涉及的危险、有害因素并指出其存在的部位。

3. 总体布局及常规防护设施措施评价

（1）总平面布局。

（2）厂区道路安全。

（3）常规防护设施和措施。

（4）评价结果。

4. 易燃易爆场所评价

（1）爆炸危险区域划分符合性检查。

（2）可燃气体泄漏检测报警仪的布防安装检查。

（3）防爆电气设备安装认可。

（4）消防检查（主要检查是否取得消防安全认可）。

（5）评价结果。

5. 有害因素安全控制措施评价

（1）防急性中毒、窒息措施。

（2）防止粉尘爆炸措施。

（3）高、低温作业安全防护措施。

（4）其他有害因素控制安全措施。

（5）评价结果。

6. 特种设备监督检验记录评价

（1）压力容器与锅炉（包括压力管道）。

（2）起重机械与电梯。

（3）厂内机动车辆。

（4）其他危险性较大设备。

（5）评价结果。

7. 强制检测设备设施情况检查

（1）安全阀。

（2）压力表。

（3）可燃、有毒气体泄漏检测报警仪及变送器。

（4）其他强制检测设备设施情况。

（5）检查结果。

8. 电气安全评价

（1）变电所。

（2）配电室。

（3）防雷、防静电系统。

（4）其他电气安全检查。

（5）评价结果。

9. 机械伤害防护设施评价

（1）夹击伤害。

（2）碰撞伤害。

（3）剪切伤害。

（4）卷入与绞碾伤害。

（5）割刺伤害。

（6）其他机械伤害。

（7）评价结果。

10. 工艺设施安全联锁有效性评价

（1）工艺设施安全联锁设计。

（2）工艺设施安全联锁相关硬件设施。

（3）开车前工艺设施安全联锁有效性验证记录。

（4）评价结果。

11. 安全生产管理评价

（1）安全生产管理组织机构。

（2）安全生产管理制度。

（3）事故应急救援预案。

（4）特种作业人员培训。

（5）日常安全管理。

（6）评价结果。

12. 安全验收评价结论

在对现场评价结果分析归纳和整合基础上，作出安全验收评价结论。

（1）建设项目安全状况综合评述。

（2）归纳、整合各部分评价结果，提出存在问题及改进建议。

（3）建设项目安全验收总体评价结论。

13. 安全验收评价报告附件

（1）数据表格、平面图、流程图、控制图等安全评价过程中制作的图表文件。

（2）建设项目存在问题与改进建议汇总表及反馈结果。

（3）评价过程中专家意见及建设单位证明材料。

14. 安全验收评价报告附录

（1）与建设项目有关的批复文件（影印件）。

（2）建设单位提供的原始资料目录。

（3）与建设项目相关数据资料目录。

（三）安全验收评价报告的格式

安全验收评价报告的格式包括：

（1）封面。

（2）评价机构安全验收评价资格证书影印件。

（3）著录项目录。

（4）编制说明。

（5）前言。

（6）正文。

（7）附件。

（8）附录。

三、安全现状评价报告

（一）安全现状评价报告要求

安全现状评价报告的内容要求比安全预评价报告要更详尽、更具体，特别是对危险分析要求较高，因此整个评价报告的编制，要由懂工艺和操作的专家参与完成。

（二）安全现状评价报告内容

安全现状评价报告一般具有如下内容。

（1）前言。包括项目单位简介、评价项目的委托方及评价要求和评价目的。

（2）评价项目概况。应包括评价项目概况、地理位置及自然条件、工艺过程、生产运行现状、项目委托约定的评价范围、评价依据（包括法规、标准、规范及项目的有关文件）。

（3）评价程序和评价方法。说明针对主要危险、有害因素和生产特点选用的评价程序和评价方法。

（4）危险、有害因素分析。危险、有害因素分析的内容包括工艺过程、物料、设备、管道、电气、仪表自动控制系统、水、电、汽、风、消防等公用工程系统、危险物品的储存方式、储存设施、辅助设施、周边防护距离及其他。

（5）定性、定量化评价及计算。通过分析，对上述生产装置和辅助设施所涉及的内容进行危险、有害因素识别后，运用定性、定量的安全评价方法进行定性化和定量化评价，确定危险程度和危险级别以及发生事故的可能性和严重后果，为提出安全对策措施提供依据。

（6）事故原因分析与重大事故的模拟。结合危险、有害因素分析、评价结果以及同行或同类生产事故案例分析统计情况，对该评价项目中可能发生的重大事故进行原因分析、事故模拟。

（7）对策措施与建议综合评价结果。提出相应的对策措施与建议，并按照风险程度高低进行解决方案排序。

（8）评价结论。明确指出项目安全状态水平，并简要说明。

（三）安全现状评价报告格式

安全现状评价报告一般由以下几个部分构成：

前言

目录

第一章　评价项目概述

　第一节　评价项目概况

思 考 题

9-1　安全评价的目的是什么？

9-2　安全评价分为哪几类，有何区别？

9-3　安全评价有哪些原理？

9-4　安全评价的基本要素是什么？

9-5　如何划分危险、有害因素的评价单元？

9-6　安全现状评价报告的一般内容包括哪些？按照报告的一般格式列出。

第十章 安全管理

第一节 安全管理概述

一、管理的内涵

一般地说，管理的基本要素包括人、财、物、信息、时间、机构和章法等，前五项是管理内容，后两项是管理手段。基本要素中的人既是被管理者，又是掌握管理手段的管理者，是身兼二任的。人有巨大的能动性，是现代化管理中最为重要的因素。管理的基本原理就是研究如何正确有效地处理上述要素及其相互关系，以达到管理的基本目标。

二、安全管理及基本概念

在企业管理系统中，含有多个具有某种特定功能的子系统，安全管理就是其中的一个。这个子系统是由企业中有关部门的相应人员组成的。该子系统的主要目的就是通过管理的手段，实现控制事故、消除隐患、减少损失的目的，使整个企业达到最佳的安全水平，为劳动者创造一个安全舒适的工作环境。因而安全管理的定义为：以安全为目的，进行有关决策、计划、组织和控制方面的活动。

安全管理是企业生产管理的重要组成部分，是一门综合性的系统科学。安全管理的对象是生产中一切人、物、环境的状态管理与控制，是一种动态管理。安全管理，主要是组织实施企业安全管理规划、指导、检查和决策，同时又是保证生产处于最佳安全状态的根本环节。

施工现场安全管理的内容大体可归纳为安全组织管理、场地与设施管理、行为控制和安全技术管理四个方面，分别对生产中的人、物、环境的行为与状态进行具体的管理与控制。为有效地将生产因素的状态控制好，实施安全管理过程中，必须正确处理五种关系，坚持六项基本管理原则。

三、安全管理理论

（一）安全管理的性质

1. 人为性

所有管理都是人施加于管理对象的一种特殊行为，有人制定，受人控制，任人修改，随管理人的意志和意愿不同而有不同的管理行为。

2. 可变性

既然管理具有人为性，自然便具有可变性，不仅管理思想、方式、手段可变，管理机构、管理模式也可变，甚至连管理机制也可改变。变的根基在于管理者的需要，如果这种需要反映了大多数人的利益，符合客观事实，就可以为大众所接受，也比较容易行得通。

3. 唯利性

所有的管理都是唯利是图，利就是管理者的需要，就是其利益所在，包括经济方面的、意识形态方面的、心理方面的，总而言之是求在某个方面有所收获。

安全管理的这种唯利性表现得比较复杂，在经济方面通常是从负面做出反应，即认为安全本身不产生经济利益，只有从减少事故损失、降低伤亡事故赔偿上受益。

4. 效益性

所有的管理都会产生效益，但并不是所有的效益都为正。不好的管理一定会产生负效益，这是管理者之大忌。因为管理的目的是正效益而不是负效益，效益良好程度是评价管理好坏的标准之一。唯利是管理出发点，效益是管理的目标。

5. 强制性

管理就是管理者对被管理者施加的作用和影响，并要求被管理者服从其意志、满足其要求、完成其规定的任务，其中无疑具有一定的强制性。不能抑制被管理者的独立个性时，应将其调动到符合管理者的要求的轨道上来。

安全管理更具有强制性，不予强制就不能约束被管理者的无序状态，使之变成规范的有序状态，何况这种无序往往危及被管理者自身的生命健康，无论从哪个方向说适度的强制都是完全必要的。所有的培训、考核实质上都是强制性的安全管理行为。

6. 有序性

管理本身就是一种有序的行动，混乱的管理是对管理的一种破坏。

7. 社会功能性

安全管理总是为人类社会所需要，造福于人类社会。工业生产的事故也反映了社会文明进步的程度和社会状态，作为管理者任何人都不应忽视这个问题，总要将自己打扮得好一些，总要将社会维持在一个安定的状态，因此在这个方面可以进行多样的安全管理活动。

（二）安全管理的目的

当我们进行生产和生活时，危险是无处不在的。为了防止这种危险情况出现或防止其转化成事故，造成损害，就必须做一些安全工作，进行严格的安全管理，以利于活动平稳顺利开展下去。即安全和安全管理是为人们进行的活动服务。

安全管理从属于高层次的管理系统，而管理系统又从属于更高层次的人类社会大系统，任何子系统的目的均从属于高层次大系统的目的，因此，安全管理的目的自然以人类社会大系统的目的为目的。

（三）安全管理的功能

安全管理具有决策、组织、协调、整治和防范等功能。因此可以将其功能分成基础性功能、治理性功能和反馈性功能三大类。

1. 基础性功能是基本功能

（1）决策。包括设计、计划、制定各项方针政策、法令法律制度、规范、指示等。

（2）指令。作为决策的一种执行功能，其作用是将决策作为一个明确而具体的信息发送出去，其本身的功能完好与否，取决于是否准确、及时将指令信息传输到接受者并被完整接受，因此随信息传输方式不同，指令方式也有不同，可有语言、文字、图案、光、声、色信号，甚至指令人的行动、态度、表情、暗示等，都能体现指令的功能或产生指令的作用。

（3）组织。也是决策的一种执行功能，其作用是将管理对象有序化，使之按决策的要求行动起来并发挥应有的作用，包括系统结构的设计和充实、系统内部功能职责的划分和分工、系统内外关系的衔接、系统投入的到位等。

（4）协调。也是决策的一种执行功能，其作用是调和系统内外各个方面在系统运转时可能发生的各种冲突，使之消除、钝化、错位、彼此协调、和谐平稳地继续运转下去。

2. 治理性功能

（1）整治。整治具有改造性、强制性，包括克服消除、改造、治理系统中存在的弊病隐患，使之符合系统运转的要求。

（2）防范。具有预防性，防止可能发生而尚未发生的危害安全的事态出现。所谓预防为主就强调了这种功能的效用。

3. 反馈性功能

是将功能效应再送回原功能发出的机构中去，对比检查是否达到预期的效果或者需要修改什么，以便再次输出时做出修正、改善系统运转状态、改进系统运转效果。反馈功能包括检查、分析、评价信息库或数据库等项，这是现代安全管理的重要功能，也是控制论在安全管理中的一项重要应用。

（四）安全管理的对象

由于安全管理是一个"人-机-物-环"系统的管理，因此为了使这个系统能平稳有序地运行，管理对象就包括了以下四个方面。

1. 人的系统

"以人为本"是安全管理的核心。因为在人类这一范畴内，判别安全的标准是人的利益，一切以人的需求为核心，所有物的系统、能量系统、信息系统等都是按照人的意愿做出安排，接受人的指令发动运转，没有人的因素，一切都不可能，也不必要如此组合。

2. 物的系统

物的系统包括机器设备、设施、工具、器件、建构筑物、原材料、中间产品、半成品、成品、废料等一切有形物质和能量信息的载体。这是人类的生产对象，也是发生事故出现危害的物质基础。虽然不具有能量便不能造成危害，但是能量一定会以物质形式表现出来，并附于这些载体上。一切赋有足够能量的物质形态（包括人自身）都可能成为事故和发生危害的危险源。

3. 能量系统

能量有多种形式，在现代工业生产中通常使用的能量有机械能（动能和势能）、热能、电能、化学能、光能、声能和辐射能，不同形式的能量具有不同的性质，通常能量必须通过载体发生作用。实质上，一切危害产生的根本动力在于能量，而不在乎载体。没有能量便没有一切，既不能做有用的功，也不能做有害的破坏，能量越大所造成的后果也越大。因此，对能量的传输、利用必须严加管理控制，一旦失控并超过一定量度便可造成事故。

4. 信息系统

信息是沟通各有关系统空间的媒介。从安全的观点看，信息也是一种特殊形态的能量，因为它能起引发、触动、诱导的作用，可以开发、驱动另一个空间的超过自身无数倍的能量，实现某个宏伟的计划，完成自身所不能完成的任务，从其可能造成的危害规模来看，信息的能量可能是最可怕的、最不可估量的。

总而言之，安全管理必须为管理对象规定出一条正常的安全平稳运行的轨道，规定出什么可以干、什么不可以干，对可以干的怎样积极引导，对不可以干的怎样予以管制防止，方可达到安全管理的目的。

第二节　安全生产责任制

为了实施安全对策，必须首先明确由谁来实施的问题。在我国，在推行全员安全管理的同时，实行安全生产责任制度。所谓安全生产责任制度，就是各级领导应对本单位事故预防工作负总的领导责任，以及各级工程技术人员、职能科室和生产工人在各自的职责范围内，对事故预防工作应负各自的责任。

安全生产责任是根据"管生产的必须管安全"的原则，对企业各级领导和各类人员明确地规定了在生产中应负的安全责任。这是企业岗位责任制的一个组成部分，是企业中最基本的一项安全制度，是安全管理规章制度的核心。

一、企业各级领导的责任

（一）厂长的安全生产职责

（1）厂长是企业安全生产的第一责任者，对本单位的安全生产负总的责任。贯彻执行安全生产方针、政策、法规和标准，建立健全和贯彻落实安全生产责任制，审定、颁发本单位统一的安全生产规章制度。

（2）牢固树立"安全第一"的思想，贯彻安全生产"五同时"原则；确定本单位安全生产目标并组织实施。

（3）主持召开安全生产例会，定期向职工代表大会报告安全生产情况，认真听取意见和建议，接受员工监督。

（4）审定本单位改善劳动条件的规划和年度安全技术措施计划，按规定提取和使用安全技术措施经费，及时解决重大隐患；对本单位无力解决的重大隐患，应及时向上级有关部门提出报告。

（5）在新、改、扩建项目中，遵守和执行"三同时"规定；对其他重要的经济技术决定，应负责制订具有保证职工安全、健康的措施。

（6）组织对重大伤亡事故的调查分析，按"四不放过"的原则严肃处理，并对所发生的伤亡事故调查、登记、统计和报告的正确性、及时性负责。

（二）分管生产、事故预防工作的副厂长的安全生产职责

（1）协助厂长管理本单位的安全生产工作，对分管的安全工作负直接领导责任。

（2）组织职工学习安全生产法规、标准及有关文件制度，主持制定安全生产管理体制和安全技术操作规程，定期检查执行情况。

（3）协助总经理做好安全生产例会的准备工作，对例会决定的事项负责组织贯彻落实；主持召开、部署生产安全调度会议。

（4）主持编制、审查年度安全技术措施计划，并组织实施。

（5）组织车间和有关部门定期开展各种形式的安全检查。发现重大隐患，立即组织有关人员研究解决，或向总经理及上级报告；在上报的同时，组织制订可靠的临时安全措施。

（6）发生重伤及死亡事故，应迅速察看现场，及时准确地向上级报告；同时主持事故调查，确定事故责任，提出对事故责任者的处理意见。

（7）具体领导有关部门做好女工及未成年工特殊保护工作、休息休假及工时管理工作和劳动防护用品的管理工作。

（三）分管其他工作的副厂长的安全生产职责

分管计划、财务、设备、福利等工作的副厂长应对分管范围内的事故预防工作负直接领导责任，并有意识地配合厂长做好总厂的安全管理工作。

（四）总工程师的安全生产职责

总工程师负责具体领导本单位的安全技术工作，对本单位的安全生产负技术领导责任。

副总工程师在总工程师领导下，对其分管工作范围内的安全生产工作负责。

（五）车间主任安全职责

（1）保证国家和上级安全生产法规、制度、指标在本车间贯彻执行。把安全工作列入议事日程，做到"五同时"。

（2）组织制定车间安全管理规定、安全技术规程措施计划。

（3）组织对新职工进行车间安全教育和班组安全教育，对职工进行经常性的安全思想、安全知识和安全技术教育，定期组织考核，组织班组安全日活动，及时吸取工人提出的正确意见。

（4）组织全车间职工进行安全检查，保证设备安全装置、消防、防护器材的管理，教育职工妥善保管正确使用。

（5）组织各项安全生产活动。总结交流安全生产经验，表彰先进班组和个人。

（6）严格执行有关劳动用品、保健食品、清凉饮料等的发放标准。加强防护器材的管理，教育职工妥善保管正确使用。

（7）坚持"四不放过"原则，对本车间发生的事故及时报告和处理，注意保护现场，查清原因，采取防范措施；对事故责任者提出处理意见，报主管部门和总经理批准后执行。

（8）组织本车间安全管理网络，配备兼职的合格安全管理员，支持安全员的工作，充分发挥班组的安全作用。

（六）工段长（班组长）的安全职责

（1）组织职工学习、贯彻执行企业、车间各项安全生产规章制度和安全操作规程，教育职工遵章守纪，制止违章行为。

（2）组织参加安全日活动，坚持班前讲安全，班中检查安全，班后总结安全。

（3）负责组织安全检查，发现不安全因素及时组织力量加以处理，并报告上级；发生事故立即报告，并组织抢救，保护好现场，做好详细记录，参加和协助事故调查、分析，落实防范措施。

（4）搞好安全消防措施、设备的检查维护工作，使其保持完好和正常运行，督促和教育职工合理使用劳保用品，正确使用各种防护器材。

（5）搞好"安全月""安全周"活动和班组安全生产竞赛，表彰先进，推广经验。

（6）发动员工搞好文明生产，保持生产作业现场整齐、清洁。

二、各业务部门的职责

企业中的生产、技术、设计、供销、运输、教育、卫生、基建、机动、情报、科研、质检、劳资、环保、人事、组织、宣传、外办、财务等有关专职机构，都应在各自工作业务范围内，对实现安全生产的要求负责。

以下以江西省某公司主要业务部门的职责分配为例进行介绍。

（一）生产部安全职责

负责全程监管生产调度发生的安全问题，若发现立即采取措施，消除隐患。在安排生产、施工程序时，必须考虑生产设备的能力，防止设备装置超负荷运行，应考虑到水、电、气的平衡。

（二）技术、质量部安全职责

（1）编制或修订的工艺技术操作规程，工艺技术指标必须符合安全生产的要求，对操作规程、工艺技术指标和工艺纪律执行情况进行检查、监督和考核。

（2）在制定长远发展规划、编制企业技术措施计划和进行技术改造时，应有安全技术和改善劳动条件的措施项目，制定增产节约的措施时，应符合安全技术要求。

（3）负责工艺技术原因引起的事故调查处理和统计上报，参加基层上报事故的调查处理。

（三）设备科安全部安全职责

（1）负责机械设备、电气、动力、仪表、管道、通排风装置的管理，使其符合安全技术要求。

（2）负责组织设备安装，对各类设备、设施进行定期检查、校验，确保安全运转。

（3）做好范围内的安全工作，对查出的问题及时解决，按期完成安全技术措施计划和事故隐患整改项目。

（四）仓库安全职责

（1）严格坚持物资、出仓手续，做到先进先出，减少物资积压仓库时间；监督库存存量，根据公司库存量标准，如有超标、不足现象，及时向仓库负责人反映。

（2）仓库安全员应定期检查库存物资状况，仓库管理部门应定期组织盘点。

（五）商务部安全职责

负责对客户资料及客户相关文件进行备份保存，以防丢失，并做好公司的保密工作，防止公司的商业机密外泄。

（六）保卫部门安全职责

（1）负责进厂人员的证件检查、临时入厂人员的入厂检查和检查登记，以及对上述人员禁带烟火进厂的安全检查。

（2）负责关键要害部门安全生产保卫工作。

（3）负责各类重大事故的现场保卫工作，组织好主管业务范围内的安全保卫检查工作。

（七）行政办安全职责

（1）负责日常安全工作，组织安全检查、安全教育和隐患整改。

（2）负责按规定标准做好防暑降温饮料的供应、发放工作。

（3）负责食堂、会议室的安全防火管理和饮食卫生，防止食物中毒。

（八）车辆管理部门安全职责

（1）负责车辆维护保养，确保安全行驶。

（2）会同有关部门负责交通安全管理，负责维护厂区交通安全及各类交通事故的调查、处理、统计、上报工作。

第三节　安全目标管理

（1）目标管理。企业管理人员和工人参与制定工作目标，并在工作中实行自我控制，努力完成工作目标的管理方法。

（2）目标管理目的。激励作用，调动广大职工的积极性，从而保证实现总目标。

（3）目标管理的核心。强调工作成果，重视成果评价，提倡个人能力的自我提高。

一、目标设置管理

美国的杜拉克主张将安全管理的重点放在各级管理人员身上，美国的奥迪奥恩则把参与目标管理的范围扩大到整个企业的全体员工。

目标管理既是一种激励机制，也是广大职工参与管理的形式。每个企业都会设置安全目标，因为：（1）明确安全目标是一个高效组织的体现；（2）期望的满足是调动职工积极性的一个重要因素；（3）追求较高的目标是职工的工作动力。

二、安全目标管理的内容

安全目标管理的内容包括安全目标指标和安全保障措施。

（一）安全目标指标

安全目标是企业中全体员工在计划期内预期完成的职业安全健康工作的成果，主要包括以下指标：（1）重大事故次数。包括死亡、重伤事故、重大设备事故、重大火灾事故、急性中毒事故等。（2）死亡人数指标。（3）伤害频率或伤害严重率。（4）事故造成的经济损失。如工作日损失天数、工伤治疗费、死亡抚恤费等。（5）尘、毒作业点达标率。（6）职业安全健康措施计划完成率、隐患整改率、设施完好率。（7）全员安全教育率、特种作业人员培训率等。（8）现代化科学管理方法应用目标。（9）安全标准化班组达标率目标。（10）企业安全性评价目标。（11）其他特殊目标。

（二）安全保障措施

安全保证措施应明确实施进度和责任者等内容，大致包括以下几方面：（1）安全教育措施。包括教育的内容、时间安排、参加人员规模、宣传教育场地。（2）安全检查措施。包括检查内容、时间安排、责任人、检查结果的处理等。（3）危险因素的控制和整改。对危险因素和危险点要采取有效的技术和管理措施进行控制和整改，并制定整改期限和完成率。（4）安全评比。定期组织安全评比，评出先进班组。（5）安全控制点的管理。制度无漏洞、检查无差错、设备无故障、人员无违章。

三、安全目标管理的作用

（1）发挥每个人的力量，提高整个组织的"战斗力"。将企业在一定时间内的目的和任务转化为全体员工的奋斗目标，使每个职工有努力的方向，充分发挥职工自身的能动性、积极性和创造性。

（2）提高管理组织的应变能力。随着企业安全生产总目标的逐级分级和展开，对各级管理部门的安全事故管理赋予了较大的权利和义务，体现了灵活性和目的性，因而提高管理部门的应变能力。

（3）提高各级管理人员的领导能力。各级管理部门不仅要负责本部门的安全，还要协同全厂的安全部门开展工作，因此各级领导能力要不断提高才能确保安全管理目标的顺利完成。

（4）提高职工的综合素质。为了确保"安全第一"，确保完成各项安全目标，必须提高全体职工的安全意识、业务水平、操作水平等一系列技能和知识，从而提高全厂职工的综合素质。

（5）促进企业的长远发展。没有安全一切都是空谈。因此，在未来企业的发展中，只有安全的企业才能持续发展。

第四节 企业安全文化建设

安全教育是事故预防与控制的重要手段之一。要想控制事故，首先是通过技术手段，如报警装置等，通过某种信息交流方式告知人们危险的存在或发生；其次则是要求人在感知到有关信息后，正确理解信息的意义，即何种危险发生或存在危险，该危险对人会有何种伤害，以及有无必要采取措施和应采取何种应对措施等。而上述过程中有关人对信息的理解认识和反应的部分均是通过安全教育的手段实现的。

安全教育，实际上应包括安全教育和安全培训两大部分。安全教育是通过各种形式，努力提高人的安全意识和素质，学会从安全的角度观察和理解要从事的活动和面临的形势，用安全的观点解释和处理自己遇到的新问题。而安全培训虽然也包含有关教育的内容，但其内容相对于安全教育要具体得多、范围要小得多，主要是一种技能的培训。安全培训的主要目的是使人掌握在某种特定的作业或环境下正确并安全地完成其任务的技能。

一、安全教育的内容

安全教育的内容可概括为三个方面，即安全态度教育、安全知识教育和安全技能教育。

（一）安全态度教育

要想增强人的安全意识，首先应使之对安全有一个正确的态度。安全态度教育包括两个方面，即思想教育和态度教育。

思想教育包括安全意识教育、安全生产方针政策教育和法纪教育。

（二）安全知识教育

安全知识教育包括安全管理知识教育和安全技术知识教育。对于带有潜藏的只凭人的感觉不能直接感知其危险性的危险因素的操作，安全知识教育尤其重要。

1. 安全管理知识教育

安全管理知识教育包括安全管理组织结构、管理体制、基本安全管理方法及安全心理学、安全人机工程学、系统安全工程等方面的知识。通过对这些知识的学习，可使各级领导和职工真正从理论到实践上认清事故是可以预防的；事故发生的管理措施和技术措施要符合人的生理和心理特点；安全管理是科学的管理，是科学性与艺术性的高度结合等主要概念。

2. 安全知识教育

安全技术知识教育的内容主要包括一般生产技术知识、一般安全技术知识和专业安全技术知识教育。

（1）一般生产技术知识教育主要包括企业的基本生产概况，生产技术过程，作业方式或工艺流程，与生产过程和作业方法相适应的各种机器设备的性能和有关知识，工人在生产中积累的生产操作技能和经验及产品的构造、性能、质量和规格等。

（2）一般安全技术知识是企业所有职工都必须具备的安全技术知识。主要包括企业内危险设备所在的区域及其安全防护的基本知识和注意事项，有关电气设备（动力及照明）的基本安全知识，起重机械和厂内运输的有关安全知识，生产中使用的有毒有害原材料或可能散发的有毒有害物质的安全防护基本知识，企业中一般消防制度和规划，个人防护用品的正确使用以及伤亡事故报告方法等。

（3）专业安全技术知识是指从事某一作业的职工必须具备的安全技术知识。专业安全技术知识比较专门和深入，其中包括安全技术知识、工业卫生技术知识，以及根据这些技术知识和经验制定的各种安全操作技术规程等。其内容涉及锅炉、受压容器、起重机械、电气、焊接、防爆、防尘、防毒和噪声控制等。

（三）安全技能教育

有了安全技术知识，并不等于能够安全地从事操作，还必须把安全技术知识变成进行安全操作的本领，才能取得预期的安全效果。要实现从"知道"到"会做"的过程，就要借助于安全技能培训。

安全技能培训包括正常作业的安全技能培训、异常情况的处理技能培训。

安全技能培训应按照标准化作业要求来进行。进行安全技能培训应预先制定作业标准或异常情况时的处理标准，有计划有步骤地进行培训。

安全技能的形成是有阶段性的，不同阶段显示出不同的特征。一般来说，安全技能有三个阶段，即掌握局部动作的阶段、初步掌握完整动作阶段、动作的形成及完善阶段。在技能形成过程中，各个阶段的变化主要表现在行为结构的改变、行为速度和品质的提高及行为调节能力的增强三个方面。

二、安全教育的形式和方法

（1）按照教育的对象，可把安全教育分为对管理人员的安全教育和对生产岗位职工的安全教育两大部分。

（2）管理人员安全教育是指对企业车间主任（工段长）以上干部、工程技术人员和行政管理干部的安全教育。

（3）企业管理人员，特别是上层管理人员对企业的影响是重大的，他们既是企业的计划者、经营者、控制者，又是决策者。其管理水平的高低、安全意识的强弱、对国家安全生产方针政策理解的深浅、对安全生产的重视与否、对安全知识掌握的多少，直接决定了企业的安全状态。因此，加强对管理人员的安全教育是十分必要的。

（4）生产岗位职工的安全教育一般包括三级安全教育，特种作业人员安全教育，经常性安全教育，"五新"作业安全教育，复工、调岗安全教育等。

（5）声像式安全教育是采用声像等现代艺术手段，使安全教育寓教于乐，主要有安全宣传广播、电影、电视、录像等。

（6）文艺演出式安全教育是以安全为题材编写和演出相声、小品、话剧等文艺演出的教育形式。

（7）学校正规教学安全教育是利用国家或企业办的大学、中专、技校，开办安全工程专业，或穿插渗透于其他专业的安全课程教育。

思 考 题

10-1 安全管理的定义和内涵是什么？

10-2 安全管理的性质有哪些？

10-3 安全管理有哪些功能？

10-4 安全管理的主要对象包括哪些？

10-5 一个企业要做好安全生产，应该如何实施安全责任制？

10-6 安全目标指标包括哪些？

10-7 企业安全文化该如何建设？

第十一章　化工实习与安全事故实例

第一节　化工实习简介

一、化工实习的意义

化工实习是专业培养的重要实践教学环节，是课堂教育和社会实践相结合的重要形式，是理论知识与生产实际相结合的重要渠道，是学生获得生产企业感性认识的主要途径，是学生最终完成本科教学不可缺少的课程。主要目的是增强学生实践能力、培养学生分析问题和解决问题的能力。

为了使国家经济又好又快、独立自主地发展，最近国家实施了"卓越计划""新工科"等一系列重大的教育方针，将实践教学放在了人才培养的核心位置。不仅强调要增加实践教学的学时比重，而且还强调要校企深度合作，共同培养卓越型工科人才。旨在实现高校培养的人才与企业需求的人才无缝连接。化工实习涉及学校、企业、学生、教师、企业工程师五个方面，因此，化工实习的意义非常重大，执行的好与坏直接关系到教育方针落实的效果，关系到人才培养质量，关系到学生就业，关系到企业用人需求，甚至会影响国家经济的发展。

二、化工实习的分类

根据化工专业的国家标准，化工实习一般可以分为三种，分别是认识实习、生产实习和毕业实习。

认识实习一般安排在第二个学期的期末或者暑期，是学生在接触化工专业知识前，对化工安全生产知识、化工安全生产过程、化工生产原理、化工生产主要控制任务、化工企业生产和管理等建立感性认识的重要过程。认识实习的时间较短，一般为1~2周。

生产实习一般安排在第四个学期的期末或者暑期，是学生在学习化工基础课及部分专业课后进行化工及相关企业的实际生产学习，在生产现场以工人、技术员、管理员等身份，直接参与生产的过程。通过亲自参与某一产品的生产全过程或部分工段，使专业知识与生产实践相结合，理论联系实际，培养学生工艺观点，训练学生观察、发现、分析和解决工程实际问题的独立工作能力，培养学生的创新思维。在生产实习中，可具体生动地对学生进行劳动观点、爱护公共财物、组织性纪律性、职业道德等教育。认识实习的时间较长，一般为3~4周。

毕业实习一般安排在第七个学期的期末或者第八学期的开头。毕业实习也称为顶岗实习，是提高毕业生综合运用所学知识与技能解决生产实际问题的重要环节，它的目的在于培养学生组织生产、独立工作和科学研究的能力，以成为合格的专业技术人员。通过毕业实习，学生可以提前到竞争激烈的就业环境中锻炼，使他们在择业心态、就业技能、从业素养等方面得到全方位、立体化的综合素质训练。由于毕业实习是安排在毕业前的半个学期，因此一般会同毕业设计或论文结合起来，甚至可以安排已签约单位的学生到企业做毕业设计（论文），与毕业实习完全结合起来，在实习中搜集资料，为毕业设计（论文）做好准备工作。毕业实习的时间较长，一般为 3 周。将在下一节中详细介绍。

各高校可根据自身专业培养目标、特色和要求，对上述三个实习进行适当调整，因此，在实习的组织、管理、要求等方面也有所不同。根据专业特点，很多高校都是将生产实习与专业课程设计相结合，将毕业实习（顶岗实习）与学生就业、毕业设计（论文）相结合。

三、化工实习的管理

（一）化工实习的形式

在上述三个实习中，由于认识实习是在学习专业基础课和专业课程之前安排，鉴于学生的理论知识还不够丰富，因此认识实习可稍微简单，常采用企业讲解和观光实习的方式进行集中实习。而生产实习和毕业实习需要深入生产一线岗位，进行生产的实际操作，因此危险性较大，必须严格管理。

生产实习常采取集中实习的方式进行。学校会在前期与对口企业联系，选择一次性能接收本专业学生人数的企业。如果专业学生人数较多，有些企业无法同时接收这么多学生，可以分批次到该企业进行生产实习；也可以联系多个企业，将专业学生按班级分组，力争同一个班级的学生在同一个企业集中实习。

毕业实习是学生毕业前的实习，常与学生就业和毕业设计（论文）结合起来，因此常常采取集中和分散相结合的方式进行实习。对于已经签订就业协议的同学，可以安排到签约单位实习；对于未完成就业的同学，可以安排到学校联系的企业进行毕业实习。

（二）化工实习的管理

化工企业都带有较大的危险性，因此为了安全、高效地完成实习任务，化工实习的管理非常重要。应由学校、企业、学生三方共同制定切实可行、高效合理的实习方案和管理措施，具体如下。

（1）提前联系。学校或指导老师应至少提前 1 个月联系实习单位，双方确定好实习时间、实习内容、实习人数、实习岗位和实习任务等。

（2）做好动员。确定了实习时间和企业后，召集学生开实习动员会，介绍实习企业、实习时间、实习岗位和其他注意事项，并分组、确定组长、信息统计、购买车票、住宿登记、购买实习记录本等。在到企业之前尽量让学生查阅相关生产工艺的文献。

（3）到达企业后，必须全程跟踪和管理学生。

1）按照事先统计信息安排好学生住宿，并召开第一次全体会议，介绍企业和住宿周边的生产情况、生活设施、企业文化、上课时间及地点、厂区分布和其他注意事项。

2）按照厂级（一级）、车间（二级）、岗位（三级）进行安全教育和培训。厂级安全教育由企业安环部门派老师授课，结合企业的实际情况介绍本厂特点以及安全事故实例，急救方法；介绍化工防火、防爆、防毒知识；介绍企业特殊危险地点、尘毒危害和一般的防护用品知识；介绍厂区的各种禁令，比如动火禁令、车辆禁令等。厂级安全教育后进行安全考试，合格者才能有资格进入生产厂区。

车间级安全教育由车间负责人或者技术员授课，讲述车间生产任务、原理、原料规格、产品性能、工艺特点、生产设备、安全事项等，重点讲述安全规章制度、安全技术规程、仪器设备使用说明。

岗位级安全教育由班组长授课，讲述某一车间的工段情况、生产状况、生产原理、原料规格、产品性能、工艺特点、生产设备、安全事项等，重点讲述具体各项的安全规章制度、安全技术规程、仪器设备使用说明。介绍有可能出现的异常现象，并分析原因和控制方法。

进行特种设备和重大危险源的安全防范教育和培养。

配备好安全帽、安全衣、安全鞋等各类安全防护装备。

3）加强实习的过程监督。由于学生分散到各个车间，设置分散到车间的某一个岗位，应采取片区管理和指导的方式，充分发挥组长、企业老师、指导老师的监督作用。做好各岗位的巡查工作，保持和企业指导教师的沟通。

每天实习结束后要对学生的实习日志进行检查，对不认真的学生要合理引导，对完成较好的学生要进行鼓励。

认真做好考勤工作，做到统一进出厂，做到有规律的作息时间。

4）评价和盖章。生产岗位实习结束后，各位学生在实习报告上写好心得、总结，企业教师和校内指导老师对各个学生的具体表现进行评价。最后统一将实习报告本交至企业人才培训部门盖公章。

（4）签订实习协议和购买保险。无论分散形式还是集中形式，在学生进行各类实习之前都要求与企业签订实习协议，购买保险，办好实习接收函等。

（三）化工实习的考核

实习成绩是一个综合成绩，不仅要考查学生实习报告内容的质量，还要考查学生实习期间的平时表现，比如是否遵守各项纪律，是否热衷班级事务，是否积极与企业工程师交流等。一般可按照"实习报告成绩和平时表现成绩各占50%"的方式给出综合考核成绩，实习报告成绩主要看报告内容是否翔实、字迹是否工整、是否有缺项等；平时表现成绩主要看是否遵守纪律、是否热心班级事务、是否积极配合企业、考勤情况等。

四、化工实习报告的格式

按照规定，实习任务结束后就要上交"实习报告"。在上述三个实习中，认识实习的报告可稍微简单，但是生产实习和毕业实习的时间较长、岗位操作更深入，因此后两个实习报告必须非常详细。实习报告必须结合实习任务编写，一般不少于3000字，常包含以下主要内容：

（1）企业情况简介。

（2）实习具体时间安排。

（3）实习岗位介绍。

（4）实习岗位操作规程。

（5）实习岗位工艺介绍。

（6）实习岗位设备。

（7）实习过程中与企业老师一起讨论的问题和方案。

（8）实习岗位的相关资料和图片。

（9）实习心得和总结。

（10）实习报告封面和最后一页的所有内容。

第二节　化工毕业实习

一、化工毕业实习概述

（一）化工毕业实习的定义

化工毕业实习也称为顶岗实习，常与毕业论文（设计）结合起来，是提高学生综合运用所学知识与技能解决生产实际问题的重要环节，是各教学环节的重要补充和深化。学生的毕业实习阶段就相当于毕业后到单位开始的"岗前培训"，可使学生提前体会未来的工作环境，使他们在就业技能、从业素养、择业心态和团队意识等方面得到全方位的训练，完成其从学生到职工的角色转换，提前从学生过渡到职工。毕业实习不是参观式的毕业见习，而是在企业里面和员工一样，有正式的工作岗位、有明确的责任，跟员工一样作息，跟员工一样遵守厂规厂纪。

（二）化工毕业实习的目的

化工毕业实习的目的就是让学生完全深入企业生产一线，以员工的身份在企业、车间、岗位上劳动和学习，使其身临其境地接触生产实践，了解生产流程、生产工艺、生产技术、质量标准，了解企业文化、企业环境、企业管理及各项规章制度，掌握企业所需的新理论、新技术、新工艺、新方法，获得企业职工岗位的实际知识，实现学生毕业上岗与企业需求的无缝对接。毕业实习有利于学生理论知识与实际生产的深度结合，有利于提高学校的就业率，有利于缩短学生即将工作的"实习期"，有利于提高学生的职业素养，对学生、学校、企业都非常有利。

（三）化工毕业实习的任务

化工毕业实习的任务主要包括以下 10 个方面：

（1）掌握化工产品的生产技术。

（2）掌握化工过程的控制方法和规律。

（3）掌握化工工艺过程及放大原理。

（4）掌握原料、辅料、产品的分析检测方法。

（5）掌握三废处理方法。

（6）掌握化工生产企业的管理。

（7）培养创新创业和团队合作意识。

（8）培养大局观、劳动观和遵纪守法。

（9）培养生产过程的记录和文件编写能力。

（10）树立环境保护和节能减排意识。

（四）化工毕业实习的要求

由于化工企业危险性高，学生又是第一次以员工的形式参加企业实习，因此存在较大的安全隐患。为了能高效、安全、有效地开展毕业实习，必须做到以下几个方面：

（1）认真学习学校、企业对毕业实习的相关规定，端正实习态度，明确实习任务。

（2）自觉自律，服从分配，无条件遵守企业的各项规章制度和劳动纪律，不迟到、不旷工，不做有损企业和学校的事情。

（3）强化职业道德，做到爱岗敬业。认真做好岗位的本职工作，培养独立自主的能力，要干一行、爱一行。努力提高专业技能和职业素养，做一个诚实守信的实习生和文明礼貌的新员工。

（4）始终保持积极态度。积极参与岗位上的各项事务，认真做好岗位工作记录和实习报告。

（5）树立正确的安全观。在任何时候，安全是最基本的底线，在化工厂实习更要树立"安全第一"的安全意识，努力做到"不伤害自己，不伤害别人，不被别人所伤害"。

（6）遵守企业的保密规定。在实习过程中要拍照、要记录工艺技术时一定要征得企业同意，对于掌握的技术一定要严加保密，不做有损企业的事情。

（7）加强沟通联系。如果出现临时突发事件，务必联系指导老师和相关应急部门。

二、化工毕业实习举例

（一）某公司年产 6 万吨甲缩醛厂实习

1. 产品概述

甲缩醛为无色澄清易挥发可燃液体，有氯仿气味和刺激味，20℃时水中溶解度 32%（质量），与多数有机溶剂混溶。对黏膜有刺激性，有麻醉作用。吸入蒸气可引起鼻和喉刺激；高浓度吸入出现头晕等。对眼有损害，损害可持续数天。长期皮肤接触可致皮肤干燥。熔点：-104.8℃，沸点：44℃，相对密度（水=1）0.86，相对密度（空气=1）2.63，闪点：-17.8℃。广泛应用于化妆品、药品、家庭用品、工业汽车用品、杀虫剂、皮革上光剂、清洁剂、橡胶工业、油漆、油墨等产品中。

2. 工艺技术

甲缩醛生产工艺主要分为两步：一是以甲醇为原料采用电解银法制得甲醛；二是以甲醇、甲醛为原料，采用反应精馏法制得最终产品甲缩醛。

第一，甲醛生产工艺流程及反应机理

以银为催化剂，过量的甲醇与空气发生反应，生成甲醛。"银法"又可分为电解银法、浮石银法和改良银法。目前国内大部分装置为电解银法工艺生产甲醛，企业采用电解银法工艺路线。

（1）电解银法生产工艺简述。首先，原料罐中甲醇经过滤器过滤后泵入高位槽，再从高位槽自流入蒸发器。进入蒸发器中的甲醇和从热水槽来的热水进行换热，使甲醇变成蒸汽，并提升甲醇蒸汽和空气的温度。甲醇蒸汽、风机送入的空气和配入的水蒸气形成三元混合气进入过热器，在过热器内三元混合气加热至 110~140℃，再进入过滤器除去硫、氯等杂质，然后进入氧化反应器。进入氧化反应器的甲醇气体在电解银的催化作用下发生氧化脱氢反应生成甲醛气体（甲醇的氧化脱氢反应比例大约为 6：4），此时由于反应放热，氧化室内温度急剧升高（600℃以上），需要冷却水立即骤冷至 230℃，反应热可产生蒸汽约 2t，进入汽包，高温热水则进入甲醇蒸发器加热甲醇。高温甲醛气体再经进一步冷却后

（80~90℃）进入吸收系统。吸收系统由 2 个吸收塔组成，甲醛蒸汽自上喷淋而下，与甲醛气体在填料层充分混合吸收，甲醛气体溶于水形成甲醛溶液从塔底排出，未被吸收的甲醛气体进入第二塔吸收塔由吸收水（软水）吸收后生成稀甲醛液体，第二吸收塔塔底稀甲醛液体返回第一吸收塔继续吸收甲醛气体，反复循环达到要求浓度后，产品甲醛（≥36.5%）从第一吸收塔塔底采出，经冷却后进入甲醛储罐或甲缩醛混合槽。经二次吸收后，尾气从第二吸收塔塔顶排出，尾气中 H_2 占 19%、N_2 占 76%、CO 占 0.4%、CO_2 占 3.6%、CH_3OH 占 0.15%、CH_4 占 0.2%。尾气进入焚烧炉燃烧，尾气充分燃烧后由 20m 高排气筒排放。

（2）电解银法生产甲醛工艺流程图如图 11.1 所示。

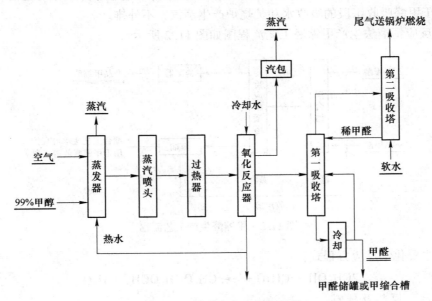

图 11.1　甲醛生产工艺流程图

（3）主要化学反应方程式：

$$CH_3OH + 1/2O_2 \longrightarrow CH_2O + H_2O \quad + 157.25kJ/mol$$

$$CH_3OH \longleftrightarrow CH_2O + H_2 \quad - 90.58kJ/mol$$

涉及的副反应：

$$CH_3OH + 3/2O_2 \longrightarrow CO_2 + 2H_2O \quad + 673.90kJ/mol$$

$$CH_3OH + O_2 \longrightarrow CO + 2H_2O \quad + 391.75kJ/mol$$

$$CH_3OH + H_2 \longrightarrow CH_4 + 2H_2O \quad + 115.37kJ/mol$$

第二，甲缩醛生产工艺流程及反应机理

根据催化剂和反应工艺的不同，甲缩醛生产工艺技术路线众多，企业采用反应精馏法。

反应精馏法是集反应与分离于一体的工艺技术方法，由于甲醇与甲醛反应生成甲缩醛为可逆反应，该方法将反应与分离有机地结合在一起，及时分离出产品甲缩醛，有利于反应向正向进行，提高反应效率和转化率，并减少副反应的发生，同时又能利用反应热，降低精馏的能耗，目前该方法应用较多。

（1）生产工艺流程简述。甲醛和甲醇按照一定的比例进入混合槽，预热至45℃左右进入催化反应精馏塔的反应段，反应塔用网板隔成一级一级的，每一级网板上都放置有催化剂阳离子交换树脂，反应段温度控制在75℃左右，甲醛和甲醇在催化剂的作用下发生缩合反应。因生成的甲缩醛沸点低（41~42.5℃）而向上蒸发，水沸点高（100℃）则向下淌流，因此蒸馏后可将生成的甲缩醛与水分开，气相甲缩醛部分进入冷凝器，冷凝后得到产品甲缩醛。

由于甲醇的沸点介于甲缩醛和水之间，因此产品中会含有一定量的甲醇，通过控制塔顶温度可在一定范围内控制产品中甲醇的含量。塔底生产的水通过蒸馏提取甲醇，提取的甲醇返回混合槽重新使用，剩余为缩合工艺废水。缩合工艺废水中含有小于1%的甲醇，可直接用于甲醛吸收工段的吸收水和焚烧炉产生蒸汽，不外排。

（2）反应精馏法生产甲缩醛工艺流程图如图11.2所示。

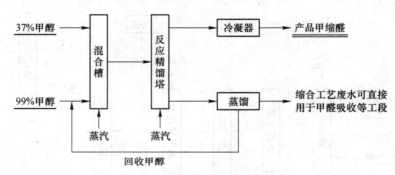

图 11.2　甲缩醛生产工艺流程

（3）主要化学反应方程式：

$$2CH_3OH + CH_2O \longleftrightarrow CH_3OCH_2OCH_3 + H_2O$$

3. 产品、原料及辅料

企业原辅料见表11.1。

表 11.1　原辅材料及产品情况

名称	序号	原辅材料	规格	单位	数量
产品	1	甲缩醛	≥86%	t/a	80000
主要原辅材料	1	甲醇	≥99%	t/a	8584
	2	电解银		kg/a	100
	3	阳离子交换树脂		t/a	6
动力及能源用量	1	新鲜水		m³/a	4240
	2	蒸汽		t/a	6800
	3	电		kW·h/a	$1.33×10^6$

4. 主要设备

主要设备见表11.2。主要特种设备见表11.3。主要安全阀见表11.4。

表 11.2　主要设备

序号	设 备 名 称	规格型号/mm	数量/台
1	蒸发器	ϕ2400×5196	1
2	氧化反应器	ϕ2200×8820	1
3	阻火过滤器	ϕ2200×2756	1
4	蒸汽过滤器	ϕ900×1515	1
5	氧化热气包	ϕ1600×3664	1
6	尾锅汽包	ϕ1600×3664	1
7	尾气锅炉	ϕ2200×8330×26330	1
8	水封槽	ϕ1600×2613	1
9	分汽缸	ϕ600×2988	1
10	一塔	ϕ2200×14805	1
11	二塔	ϕ2000×16490	1
12	甲醇高位槽	ϕ1300×2000	1
13	软水槽	ϕ1850×2000	1
14	反应精馏塔	ϕ1400×39026	1
15	列管冷却器	ϕ700×3860	1
16	甲醇过滤器	ϕ600×550×700	2
17	甲醛过滤器	ϕ600×550×700	1
18	回流过滤器	ϕ600×550×700	1
19	管道混合槽	ϕ219×3500	1
20	甲醇中间储罐	ϕ3750×5200，50m^3	2
21	甲醛中间储罐	ϕ3750×4200，45m^3	2
22	甲缩醛中间罐	ϕ3750×5000，50m^3	2
23	废水罐	ϕ3750×5000	1
24	原水罐	ϕ2800×3750	1
25	稳压分离罐	ϕ1200×2200	1
26	纯水罐	ϕ1300×3000	2
27	罗茨风机	L82WD	2
28	变压器	30kV·A，630kV·A	各1
29	仪表	西门子 DCS	1组
30	冷冻机		1

表 11.3　特种设备

序号	设 备 名 称	规格型号	使用证编号	安全等级
1	尾锅汽包（DN1600）/mm	ϕ1600×3664	容 1LE 赣 BB3586	3
2	尾锅汽包（DN1600）/mm	ϕ1600×3664	容 1LE 赣 BB3587	3
3	尾气锅炉（DN2200 换热段）/mm	ϕ2200×8330×26330	容 1LE 赣 BB3609	3

表 11.4　安全阀

序号	型　号	标牌号	校验报告编号	安全状况
1	A48Y-16C	05320	37AX-1105-320	合格
2	A48Y-16C	05321	37AX-1105-321	合格
3	A48Y-16C	05322	37AX-1105-322	合格
4	A48Y-16C	05323	37AX-1105-323	合格
5	A48Y-16C	05324	37AX-1105-324	合格
6	A48Y-16C	05325	37AX-1105-325	合格

5. 安全隐患

针对该企业生产特点，可能存在以下安全隐患，需要加倍注意。

（1）有机物质挥发后造成的中毒。

（2）触电危险。

（3）高空坠物。

（4）锅炉及其他反应器爆炸危险。

（5）甲醇和甲醛等容易发生易燃易爆。

（6）甲醛等容易发生腐蚀危害。

（7）设备实施较多，容易发生噪声危害。

（8）其他管理疏忽造成的危害。

（二）某公司年产 3000t 钴生产车间实习

1. 产品概述

产品：硫酸钴，7317.1t/a，Co≥20.5%。

硫酸钴也称为硫酸亚钴、七水合硫酸钴、硫酸钴（Ⅱ），是玫瑰红色结晶。脱水后呈红色粉末，溶于水和甲醇，微溶于乙醇。主要用于陶瓷釉料和油漆催干剂，也用于电镀、碱性电池、生产含钴颜料和其他钴产品，还用于催化剂、分析试剂、饲料添加剂、轮胎胶黏剂、立德粉添加剂等。熔点：$96 \sim 98℃$，相对密度（水 = 1）：$1.948（25℃）$，沸点：$420℃（-7H_2O）$。硫酸钴的粉尘对眼、鼻、呼吸道及胃肠道黏膜有刺激作用，会引起咳嗽、呕吐、腹绞痛、体温上升、小腿无力等，皮肤接触可引起过敏性皮炎、接触性皮炎，对水体可造成污染。该品自身不能燃烧，受高热分解放出有毒的气体。应放置于阴凉处，远离火种、热源。

2. 工艺技术

以粗制氢氧化钴为主原料。主体工艺过程由浸出、净化、P204 萃取除杂、P507 萃取镍钴分离、浓缩结晶等工序组成，具体工艺流程如图 11.3 所示。

（1）浸出净化。粗制氢氧化钴放入浸出槽后，通入硫酸和还原剂二氧化硫，期间控制酸度及电位，确保有价元素高效浸出，浸出结束后加入重钙调节 pH，通入氧化剂沉铁铝。料浆通过压滤机过滤，滤液送至净化液储槽，再泵送至萃前液储槽。浸出净化渣卸渣至酸洗槽，经酸洗后送至酸洗压滤机过滤，滤液返回浸出槽；酸洗渣卸渣至水洗槽，经水洗后送至水洗压滤机过滤，滤液自流入室外的溶液储槽，再通过泵返回浸出槽调浆使用。水洗

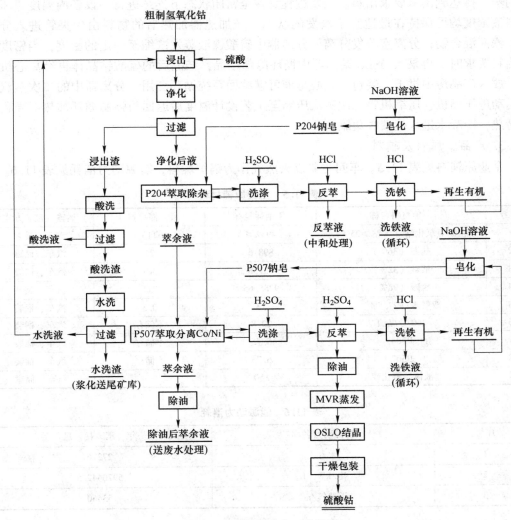

图 11.3　硫酸钴生产工艺流程

渣经浆化后送至尾矿坝。

（2）萃取。净化后液由储槽经泵送至 P204 萃取除杂槽，进行 Mn、Cu、Zn、Ca 的去除，萃取剂先经钠皂，之后进入萃取段萃取杂质金属，负载有机相用配制槽配制的洗钴剂，经泵送至萃取槽洗钴段进行洗钴，得洗钴液；再用由铜锰洗涤剂槽泵送来的溶液反萃铜锰，得铜锰液；最后用洗铁剂配制槽泵送的溶液反萃铁。反萃铁后有机相流入皂化槽进行皂化循环使用。洗钴液返回流程，铜锰液、洗铁液经配制可循环使用，定期开路回收处理。萃取除杂萃余液自储槽，经泵、电磁流量送至萃取槽分离钴、镁、镍。萃取剂采用国产 P507 煤油溶液。再用反萃取剂配制槽的硫酸溶液进行反萃，取得硫酸钴液；最后用洗铁剂配制槽泵来的洗铁反萃铁，得洗铁液。反萃铁后有机相自流入 P507 皂化后循环使用。钴、镁、镍分离萃余液流入储槽，泵入萃余液处理装置进行处理。

（3）钴盐制备。萃取工序来的硫酸钴液首先由原料液泵经预热器回收冷凝液显热，泵入连续蒸发浓缩系统循环管，由强制循环换热器升温后进入分离器蒸发，溶液在两相界面处闪蒸，待达到出料要求出料。蒸发过程是在全密闭状态下连续进行，设备内温度、压力及料液浓度均可保持在最适宜于蒸发的状态。经加热器加热后的物料由中央管进入分离器，汽液混合物在分离室蒸发分离。分离器中硫酸镍液蒸发浓缩至一定的密度，当密度达到出料要求时，再泵入 OSLO 结晶器中循环冷却结晶，结晶后的硫酸钴晶体再经离心机甩干，放入产品房中烘干、装包。离心母液可继续回系统循环套用。分离器中的二次蒸汽向上运动进压缩机，压缩机将二次蒸汽压缩至工艺设计温度后返回与强制循环加热器壳程释放潜热，冷凝水进入凝液收集罐。

3. 产品、原料及辅料

企业原辅料见表 11.5。车间主要以天然气作为锅炉燃料，能源动力消耗见表 11.6。

表 11.5 主要原辅材料

序号	原辅材料名称	年消耗量/t	最大储存量/t	运输及包装方式
1	粗制氢氧化钴（含钴≥25%）	4932.4	115	汽车、袋装
2	盐酸（36%）	898.6	21	汽车、储罐
3	液碱（32%）	13158	307	汽车、储罐
4	硫酸（98%）	9085.65	211	汽车、袋装
5	双氧水（27.5%）	13	0.3	汽车、桶装
6	260 号煤油	22.8	不储存	汽车、桶装
7	P204	6.75	不储存	汽车、桶装
8	P507	6.75	不储存	汽车、桶装
9	液体二氧化硫	150	—	汽车、储罐

表 11.6 能源动力消耗

序号	能源动力名称	年消耗量
1	水/m^3	27276
2	电/kW·h	5970442.5
3	天然气/m^3	53460

4. 主要设备

主要设备见表 11.7。

表 11.7 主要设备

车间名称	设备名称	型号
	浸出净化槽/mm	$\phi4200\times4400$
	压滤泵	$Q=100m^3/h$ $H=44m$
	压滤机	$F=250m^2$
浸出净化车间	酸洗槽/mm	$\phi2200\times2400$
	酸洗渣压滤泵	$Q=20m^3/h$ $H=45m$
	水洗槽/mm	$\phi2200\times2400$

车间名称	设备名称	型　号
萃取车间	P204 萃取槽	
	混合室/mm	1350×1350×1550
	澄清室/mm	6000×1350×1550
	P507 萃取槽	
	混合室/mm	1350×1350×1550
	澄清室/mm	6000×1350×1550
MVR 蒸发浓缩系统	分离器	$\phi2200×4000$
	加热器	$F=180m^2$
	蒸汽压缩机组	
	泵、冷却器类	
OSLO 冷却结晶系统	OSLO 冷却结晶器	$86m^3$
	列管式冷却器	$F=130m^2$
	结晶循环泵	$500m^3$
	结晶出料泵	$5m^3/h$
	母液罐	$5m^3$
	母液泵	$Q=5m^3/h$
	OSLO 配套管道阀门等	
	振动流化床干燥机	ZLG12-1.1
	真空上料机	ZKS-75D
	贮槽	$\phi3000×3500$, $25m^3$
	工程塑料泵	50FUH-30-20
	拉袋式全自动离心机	PCL-1250
污水处理	搅拌槽	$\phi3400×3500$
	压滤泵	$Q=30m^3/h$ $H=45m$
	压滤机	$F=250m^2$
	溶液贮槽	$\phi3000×4000$
	溶液泵	$Q=30m^3/h$ $H=25m$
酸碱储罐区	硫酸贮槽	$\phi4770×6000$, $100m^3$
	液碱贮槽	$\phi4770×6000$, $100m^3$
	液碱贮槽	$\phi3500×3300$, $30m^3$
	硫酸泵	65 泵, $Q=25m^3/h$
	液碱泵	65 泵, $Q=50m^3/h$

5. 安全隐患

针对该企业生产特点，可能存在以下安全隐患，需要加倍注意。

（1）燃气为易燃易爆气体，磺化煤油为易燃液体，需防止火灾和爆炸。

（2）粉尘燃烧和爆炸危险。该车间粉尘主要为氢氧化钴粉尘和硫酸钴粉尘，硫酸钴粉尘具有一定的毒性，对眼、鼻、呼吸道及胃肠道黏膜有刺激作用，可引起咳嗽、呕吐、腹绞痛、体温上升、小腿无力等；皮肤接触可引起过敏性皮炎、接触性皮炎。

（3）硫酸等腐蚀性物质存在腐蚀、灼伤、泄漏等危险。

（4）触电危险。

（5）高空坠物。

（6）设备较多，容易发生噪声危害。

（7）机械伤害。

（8）其他管理疏忽造成的危害。

第三节　化工安全事故实例

18 世纪的法国开创了现代化学工业，19 世纪以煤为基础原料的有机化学工业在德国迅速发展起来，19 世纪末到 20 世纪初兴起了石油化工，随即开始了大规模生产的序幕，为了满足日益发展的工业需要，美国产生了以"单元操作"为主要标志的现代化工。化工生产涉及放热、相变、高温、高压，涉及酸、碱，涉及毒性物质，涉及很多其他复杂的工程问题，危险性高。在众多企业安全事故中都有化学品、化学反应和其他化学因素的"身影"，因此化工安全事故的预防非常重要。

一、化工安全事故概述

（一）安全事故

安全事故是指生产经营单位在生产经营活动（包括与生产经营有关的活动）中突然发生的，伤害人身安全和健康，或者损坏设备设施，或者造成经济损失的，导致原生产经营活动（包括与生产经营活动有关的活动）暂时中止或永远终止的意外事件。

安全生产发生事故可以分为四级，分别是一般事故、较大事故、重大事故、特别重大事故。（1）特别重大事故。是指造成 30 人以上死亡，或者 100 人以上重伤（包括急性工业中毒，下同），或者 1 亿元以上直接经济损失的事故。（2）重大事故。是指造成 10 人以上 30 人以下死亡，或者 50 人以上 100 人以下重伤，或者 5000 万元以上 1 亿元以下直接经济损失的事故。（3）较大事故。是指造成 3 人以上 10 人以下死亡，或者 10 人以上 50 人以下重伤，或者 1000 万元以上 5000 万元以下直接经济损失的事故。（4）一般事故。是指造成 3 人以下死亡，或者 10 人以下重伤，或者 1000 万元以下直接经济损失的事故。

生产过程中的不安全因素主要有以下三个方面。（1）人的因素。包括思想意识、技术、心理、生理等。（2）物的因素。包括产品、原材料、机器设备、仪器仪表、电气设施等。（3）工作场所和自然环境。包括自然灾害、水文气候、管理经验等。

贯彻安全生产的方针必须坚持的原则：（1）"五同时"原则。即在计划、布置、检查、总结、评比生产的同时计划、布置、检查、总结、评比安全工作。（2）否决权原则。

即安全工作是衡量企业经营管理工作好坏的一项基本内容，在对企业各项指标考核、评选先进时，必须要首先考虑安全指标的完成情况，安全生产指标具有一票否决的作用。（3）"三同时"原则。即新建、扩建、改建、技术改造和引进工程项目，其安全卫生工程设施必须与主体工程同时设计、同时施工、同时投产使用。（4）"四不放过"原则。即事故原因没有查清不放过，事故责任者没有严肃处理不放过，广大群众没有受到教育不放过，防范措施没有落实不放过。

（二）安全生产法

为了加强安全生产工作，防止和减少生产安全事故，保障人民群众生命和财产安全，促进经济社会持续健康发展，国家制定并实施《中华人民共和国安全生产法》。它于2002年开始实施，2014年修订。包括总则、生产经营单位的安全生产保障、从业人员的安全生产权利义务、安全生产的监督管理、生产安全事故的应急救援与调查处理、法律责任和附则，共七章114条。

《中华人民共和国安全生产法》规定：安全生产工作应当以人为本，坚持安全发展，坚持安全第一、预防为主、综合治理的方针，强化和落实生产经营单位的主体责任，建立生产经营单位负责、职工参与、政府监管、行业自律和社会监督的机制。

《中华人民共和国安全生产法》规定：生产经营单位的主要负责人未履行本法规定的安全生产管理职责，导致发生生产安全事故的，由安全生产监督管理部门依照下列规定处以罚款：

（1）发生一般事故的，处上1年年收入30%的罚款；

（2）发生较大事故的，处上1年年收入40%的罚款；

（3）发生重大事故的，处上1年年收入60%的罚款；

（4）发生特别重大事故的，处上1年年收入80%的罚款。

《中华人民共和国安全生产法》规定：发生生产安全事故，对负有责任的生产经营单位除要求其依法承担相应的赔偿等责任外，由安全生产监督管理部门依照下列规定处以罚款：

（1）发生一般事故的，处20万元以上50万元以下的罚款；

（2）发生较大事故的，处50万元以上100万元以下的罚款；

（3）发生重大事故的，处100万元以上500万元以下的罚款；

（4）发生特别重大事故的，处500万元以上1000万元以下的罚款；情节特别严重的，处1000万元以上2000万元以下的罚款。

新《中华人民共和国安全生产法》的10大重点内容：

（1）以人为本，坚持安全发展。新法明确提出安全生产工作应当以人为本，将坚持安全发展写入了总则，对于坚守红线意识、进一步加强安全生产工作、实现安全生产形势根本性好转的奋斗目标具有重要意义。

（2）建立完善安全生产方针和工作机制。将安全生产工作方针完善为"安全第一、预防为主、综合治理"，进一步明确了安全生产的重要地位、主体任务和实现安全生产的根本途径。新法提出要建立生产经营单位负责、职工参与、政府监管、行业自律、社会监督的工作机制，进一步明确了各方安全职责。

（3）落实"三个必须"，确立安全生产监管执法部门地位。按照安全生产管行业必须管安全、管业务必须管安全、管生产经营必须管安全的要求，新安全法重点在以下三个方面进行了更新和完善：1）规定国务院和县级以上地方人民政府应当建立健全安全生产工作协调机制，及时协调、解决安全生产监督管理中的重大问题；2）明确各级政府安全生产监督管理部门实施综合监督管理，有关部门在各自职责范围内对有关"行业、领域"的安全生产工作实施监督管理；3）明确各级安全生产监督管理部门和其他负有安全生产监督管理职责的部门作为行政执法部门，依法开展安全生产行政执法工作，对生产经营单位执行法律、法规、国家标准或者行业标准的情况进行监督检查。

（4）强化乡镇人民政府以及街道办事处、开发区管理机构安全生产职责。乡镇街道是安全生产工作的重要基础，有必要在立法层面明确其安全生产职责，同时针对各地经济技术开发区、工业园区的安全监管体制不全、监管人员配备不足、事故隐患集中、事故多发等突出问题，新法明确乡镇人民政府以及街道办事处、开发区管理机构等地方人民政府的派出机关应当按照职责，加强对本行政区域内生产经营单位安全生产状况的监督检查，协助上级人民政府有关部门依法履行安全生产监督管理职责。

（5）明确生产经营单位安全生产管理机构、人员的设置、配备标准和工作职责。新安全法重点在以下三个方面进行了更新和完善：1）明确矿山、金属冶炼、建筑施工、道路运输单位和危险物品的生产、经营、储存单位，应当设置安全生产管理机构或者配备专职安全生产管理人员，将其他生产经营单位设置专门机构或者配备专职人员的从业人员下限由300人调整为100人；2）规定了安全生产管理机构以及管理人员的7项职责，主要包括拟定本单位安全生产规章制度、操作规程、应急救援预案，组织宣传贯彻安全生产法律、法规；组织安全生产教育和培训，制止和纠正违章指挥、强令冒险作业、违反操作规程的行为，督促落实本单位安全生产整改措施等；3）明确生产经营单位作出涉及安全生产的经营决策，应当听取安全生产管理机构以及安全生产管理人员的意见。

（6）明确了劳务派遣单位和用工单位的职责和劳动者的权利义务。1）规定生产经营单位应当将被派遣劳动者纳入本单位从业人员统一管理，对被派遣劳动者进行岗位安全操作规程和安全操作技能的教育和培训；2）劳务派遣单位应当对被派遣劳动者进行必要的安全生产教育和培训；3）明确被派遣劳动者享有安全生产法规定的从业人员的权利，并应当履行安全生产法规定的从业人员的义务。

（7）建立事故隐患排查治理制度。新法把加强事前预防、强化隐患排查治理作为一项重要内容：1）生产经营单位必须建立事故隐患排查治理制度，采取技术、管理措施消除事故隐患；2）政府有关部门要建立健全重大事故隐患治理督办制度，督促生产经营单位消除重大事故隐患；3）对未建立隐患排查治理制度、未采取有效措施消除事故隐患的行为，设定了严格的行政处罚。

（8）推进安全生产标准化建设。结合多年来的实践经验，新法在总则部分明确生产经营单位应当推进安全生产标准化工作，提高本质安全生产水平。

（9）推行注册安全工程师制度。新法确立了注册安全工程师制度，并从两个方面加以推进：1）危险物品的生产、储存单位以及矿山、金属冶炼单位应当有注册安全工程师从事安全生产管理工作，鼓励其他单位聘用注册安全工程师；2）建立注册安全工程师按专业分类管理制度，授权国务院人力资源和社会保障部门、安全生产监督管理等部门制定具体实施办法。

（10）推进安全生产责任保险。新法规定国家鼓励生产经营单位投保安全生产责任保险。

（三）安全生产标准化

1. 安全生产标准化概述

安全生产标准化是指通过建立安全生产责任制，制定安全管理制度和操作规程，排查治理隐患和监控重大危险源，建立预防机制，规范生产行为，使各生产环节符合有关安全生产法律法规和标准规范的要求，人、机、物、环处于良好的生产状态，并持续改进，不断加强企业安全生产规范化建设。

2010 年 4 月 15 日，国家安全生产监督管理总局以 2010 年第 9 号公告发布了《企业安全生产标准化基本规范》安全生产行业标准，标准编号为 AQ/T 9006—2010，自 2010 年 6 月 1 日起实施。包括了 13 个一级要素和 40 个二级要素，一级要素包括安全生产目标、组织机构和职责、安全投入、法律法规与安全管理制度、教育培训、生产设备设施、作业行为管理、隐患排查、危险源监控、职业健康、应急救援、事故报告和调查处理、绩效评定和持续改进。

根据安全生产行业标准对企业进行评分后，安全生产标准化资质一般分为三级，分别是一级、二级和三级。（1）一级。安全质量标准化考核得分不少于 900 分（含 900 分）。（2）二级。安全质量标准化考核得分不少于 750 分（含 750 分）。（3）三级。安全质量标准化考核得分不少于 600 分（含 600 分）。安全生产标准化一级企业由国家安全监管总局公告，证书、牌匾由其确定的评审组织单位发放；二级企业的公告和证书、牌匾的发放，由省级安全监管部门确定；三级企业由地市级安全监管部门确定，经省级安全监管部门同意，也可以授权县级安全监管部门确定。

标准化要做到"五有"和"五不如"。"五有"是：有制度、有措施、有亮化、有落实、有提升。"五不如"是：人管不如制管、慢进不如快进、外力不如内力、上推不如下推、管理压力不如群体压力。

在推进安全生产标准化过程中应该深刻理解以下五个方面：

（1）领导重视是关键。开展安全生产标准化工作涉及企业的全员、全过程和全方位，因此，只有企业主要领导高度重视，才能在人、财、物等方面给予支持和投入，保证目标的实现。

（2）责任落实是核心。标准化创建工作是一项复杂的系统工程，涉及部门众多，且《安全生产标准》要求覆盖了与安全生产相关的所有内容，为此，落实各级安全生产职责，构建安全生产管理体系尤为重要。

（3）教育培训是基础。企业的实践证明，准确理解《安全生产标准》的实质含义，增强全员的安全意识，对于开展安全生产标准化工作具有重要的积极意义，而要达到目的，必须采用教育培训这一有效方法。

（4）综合治理是途径。企业在对照《安全生产标准》实施整改的过程中，必须采取多种途径，实行综合治理，才能取得事半功倍的效果。

（5）长效机制是方向。企业开展安全生产标准化工作的创建是过程，而巩固其成果，形成安全生产的长效机制则是根本目的。

2. 安全生产标准化的指导思想

以科学发展观为统领，坚持安全发展理念，全面贯彻"安全第一、预防为主、综合治理"的方针，以落实安全生产企业主体责任为主线，以着力抓好企业安全生产标准化建设为重点，以创新安全监管体制机制为着力点，以全国冶金等工贸企业安全生产标准化考评办法和冶金等工贸企业安全生产标准化建设评审工作管理办法为依据，规范企业安全管理，提高企业管理水平，为加快转变经济发展方式提供安全保障。

3. 安全生产标准化的主要作用

安全生产标准化的主要作用主要表现在以下五个方面。

（1）安全生产标准化是体现安全管理先进思想、提升企业安全管理水平的重要方法。

（2）安全生产标准化是改善设备设施状况、提高企业本质安全水平的有效途径。

（3）安全生产标准化是预防控制风险、降低事故发生的有效办法。

（4）安全生产标准化是建立约束机制、树立企业良好形象的重要措施。

（5）安全生产标准化是建立长效机制、提高安全监管水平的有力抓手。

二、化工安全事故举例

安全生产至关重要，没有安全的生产是没有保障的，是不可追求的。国家、省、市、县等各级政府都非常重视安全生产，始终坚持"以人为本"的发展思路，制定了很多安全标准、行业标准、作业规范、管理制度和处罚条例，都是为了企业能安全、高效和可持续发展，为了社会和谐稳定，为了人民安居乐业。但是，每年仍然还有很多安全事故发生在我们周围，我们要永远铭记这些血淋淋的事故，充分认识事故发生的原因，认真吸取经验和教训，避免以后再犯。下面就以实例的形式介绍一些事故案例。

（一）第一类：中毒事故

1. 河南某公司氮气中毒窒息事故

A　事故经过

该公司主要产品为：合成氨 30 万吨/年、尿素 52 万吨/年、复合肥 30 万吨/年、三聚氰胺 6 万吨/年等。某日上午 8 时左右，公司安排对气化装置的煤灰过滤器（S1504）内部进行除锈作业。在没有对作业设备进行有效隔离、没有对作业容器内氧含量进行分析、没有办理进入受限空间作业许可证的情况下，作业人员进入煤灰过滤器进行作业，约 10 点 30 分左右，1 名作业人员窒息晕倒坠落作业容器底部，在施救过程中另外 3 名作业人员相继窒息晕倒在作业容器内。随后赶来的救援人员在向该煤灰过滤器中注入空气后，将 4 名受伤人员救出，其中 3 人经抢救无效死亡，1 人经抢救脱离生命危险。

B　事故原因

事故发生的直接原因是，煤灰过滤器（S1504）下部与煤灰储罐（V1505）连接管线上有一膨胀节，膨胀节设有吹扫氮气管线。2 月 22 日装置外购液氮气化用于磨煤机单机试车。液氮用完后，氮气储罐（V3052，容积为 200m³）中仍有 0.9MPa 的压力。2 月 23 日在调试氮气储罐（V3052）的控制系统时，连接管线上的电磁阀误动作打开，使氮气储罐内氮气串入煤灰过滤器（S1504）下部膨胀节吹扫氮气管线，由于该吹扫氮气管线的两个阀门中的一个没有关闭，另一个因阀内存有施工遗留杂物而关闭不严，氮气窜入煤灰过滤器中，导致煤灰过滤器内氧含量迅速减少，造成正在进行除锈作业的人员窒息晕倒。由于盲目施救，导致伤亡扩大。

事故暴露出的问题：这是一起典型的危险化学品建设项目因试车过程安全管理不严，严重违反安全作业规程引发的较大事故，暴露出当前危险化学品建设项目施工和生产准备过程中安全管理还存在明显的管理不到位的问题。

C 防范措施

（1）制定完善的安全生产责任制、安全生产管理制度、安全操作规程，并严格执行。

（2）深入开展作业过程的风险分析工作，加强现场安全管理。

（3）作业现场配备必要的检测仪器和救援防护设备，对有危害的场所要检测，查明真相，正确选择、带好个人防护用具并加强监护。

（4）加强员工的安全教育培训，全面提高员工的安全意识和技术水平。

（5）制定事故应急救援预案，并定期培训和演练。

2. 山东某公司一氧化碳中毒事故

A 事故经过

公司产品是甲酸、甲胺、甲醇、甲酸钙等。8 月 6 日上午 9 时许，施工队在未办理任何安全作业手续、未通知设备所在车间的情况下，安排施工人员进入 5 号造气炉底部耐火段进行修补作业。作业过程中，由于煤气炉四周炉壁渗透的一氧化碳释放，导致 2 人中毒，1 人死亡、1 人受伤。

B 事故原因

公司施工队未办理任何安全作业手续、未通知设备所在车间，安排施工人员进入煤气车间 5 号造气炉底部耐火段进行修补作业。作业过程中，由于煤气炉四周炉壁渗透的一氧化碳释放，导致一氧化碳中毒，是该起事故的直接原因。企业未与外来施工队伍签订安全协议，对外来施工队伍管理不严，是事故发生的间接原因。

C 防范措施

（1）深入开展检维修作业过程的风险分析工作，严格执行检维修作业的票证管理制度，加强现场安全管理。

（2）制定完善的安全生产责任制、安全生产管理制度、安全操作规程，并严格落实和执行。

（3）加强员工的安全教育培训，全面提高员工的安全意识和技术水平。

（4）制定事故应急救援预案，并定期培训和演练。

（5）检维修现场配备必要的检测仪器和救援防护设备，对有危害的场所要检测，查明真相，正确选择、戴好个人防护用具并加强监护。

3. 山西某化工厂急性硫化氢中毒事故

A 事故经过

山西省一个民营化工厂的碳酸钡车间的 3 名工人对脱硫罐进行清洗，在没有采取任何防护措施的情况下，一名工人先下罐清洗，一下去就昏倒了，上面两名工人看见后，立即下去救人，下去后也昏倒。此时，车间主任赶到，戴上防毒面具后下去，救出 3 名中毒工人，立即拨打 120，下午 3 点 30 分左右送到医院治疗。

B　事故原因

从这起中毒案件中可以看到,该企业存在着严重的职业卫生安全问题。

(1)用人单位没有对工人进行上岗前的职业卫生安全培训,工人没有必要的职业卫生防护知识是导致这起职业中毒事件发生的主要原因。

(2)没有严格的职业卫生安全操作规程,工人盲目作业。

C　防范措施

(1)加强宣传教育。首先要加强对用人单位管理者的宣传教育,使他们充分认识到法律的严肃性和职业危害的严重性,不能只注重眼前的经济效益而忽视了职业卫生工作,使用人单位自觉履行《职业病防治》中赋予用人单位的义务和责任。

(2)用人单位要加强安全管理。用人单位要有职业卫生管理的组织机构和人员,负责职业卫生工作。在这种化工企业应当有较完善的应急救援体系及预案。应急救援在中毒事故发生后,对减少经济损失及人员伤亡起着很重要的作用,在这起中毒事故中,如能在第一时间对中毒人员实施救治,两名死亡的中毒患者有生还的可能,如上风向安置患者,脱去患者所有衣物,阻止硫化氢的继续吸收;供氧,以改善急性中毒患者的缺氧状态等。

(3)加大执法力度。作为国家的监督执法机构要做到有法可依,违法必究,执法必严,对类似的严重违反《职业病防治法》的行为,及早发现,及时纠正,对违反国家有关法律法规的单位和个人依法给予警告,责令限期改正;逾期不改正的,依法给予行政处罚;情节严重的,责令停止产生职业危害的作业,并提请有关人民政府按照国务院规定的权限责令关闭,保护劳动者身体健康及相关权益,以防此类中毒事件的发生。

4. 江西某公司二氧化硫中毒事故

A　事故经过

11月5日11时20分,某厂氯磺酸分厂硫酸工段在检修硫酸干燥塔过程中,因指挥协调不当及违章作业,发生一起急性 SO_2 中毒死亡事故。11月5日,因硫酸生产不正常,经分析认为系统有堵塞,讨论决定停车检修。上午8时,分厂副厂长在班前会上布置工作,由硫酸工段长蔡某负责组织干燥塔内分酸管堵漏工作(此前已于4日下午3时开始,对干燥塔用水进行不间断喷淋冲洗)。会后,蔡某安排副工段长刘某带操作工彭某做好各项准备工作,准备进干燥塔内堵漏。9时许,分厂安全员通知总厂安环科分管安全员和监测站人员到现场办理"高处作业票""罐内安全作业票"等手续,作取样分析,约9时30分办理好各种安全作业手续。

10时,冲洗停止,蔡某、刘某、彭某拿着堵漏工具、安全帽、防酸雨衣、安全带和一具过滤式防毒面具(配7号滤毒罐),爬上干燥塔后,由刘某从人孔进入塔内堵漏,彭某在塔外平台上协助并监护。工段长蔡某也在塔上监护。工作中,因安全帽前端带子丢失,刘某不慎将安全帽掉落到塔内分酸管的下一层(离人孔高度约1.2m),徒手难于捡取。约10时30分左右,堵漏工作完毕,刘某出塔休息。

此时,因焙烧炉温已降至560℃以下,焙烧炉工把蔡某叫到焙烧岗位,要求空烧升温。蔡叫炉工做了准备,并问刘某、彭某二人(空间对话)搞好了吗?刘答:"搞好了"。11时45分左右,蔡某指挥炉工启动风机,空烧升温。

11时左右,仍在干燥平台上休息的刘某再次穿上雨衣,戴上防毒面具爬进入孔,彭某用小钢筋弯了一个小钩递给刘某勾取安全帽。彭某抓住人孔内壁,感到气味很重,呛了一口，立即意识到情况不对，赶紧呼叫"刘某"，没有听回声，此时隐约听到一声倒地的声音，彭某试图冲进塔内救人，但因 SO_2 气味很重，无法呼吸，只好向塔下其他人员呼救。待氧气呼吸器送到，分厂安全员佩戴好后进塔将刘某背出，立即在现场对刘某开展"口对口人工呼吸"和"胸外心脏挤压"抢救，并使用强心和呼吸兴奋剂等。但终因毒物浓度过高，中毒时间长，抢救无效死亡。

B 事故原因

（1）违章指挥，违章操作。焙烧炉空烧时，大量 SO_2 有毒气体进入干燥塔内，使原作业环境完全改变。指挥者在人员尚未撤离检修现场、有害气体不能严密隔绝的情况下，同意并指挥空烧；操作者也在明知已开始空烧的情况下，未重新办理任何手续，再次进入干燥塔内勾取安全帽，冒险交叉作业，导致急性 SO_2 中毒窒息。严重违反了《化工安全生产禁令》《进入容器、设备的八个必须》，是造成死亡事故发生的直接原因。

（2）组织不严密，安全管理不到位。分厂领导把此次检修只看成一般日常小项目检修来处理，除在晨会上布置工作外，无详细的全面计划，未指定项目检修总指挥和安全负责人，入塔检修与空烧交叉进行。安全意识淡薄，组织协调不力，是造成事故发生的主要原因。

（3）隔离不严密。检修前由于未按规定加装盲板与焙烧炉安全隔绝，而只是用插板隔离，导致 SO_2 气体从缝隙泄漏入干燥塔内，也是造成事故的主要原因之一。

（4）防护不当。据事故发生后采样分析，干燥塔内 SO_2 含量达 13000mg/m^3，远远超出了过滤式防毒面具的适用范围，起不到安全防护作用；同时，安全帽平时保管不善，前绳带丢失，造成工作中安全帽掉落，为事故的发生留下了隐患。

C 防范措施

SO_2 属成酸氧化物，是具有强烈的特殊臭味的刺激性气体，人若嗅之避之不及。故在硫酸生产、检修过程中，发生急性 SO_2 中毒死亡事故在国内报道中尚属罕见。

（1）安全意识淡薄。习惯性违章指挥、违章作业。从事故分析中可以看出，本次干燥塔检修属违章作业。在焙烧炉未熄炉（压火保温）的情况下，未使用盲板进行安全隔绝，仅以插板代替；指挥者在检修人员未撤离现场的情况下，违章指挥交叉作业，致 SO_2 气体从缝隙中泄漏入干燥塔内。而操作者在明知已开始空烧、塔内作业环境改变的情况下，未按规定要求重新进行安全分析，仅凭经验和麻痹心理冒险蛮干（据彭某事后证实，他们当时认为勾取安全帽仅需 1~2 分钟），但事实上是再次进入干燥塔内勾取安全帽，导致了事故的发生。我们应从本次事故中吸取教训，从严强化安全监督检查工作，对化工检修应开展"危险预测"活动。通过识危险物质、危险能量、危险环境、危险作为等在工作中容易发生意外的因素，提前采取有效对策，使预防工作从"出发型"向"发现型"转变，真正做到防患于未然。

（2）安全卫生防护知识匮乏，防护器材使用不当。据事故发生后采样分析：干燥塔内 SO_2 含量高达 13000mg/m^3，超过车间空气中 SO_2 的最高允许浓度。在如此高浓度的环境中，过滤式防毒面具已根本无法起到防护作用。故刘某第二次进塔后，立即发生闪电性猝死。说明应加强职工安全卫生防护知识和劳动防护器材的选择、使用方法等方面的专业教育，避免防护不当造成的事故。平时还应加强劳动保护用品、器材的检查，杜绝安全器材中的不安全因素。

（3）加大安全投入，配备必要的安全防护器材。为认真吸取血的教训，应配置氧气呼吸器和长管式呼吸器。同时，还应加强《化学事故应急援预案》的演练，以备一旦发生事故时能迅速按"预案"开展救援工作。

（二）第二类：爆炸事故

1. 安徽某化肥厂汽车槽车液氨储罐爆炸

A　事故经过

某年 6 月 22 日 14 时 05 分，某化肥厂派往某地装运液氨的 21 台储罐车在返厂途中，行驶到仉邱区港集乡时，液氨储罐尾部开始向外冒白色氨雾，接着"轰"的一声巨响，液氨储罐发生爆炸。爆炸后重 77.4kg 的储罐后封头飞出 64.4m 远，直径 0.8m、长 3m 重达 770kg 的罐体挣断四根由 8 号钢丝制成的固定绳，向前冲去，先摧毁驾驶室，挤死一名驾驶员，冲出 95.7m 远时又撞死 3 人。从罐内泄出的液氨和氨气使 87 名赶集的农民灼伤、中毒，先后 66 人住院治疗。液氨和氨气扩散后覆盖的约 200 棵树和约 7000m² 的农田作物均被毁。这起爆炸事故共造成 10 人死亡、49 人重伤。

B　事故原因

（1）液氨储罐制造质量低劣。该储罐的纵、环焊缝均未开坡口，所有的焊缝均未焊透，10mm 厚的钢板的熔合深度平均为 4mm，X 光拍片检查，全部不合格。该罐是改装的，因无整体底座，无法与汽车车厢连接，而且只装了压力表和安全阀，其他附件均未安装。

（2）压力容器使用管理混乱。该罐投入使用后从未进行过检查，厂方对罐体质量情况一无所知。爆炸前，罐体上已出现多处裂纹，有的裂纹距外表面仅 1mm。

（3）充装违反规定。充装前未进行检查，充装时也没有进行称重，充装没有记录，计量仅凭估计，不能保证充装量小于规定值。

（4）违反危险品运输规定。未到当地公安部门办理危险品运输许可证，也未遵守严禁危险品运输通过人口稠密地区的规定。

C　防范措施

（1）对压力容器开展深入的安全大检查。对制造质量低劣的存有安全隐患的压力容器，要采取严格措施进行处理，缺陷严重的要坚决停用。对超期未检验的压力容器要进行检验，对自行改造的压力容器不符合要求的要进行更新。新压力容器必须有出厂合格证，必须由具有压力容器制造许可证的单位制造，以杜绝质量低劣的压力容器投入使用。

（2）严格危险品的运输。运输危险品必须到当地公安部门办理手续，并应按指定的时间和行驶路线运输，以避免发生事故和扩大事故的危害程度。

（3）严格液化气体的充装管理。充装前必须对储存容器进行检查，不合格的不能充装。充装时要认真计量，防止过量充装。

2. 某石化总厂化工一厂换热器爆炸

A　事故经过

受某石油化工总厂化工一厂的委托，某安装公司于某年 3 月 15 日对化工一厂的换热器进行气密性试验。16 时 35 分，气压达到 3.5MPa 时突然发生爆炸，试压环紧固螺栓被拉断，螺母脱落，换热器管束与壳体分离，重量达 4t 的管束在向前方冲出 8m 后，撞到载有空气压缩机的黄河牌载重卡车上，卡车被推移 2.3m，管束从原地冲出 8m，重量达 2t 的壳体向相反方向飞出 38.5m，撞到地桩上。两台换热器重叠，连接支座螺栓被剪断，连接法兰短管被拉断，两台设备脱开。重 6t 的未爆炸换热器受反作用力，整个向东南方向移位 8m 左右，并转向 170°。在现场工作的 4 人因爆炸死亡。爆炸造成直接经济损失 56000元，间接经济损失 25000 元。

B　事故原因

（1）操作人员违章操作。爆炸的换热器共有 40 个紧固螺栓，但操作人员只装 13 只螺栓就进行气密性试验，且试压环厚度比原连接法兰厚 4.7cm，原螺栓长度不够，但操作工仍凑合用原螺栓，在承载螺栓数量减少一大半的情况下，每只螺栓所能承受的载荷又明显下降，由于实际每只螺栓承载量大大超过设计规定的承载能力，致使螺栓被拉断后，换热器发生爆炸。这是一起典型的因违章操作导致爆炸的事故。

（2）现场管理混乱，分工不明确，职责不清。直接参加现场工作的主要人员在试验前请假回家，将工作委托他人。试验前没有人对安全防护措施和准备工作进行全面检查。

C　防范措施

（1）对职工进行安全教育，提高职工的安全意识。

（2）职工应严格按操作规程操作，杜绝违章作业现象。

（3）加强对现场安全工作的监督和检查，现场工作一定要分工明确，职责清楚，各司其职，严格安全防护措施的落实。

3. 某化工厂压力容器爆炸

A　事故经过

某日凌晨 1 时 55 分，某化工厂三车间一系列冷凝水闪蒸器 Nt112 发生爆炸事故，楼上当班职工柴某因操作室坍塌坠落至零米平面死亡。

B　事故原因

（1）该设备在停运期间，排水阀 F6 被关闭，进水阀严重泄漏，当压力为 5.6MPa 的冷凝水不断流入 Nt112 时，压力逐渐升高，又不能排水卸压，致使其超压破裂，发生爆炸。

（2）冷凝水闪蒸器 Nt112 在停用关闭阀门 F1 的状态下与安全阀不相通，安全阀不能起到泄压作用，没能有效地防止事故发生。

（3）管理不严，职工违章关闭排水阀 F6，巡检不到位，交接班无记录。

C　防范措施

（1）完善安全阀设置不合理的问题，并对其他工艺系统展开调查，发现问题及时整改。

（2）备用设备隔离措施要严密，针对备用设备隔离不严问题，必须加强设备检查和维护管理，对于生产过程中的设备状态要全面掌握，尤其是关键阀门的开关状态必须明确制度，必要时对开关阀门采取上锁措施。

（3）进一步完善监控仪表、仪器和设备。进一步研究深化、细化压力容器安全检查的办法，通过技术手段查找和处理事故隐患。

4. 昆山粉尘爆炸

A　事故经过

某年 8 月 2 日上午 7 时 37 分许，某公司汽车轮毂抛光车间在生产过程中发生爆炸，当时在车间上班的员工有 261 人。爆炸发生后，当场确认死亡 44 人，随后在前往医院救治途中和在抢救过程中死亡 24 人，截至 8 月 4 日，爆炸共造成 75 人死亡，185 人受伤。

B　事故原因

该起事故是由粉尘发生爆炸引起的，该公司的问题和隐患长期没有解决，粉尘浓度超标，遇到火源，导致爆炸发生，是一起重大责任事故。其主要原因有以下几个方面：

（1）企业厂房没有按二类危险品场所进行设计和建设，违规双层设计建设生产车间，且建筑间距不够。

（2）生产工艺路线过紧过密，2000m² 的车间内布了 29 条生产线、300 多个工位。

（3）除尘设备没有按规定为每个岗位设计独立的吸尘装置，除尘能力不足。

（4）车间内所有电器设备都没有按防爆要求配置。

（5）安全生产制度和措施不完善、不落实，没有按规定每班按时清理管道积尘，造成粉尘聚集超标；没有对工人进行安全培训，没有按规定配备阻燃、防静电劳保用品；违反劳动法规，超时组织作业。

（6）当地政府的有关领导责任和相关部门的监管责任落实不力。

C　防范措施

（1）认真改造厂房，重新布置生产线和岗位。

（2）完善安全生产和作业制度。

（3）补充相关的劳保用品和消防设备。

（4）定期组织安全培训。

（三）第三类：火灾事故

1. 爆炸危险区域使用非防爆电气设备引发火灾

A　事故经过

某月 11 日 15 时 40 分左右江西某个体加油站发生火灾，死亡 6 人，炸塌小楼一座。加油站为砖混结构三层楼房，地下一层，地上二层。地下一层建筑面积 108m²，有两个 10m³ 柴油罐，一个 6m³ 汽油罐，3m³ 空罐一个，及 10 余个油桶。地上一层建筑面积为57. 26m²，有一个 5m³ 柴油罐，两台加油机和卧室；地上二层为两间住房，面积与地上一层相同。油罐设在密闭地下室内，室内灯管不防爆，卸油泵也是用不防爆的水泵，且采用敞口喷溅式卸油，卸油时罐室内油气浓度较大，遇电器打火，引发爆炸。

B　事故原因

本案油罐设在室内，爆炸危险区域使用非防爆电气设备，且采用危险的操作方式，是严重的违规建设，导致事故的发生。

C　防范措施

（1）加大执法检查力度，杜绝违规建设，防止类似事故的发生。

（2）加油站的爆炸危险区域严禁使用非防爆电气设备。

2. 某化肥厂火灾

A　事故经过

某年 9 月 11 日 16 时，某化肥厂空分车间 682 氧气装瓶站休息室，因违章吸烟致 3 人被烧死，重伤 1 人、轻伤 2 人。

11 日 16 时许，因该厂空分车间的氧气不合格，不能装瓶，682 氧气装瓶站的 6 名工人将室内的压缩机空气吹洗出口阀打开放空后，便集中在休息室内学习。18 时 50 分，1 名工人在点香烟时，火柴在富氧中剧烈燃烧，该工人随即将火柴扔在地上用脚踩，火焰即由裤脚向上蔓延，另 1 名工人见状急忙协助其进行扑救，不料自己身上也着起火来，顷刻之间室内烟火弥漫，有 2 名工人破窗逃出。班长、点烟的工人和 1 名工人夺门而出，协助灭火的那名工人因惊慌失措未将门拉开而烧死在休息室内，班长和点烟的工人因烧伤过重，经抢救无效而死亡，1 名工人因惊恐过度精神失常，其他 2 人轻伤。

B　事故原因

(1) 原设计中氧气装瓶站压缩机岗位没有室外放空管线，而是利用室内压缩机一段入口的空气吹洗的出口阀做放空阀，只能将氧气排在室内，事故当时氧气放空达 3h，室内氧气浓度高。

(2) 操作人员违反该厂有关安全的规定，在非吸烟点的空分车间 682 氧气装瓶站休息室内吸烟，加之职工缺乏安全防火知识，对富氧燃烧认识不足，以致扩大了灾情。

(3) 氧气装瓶站休息室的门不符合有关建筑设计防火规范的规定，门向内开，导致在紧急情况下不便撤离。

C　防范措施

(1) 增设室外氧气放空管，将室内压缩机一段入口原放空处加盲板。

(2) 组织检查厂内所有危险岗位的门窗，将方向不符者均改成疏散方向。

(3) 严格执行各项规章制度，禁止在非吸烟区吸烟，并加强对职工的安全教育，使广大职工了解本厂、本岗位易燃易爆、助燃、有毒有害物质的特性及防护措施。

3. 某石化公司原油罐区火灾

A　事故经过

某石化公司原油罐区共有 12 台 5 万立方米的原油罐，总容量为 60 万立方米。9 月 6 日上午 8 时 30 分，因 12 号油罐的 2 号阀门阀板脱落，港口公司机动科安排某公司承担更换阀门任务。拆卸前，已先后三次开污油泵倒管线内原油，但管内仍存有部分原油，并且有原油流淌在地面。14 时 03 分，某公司的 5 名施工人员在拆卸旧阀施工过程中引燃阀室地面上原油，造成阀室一层管线区域火灾。14 时 05 分，原油罐区消防中队到达着火现场进行灭火。施救过程中发现管网无水，原来罐区人员没有开消防泵，随即开泵又开不起来，只好启动另一台泵供水。14 时 10 分，阀室内一根原油管线因受热发生爆裂，火势加大，施救过程中又有二根原油管线受热爆裂，三台车消防能力不足。15 时 30 分，由其他部门的消防车陆续赶到，但是施救灭火全过程因供水不足，进口大功率消防车也不能发挥战斗力，17 时 10 分将火扑灭，事故发生时有一名作业民工 20% 轻度烧伤。

B　事故原因

(1) 施工人员起吊 2 号阀门时，管线内部分原油溢出，阀室内通风不良，油气弥漫，施工人员仍然冒险作业，在拉动手动葫芦时速度过快，导致阀门端面和管线法兰端面碰撞摩擦打火，引燃原油。

（2）施工现场使用的非防爆潜水泵，抽原油时产生电火花引爆原油。

（3）消防设施管理很不到位，导致贻误了扑灭初期火灾的最好时机。

C　防范措施

（1）落实储罐区施工管理的责任制度，严格管理外来施工人员。

（2）规范好消防设置的巡查和消防演练制度。

（3）学习相关的安全法律法规。

4. 某公司锅炉炉膛煤气着火爆炸

A　事故经过

某日上午 10 时 15 分，煤气发电厂厂长指令锅炉房带班班长对锅炉进行点火，该班职工将点燃的火把从锅炉从南侧的点火口送入炉膛时发生爆炸事故。此次爆炸事故造成死亡 2 人、重伤 5 人、轻伤 3 人，直接经济损失 49.42 万元。

尚未正式移交使用的煤气发电锅炉在点火时发生炉膛煤气爆炸，炉墙被摧毁，炉膛内水冷壁管严重变形，最大变形量为 1.5m。钢架不同程度变形，其中中间两根立柱最大变形量为 230mm，部分管道、平台、扶梯遭到破坏，锅炉房操作间门窗严重变形、损坏。锅炉烟道、引风机被彻底摧毁，烟囱发生粉碎性炸毁，砖飞落到直径约 80m 范围内，砸在屋顶的较大体积烟囱砖块造成锅炉房顶 11 处孔洞，汽轮发电机房顶 13 处孔洞，最大面积约 15m^2，锅炉房东墙距屋顶 1.5m 处有 12m 长的裂缝。炸飞的烟囱砖块将正在厂房外施工的人员 2 人砸死，另造成 5 人重伤、3 人轻伤。爆炸冲击波还使距锅炉房 500m 范围内的门窗玻璃不同程度地被震坏。

B　事故原因

此次爆炸事故是由于炉前 2 号燃烧器（北侧）手动蝶阀（煤气进气阀）处于开启状态（应为关闭状态），致使点火前炉膛、烟道、烟囱内聚集大量煤气和空气的混合气，且混合比达到轰爆极限值，因而在点火瞬间发生爆炸。具体分析如下：

（1）当班人员未按规定进行全面的认真检查，在点火时未按规程进行操作，使点火装置的北蝶阀在点火前处于开启状态，是导致此次爆炸事故的直接原因。

（2）煤气发电厂管理混乱，规章制度不健全，厂领导没有执行有关的指挥程序，没有严格要求当班人员执行操作规程，未制止违规操作行为，职责不明、规章制度不健全也是造成此将爆炸事故的原因之一。

（3）公司领导重生产、轻安全，重效益、轻管理。在安全生产方面失控，特别是在各厂的协调管理方面缺乏有效管理和相应规章制度，对各厂的安全生产工作不够重视，也是造成此将爆炸事故的原因之一。

C　防范措施

（1）公司要认真贯彻落实国家有关锅炉压力容器的法律、法规，真正从思想上吸取教训，引以为戒，制定出有效的详细的安全措施，健全各项安全管理制度。

（2）进一步完善各级安全生产责任制，明确锅炉安全管理的有关事项和要求，把锅炉的安全管理工作落到实处。

（3）各有关部门要严格执行各项规章制度及操作规程，层层落实，责任到人，消除麻痹思想和侥幸心理，操作程序规范化，从组织指挥、安全措施、规章制度、操作规程上彻底堵塞漏洞，消除隐患，从而防止类似事故再次发生。

（四）第四类：机械伤害

1. 某厂机械伤害事故

A　事故经过

某年 3 月 20 日上午 7 时上班后，该厂带钢打卷机操作工谭某与同班职工杨某、秦某一起操作带钢打卷机。谭某在打卷机北端操作卷带，秦某在南端操作发料，杨某在该机中间负责带钢加热。上午 7 时 20 分左右，设备中间的操作工杨某去拉煤，当他回来时，谭某已被打卷机的传动轴卷进。在南端操作的秦某也未看见，但听到有人说出事了，他立即去拉断总闸，看见谭某的衣服被传动轴缠住，看样子人还有一点知觉，并有呼吸，身上也没有出多少血，但脸色苍白，喘气比较大。然后秦某马上出去拿把刀子来把谭某被传动轴缠住的衣服割断。大约七八分钟后，打 120 电话求救，而 120 救护车在渔墩路阻。此时已到场的厂长叫来车子立即与秦某一起将谭某送到医院抢救，这时 120 救护车也到医院了。经医院进行全力抢救无效，谭某于当天上午 8 时许死亡。

B　事故原因

谭某忽视安全生产，操作时没有扣好工作服的扣子，衣角被传动轴卷进。这是造成事故的直接原因。该厂平时对职工安全教育仅在开会时口头提醒，但没有制定岗位操作规程，职工在操作时无规可循，这是造成事故的主要间接原因。该厂的设备传动部位没有设置防护装置，这是造成事故的间接原因。

C　防范措施

（1）加强相关安全技术知识的培训，提高职工安全生产意识，操作时穿戴工作服等保护装置，工作服必须扣好扣子等。

（2）切实加强系统的设备管理，各岗位制定安全技术操作规程。

（3）加强对职工安全教育，制定相关规章制度并执行。

（4）对设备传动部位防护装置应重点检查，没有防护装置的应及时安装设置。

2. 某冲压厂冲压工违章操作导致右手压伤机械伤害

A　事故经过

某年 3 月 16 日 18 时 30 分许，冲压厂冲二车间冲压工李某某（女，21 岁），在上二班期间独自一人操作 250t 冲床加工冲压工件。在操作过程中，由于思想麻痹，疏忽大意，忽视安全，在压力机滑块下行 2/3 的过程中，右手进入模具危险区矫正工件定位，致使其右手被压伤，造成右手拇指脱套伤，食指、中指各一节和无名指、小指全部离断。

B　事故原因

造成这起事故的直接原因，是李某某在冲压过程中严重违章操作。按照操作规程规定，"滑块运动时，不准将手伸入模具空间矫正或取、放工件"。造成事故的间接原因，一是现场管理粗放，现有的工艺制度中安全防护措施内容不细，未明确到每种模具的取、送料方式，增大了职工在操作时的随意性。二是冲压厂临时用工管理不到位，车间安全管理及职工遵章守纪、按章操作的教育未落到实处，对职工的习惯性违章未采取强有力的措施，未严格执行工艺要求及安全措施。

C　防范措施

（1）制定各类安全操作规程和违章处罚制度。

（2）完善各类机械设备的安全装置和附属设施。

（3）对现有的生产工艺认真排查，完善工艺安全技术条件，包括每种模具送、取料安全措施方式并制订出具体的整改计划，按期整改，并在今后的工作中严格执行、严格考核。

（4）企业、车间、班组都需要加强安全管理和安全教育，强化安全监控和考核力度，认真组织有针对性的安全检查及安全教育，对查出的违章作业、违章指挥、习惯性违章等，绝不能姑息迁就，必须严肃处理。

（5）要加强临时用工管理，对临时用工要严格执行有关用工规定，真正做到谁用工，谁负责安全管理和安全教育，坚决杜绝用工管理中存在的脱节现象，杜绝违章和重复性事故的发生。

3. 违章戴手套操作车床造成断臂机械伤害事故

A　事故经过

某年 10 月 10 日 13 时 15 分许，某生产制造公司下属机械分公司车工蒯某某（女，23 岁），操作 C260 车床加工曲柄轴，在未停机的情况下，用 8 寸半圆锉修整毛刺。修整中因右手戴的帆布手套口被旋转的工件毛刺挂住，右手腕部被旋转的工件铰、缠，右手腕当即被铰断，右臂尺骨、桡骨外露 2/3，皮肤肌肉脱套，无法再植，后将右小臂截去 2/3。

B　事故原因

造成这起事故的直接原因，是操作者严重违反安全规定戴手套操作。此外，在未停机的情况下修理加工工件的毛刺，能省时省力，但不值得提倡，尤其对于技术水平不高、缺乏经验的新工人来讲，更不应该提倡这种操作方式。造成事故的间接原因：一是安全生产管理不严格，制度不健全，只顾生产经营，放松了安全管理工作，检查督促不够。二是作业环境较差，或者加工工件过于粗糙，不戴手套害怕伤手。

在车工安全操作规程中，特别重要的一条就是要求操作者必须穿紧身工作服，袖口不能敞开，长发要戴防护帽，操作时不能戴手套。为什么不能戴手套操作？其原因是戴上手套后容易被旋转的机械或工件卷入，造成伤害。这种规定属于常识性和硬性规定，不能有丝毫的通融，没有任何回旋余地，而是必须遵守的规定。在这个事故案例中，操作者为什么要戴手套操作呢？一是怕伤手，二是有侥幸心理。

C　防范措施

（1）各级领导和全体职工，要吸取此次事故教训，增强安全意识，牢固树立"安全第一"的思想，加强对安全生产的领导，查找管理漏洞，严格考核，落实安全生产规章制度。

（2）组织好安全日活动，坚持进行三级安全教育，补课、建卡，对职工进行《安全操作规程》的学习和考试。

（3）学习岗位安全操作规程，严格管理，制止违章；合理使用劳保用品，为安全生产创造良好的环境和条件。

思 考 题

11-1 简述化工实习有什么好处，一般分为哪些实习？

11-2 实习过程中的安全培训有几级，分别是什么？

11-3 毕业实习和生产实习有什么区别？

11-4 安全生产发生事故可分为几类，有什么区别？

11-5 生产过程中的不安全因素主要有哪些？

11-6 什么是安全生产标准化，实施安全生产标准化有哪些作用？

附　件

附件 1　安全预评价导则

1　主体内容与适用范围

本导则依据《安全评价通则》制订，规定了安全预评价的目的、基本原则、内容、程序和方法，适用于建设项目（矿山建设项目除外）安全预评价。

2　安全预评价目的和基本原则

安全预评价目的是贯彻"安全第一、预防为主"方针，为建设项目初步设计提供科学依据，以利于提高建设项目本质安全程度。

安全预评价基本原则是具备国家规定资质的安全评价机构科学、公正和合法地自主开展安全预评价。

3　定义

3.1　建设项目
建设项目是指生产经营单位新建、改建、扩建工程项目。

3.2　安全预评价
安全预评价是根据建设项目可行性研究报告内容，分析和预测该建设项目可能存在的危险、有害因素的种类和程度，提出合理可行的安全对策措施及建议。

3.3　危险、有害因素识别
危险、有害因素识别是指找出危险、有害因素，并分析其性质和状态的过程。

3.4　危险度评价
危险度评价是指评价危险、有害因素导致事故发生的可能性和严重程度，确定承受水平，并按照承受水平采取措施，使危险度降低到可承受水平的过程。

3.5　评价单元
评价单元是为了安全评价需要，按照建设项目生产工艺或场所的特点，将生产工艺或场所划分成若干相对独立的部分。

4　安全预评价内容

安全预评价内容主要包括危险、有害因素识别、危险度评价和安全对策措施及建议。

5　安全预评价程序

安全预评价程序一般包括：准备阶段；危险、有害因素识别与分析；确定安全预评价单元；选择安全预评价方法；定性、定量评价；安全对策措施及建议；安全预评价结论；

编制安全预评价报告。

5.1　准备阶段

明确被评价对象和范围，进行现场调查和收集国内外相关法律法规、技术标准及建设项目资料。建设项目参考资料见附录 A。

5.2　危险、有害因素识别与分析

根据建设项目周边环境、生产工艺流程或场所的特点，识别和分析其潜在的危险、有害因素。

5.3　确定安全预评价单元

在危险、有害因素识别和分析基础上，根据评价的需要，将建设项目分成若干个评价单元。

划分评价单元的一般性原则：按生产工艺功能、生产设施设备相对空间位置、危险有害因素类别及事故范围划分评价单元，使评价单元相对独立，具有明显的特征界限。

5.4　选择安全预评价方法

根据被评价对象的特点，选择科学、合理、适用的定性、定量评价方法。常用安全预评价方法见附录 B。

5.5　定性、定量评价

根据选择的评价方法，对危险、有害因素导致事故发生的可能性和严重程度进行定性、定量评价，以确定事故可能发生的部位、频次、严重程度的等级及相关结果，为制定安全对策措施提供科学依据。

5.6　安全对策措施及建议

根据定性、定量评价结果，提出消除或减弱危险、有害因素的技术和管理措施及建议。

安全对策措施应包括以下几个方面：

（1）总图布置和建筑方面安全措施。

（2）工艺和设备、装置方面安全措施。

（3）安全工程设计方面对策措施。

（4）安全管理方面对策措施。

（5）应采取的其他综合措施。

5.7　安全预评价结论

简要列出主要危险、有害因素评价结果，指出建设项目应重点防范的重大危险、有害因素，明确应重视的重要安全对策措施，给出建设项目从安全生产角度是否符合国家有关法律、法规、技术标准的结论。

5.8　编制安全预评价报告

安全预评价报告应当包括以下重点内容：

5.8.1　概述

（1）安全预评价依据。有关安全预评价的法律、法规及技术标准；建设项目可行性研究报告等建设项目相关文件；安全预评价参考的其他资料。

（2）建设单位简介。

（3）建设项目概况。

建设项目选址、总图及平面布置、生产规模、工艺流程、主要设备、主要原材料、中间体、产品、经济技术指标、公用工程及辅助设施等。

5.8.2　生产工艺简介

（1）介绍生产工艺流程。

（2）简述生产工艺概况和各工序主要工艺参数。

5.8.3　安全预评价方法和评价单元

（1）安全预评价方法简介。

（2）评价单元确定。

5.8.4　定性、定量评价

（1）定性、定量评价。

（2）评价结果分析。

5.8.5　安全对策措施及建议

（1）在可行性研究报告中提出的安全对策措施。

（2）补充的安全对策措施及建议。

5.8.6　安全预评价结论

得出安全预评价结论。

6　安全预评价报告审查与管理

建设单位按有关要求将安全预评价报告交由具备能力的行业组织或具备相应资质条件的中介机构组织专家进行技术评审，并由专家评审组提出评审意见。

预评价单位根据审查意见，修改、完善预评价报告后，由建设单位按规定报有关安全生产监督管理部门备案。

7　安全预评价报告书格式

7.1　封面

7.2　安全预评价资质证书影印件

7.3　著录项（评价组人员签名表）

7.4　目录

7.5　编制说明

7.6　前言

7.7　正文

7.8　附件

7.9　附录

附录 A（建设单位提供资料参考目录）

A.1　建设项目综合性资料

A.1.1　建设单位概况

A.1.2　建设项目概况

A.1.3　建设工程总平面图

A.1.4　建设项目与周边环境关系位置图

A.1.5　建设项目工艺流程及物料平衡图

A.1.6　气象条件

A.2　建设项目设计依据

A.2.1　建设项目立项批准文件

A.2.2　建设项目设计依据的地质、水文资料

A.2.3　建设项目设计依据的其他有关安全资料

A.3　建设项目设计文件

A.3.1　建设项目可行性研究报告

A.3.2　改建、扩建项目相关的其他设计文件

A.4　安全设施、设备、工艺、物料资料

A.4.1　生产工艺中的工艺过程描述与说明

A.4.2　生产工艺中的安全系统描述与说明

A.4.3　生产系统中主要设施、设备和工艺数据表

A.4.4　原料、中间产品、产品及其他物料资料

A.5　安全机构设置及人员配置

A.6　安全专项投资估算

A.7　历史性监测数据和资料

A.8　其他可用于建设项目安全评价的资料

附录B（常用安全预评价方法）

（1）专家现场询问、观察法。

（2）危险和可操作性研究。

（3）故障类型及影响分析。

（4）事故树分析。

（5）事件树分析。

（6）安全检查表法。

（7）风险容忍度评价法。

（8）道化学公司火灾、爆炸危险指数评价法。

（9）蒙德火灾、爆炸、毒性指数评价法。

（10）日本劳动省六阶段评价法。

（11）作业条件危险性评价法（格雷厄姆-金尼法）。

（12）气体泄漏模型。

（13）绝热扩散模型。

（14）池火火焰与辐射强度评价模型。

（15）火球爆炸伤害模型。

（16）爆炸冲击波超压伤害模型。

（17）蒸气云爆炸超压破坏模型。

（18）毒物泄漏扩散模型。

（19）锅炉爆炸伤害 TNT 当量法。

附件 2　安全验收评价导则

1　范围

本标准规定了安全验收评价的程序、内容等基本要求，以及安全验收评价报告的编制格式。

本标准适用于对建设项目竣工验收前或工业园区建设完成后进行的安全验收评价。

2　规范性引用文件

下列文件中的条款通过本标准的引用而成为本标准的条款。凡是注明日期的引用文件，其随后所有的修改本（不包括勘误的内容）或修订版不适用于本标准。然而，鼓励根据本标准达成协议的各方研究是否可以使用这些文件的最新版本。凡是不注明日期的引用文件，其最新版本适用于本标准。

3　安全验收评价程序

安全验收评价程序分为：前期准备；危险、有害因素辨识；划分评价单元；选择评价方法，定性、定量评价；提出安全风险管理对策措施及建议；做出安全验收评价结论；编制安全验收评价报告等。

安全验收评价程序见附录 B。

4　安全验收评价内容

安全验收评价包括：危险、有害因素的辨识与分析；符合性评价和危险危害程度的评价；安全对策措施建议；安全验收评价结论等内容。

安全验收评价主要从以下方面进行评价：评价对象前期（安全预评价、可行性研究报告、初步设计中安全卫生专篇等）对安全生产保障等内容的实施情况和相关对策实施建议的落实情况；评价对象的安全对策实施的具体设计、安装施工情况有效保障程度；评价对象的安全对策措施在试投产中的合理有效性和安全措施的实际运行情况；评价对象的安全管理制度和事故应急预案的建立与实际开展和演练有效性。

4.1　前期准备工作包括：明确评价对象及其评价范围；组建评价组；收集国内外相关法律法规、标准、规章、规范；安全预评价报告、初步设计文件、施工图、工程监理报告、工业园区规划设计文件，各项安全设施、设备、装置检测报告、交工报告、现场勘察记录、检测记录、查验特种设备使用、特殊作业、从业等许可证明，典型事故案例、事故应急预案及演练报告、安全管理制度台账、各级各类从业人员安全培训落实情况等实地调查收集到的基础资料。

安全验收评价参考资料目录参见附录 A。

4.2　参考安全预评价报告，根据周边环境、平立面布局、生产工艺流程、辅助生产设施、公用工程、作业环境、场所特点或功能分布，分析并列出危险、有害因素及其存在的部位、重大危险源的分布、监控情况。

4.3　划分评价单元应符合科学、合理的原则。

评价单元可按以下内容划分：法律、法规等方面的符合性；设施、设备、装置及工艺方面的安全性；物料、产品安全性能；公用工程、辅助设施配套性；周边环境适应性和应急救援有效性；人员管理和安全培训方面充分性等。

评价单元的划分应能够保证安全验收评价的顺利实施。

4.4　依据建设项目或工业园区建设的实际情况选择适用的评价方法。

4.4.1　符合性评价

检查各类安全生产相关证照是否齐全，审查、确认建设项目、工业园区建设是否满足安全生产法律法规、标准、规章、规范的要求，检查安全设施、设备、装置是否已与主体工程同时设计、同时施工、同时投入生产和使用，检查安全预评价中各项安全对策措施建议的落实情况，检查安全生产管理措施是否到位，检查安全生产规章制度是否健全，检查是否建立了事故应急救援预案。

4.4.2　事故发生的可能性及其严重程度的预测

采用科学、合理、适用的评价方法对建设项目、工业园区实际存在的危险、有害因素引发事故的可能性及其严重程度进行预测性评价。

4.5　安全对策措施建议

根据评价结果，依照国家有关安全生产的法律法规、标准、规章、规范的要求，提出安全对策措施建议。安全对策措施建议应具有针对性、可操作性和经济合理性。

4.6　安全验收评价结论

安全验收评价结论应包括：符合性评价的综合结果；评价对象运行后存在的危险、有害因素及其危险危害程度；明确给出评价对象是否具备安全验收的条件。

对达不到安全验收要求的评价对象，明确提出整改措施建议。

5　安全验收评价报告

5.1　安全验收评价报告的总体要求

安全验收评价报告应全面、概括地反映验收评价的全部工作。安全验收评价报告应文字简洁、准确，可采用图表和照片，以使评价过程和结论清楚、明确，利于阅读和审查。符合性评价的数据、资料和预测性计算过程等可以编入附录。安全验收评价报告应根据评价对象的特点及要求，选择下列全部或部分内容进行编制。

5.2　安全验收评价报告的基本内容

5.2.1　结合评价对象的特点，阐述编制安全验收评价报告的目的。

5.2.2　列出有关的法律法规、标准、行政规章、规范；评价对象初步设计、变更设计或工业园区规划设计文件；安全验收评价报告；相关的批复文件等评价依据。

5.2.3　介绍评价对象的选址、总图及平面布置、生产规模、工艺流程、功能分布、主要设施、设备、装置、主要原材料、产品（中间产品）、经济技术指标、公用工程及辅助设施、人流、物流、工业园区规划等概况。

5.2.4　危险、有害因素的辨识与分析

列出辨识与分析危险、有害因素的依据，阐述辨识与分析危险、有害因素的过程。明

确在安全运行中实际存在和潜在的危险、有害因素。

5.2.5　阐述划分评价单元的原则、分析过程等。

5.2.6　选择适当的评价方法并做简单介绍。描述符合性评价过程、事故发生可能性及其严重程度度分析计算。得出评价结果，并进行分析。

5.2.7　列出安全对策措施建议的依据、原则、内容。

5.2.8　列出评价对象存在的危险、有害因素种类及其危险危害程度。说明评价对象是否具备安全验收的条件。对达不到安全验收要求的评价对象，明确提出整改措施建议。明确评价结论。

5.3　安全验收评价报告的格式

安全验收评价报告的格式应符合《安全评价通则》中规定的要求。

附录 A（资料性附录：安全验收评价需参考资料目录）

A.1　概况

A.1.1　基本情况，包括隶属关系、职工人数、所在地区及其交通情况等

A.1.2　生产营活动合法证明材料，包括：企业法人证明、营业执照、矿产资源开采许可证、工业园区规划批准文件等

A.2　设计依据

A.2.1　立项批准文件、可行性研究报告

A.2.2　初步设计批准文件

A.2.3　安全预评价报告

A.3　设计文件

A.3.1　可行性研究报告、初步设计

A.3.2　工艺、功能设计文件

A.3.3　生产系统和辅助系统设计文件

A.3.4　各类设计图纸

A.4　生产系统及辅助系统生产及安全说明

A.5　危险、有害因素分析所需资料

A.6　安全技术与安全管理措施资料

A.7　安全机构设置及人员配置

A.8　安全专项投资及其使用情况

A.9　安全检验、检测和测定的数据资料

A.10　特种设备使用、特种作业、从业许可证明、新技术鉴定证明

A.11　安全验收评价所需的其他资料和数据

附录 B（规范性附录：安全验收评价报告的重点内容）

B.1　安全验收评价程序框图

B.2　编制安全验收评价报告

B.3　前期准备

B.4　辨识与分析危险、有害因素

B.5　选择评价方法

B.6　划分评价单元

B.7 定性、定量评价

B.8 提出安全对策措施建议

B.9 做出评价结论

B.10 编制安全验收评价报告

附件3　危险化学品重大危险源辨识
（GB 18218—2018）

1　范围

本标准规定了辨识危险化学品重大危险源的依据和方法。

本标准适用于生产、储存、使用和经营危险化学品的生产经营单位。

本标准不适用于：

a）核设施和加工放射性物质的工厂，但这些设施和工厂中处理非放射性物质的部门除外；

b）军事设施；

c）采矿业，但涉及危险化学品的加工工艺及储存活动除外；

d）危险化学品的厂外运输（包括铁路、道路、水路、航空、管道等运输方式）；

e）海上石油天然气开采活动。

2　规范性引用文件

GB 13690　化学品分类和危险性公示　通则

GB 30000.2　化学品分类和标签规范　第2部分：爆炸物

GB 30000.3　化学品分类和标签规范　第3部分：易燃气体

GB 30000.4　化学品分类和标签规范　第4部分：气溶胶

GB 30000.5　化学品分类和标签规范　第5部分：氧化性气体

GB 30000.7　化学品分类和标签规范　第7部分：易燃液体

GB 30000.8　化学品分类和标签规范　第8部分：易燃固体

GB 30000.9　化学品分类和标签规范　第9部分：自反应物质和混合物

GB 30000.10　化学品分类和标签规范　第10部分：自燃液体

GB 30000.11　化学品分类和标签规范　第11部分：自燃固体

GB 30000.12　化学品分类和标签规范　第12部分：自热物质和混合物

GB 30000.13　化学品分类和标签规范　第13部分：遇水放出易燃气体的物质和混合物

GB 30000.14　化学品分类和标签规范　第14部分：氧化性液体

GB 30000.15　化学品分类和标签规范　第15部分：氧化性固体

GB 30000.16　化学品分类和标签规范　第16部分：有机过氧化物

GB 30000.18　化学品分类和标签规范　第18部分：急性毒性

3　术语和定义

下列术语和定义适用于本文件。

3.1　危险化学品 dangerous chemicals

具有毒害、腐蚀、爆炸、燃烧、助燃等性质，对人体、设施、环境具有危害的剧毒化学品和其他化学品。

3.2 单元（unit）

涉及危险化学品的生产、储存装置、设施或场所，分为生产单元和储存单元。

3.3 临界量（threshold quantity）

某种或某类危险化学品构成重大危险源所规定的最小数量。

3.4 危险化学品重大危险源（major hazard installations for dangerous chemicals）

长期地或临时地生产、储存、使用和经营危险化学品，且危险化学品的数量等于或超过临界量的单元。

3.5 生产单元（production unit）

危险化学品的生产、加工及使用等的装置及设施，当装置及设施之间有切断阀时，以切断阀作为分隔界限划分为独立的单元。

3.6 储存单元（storage unit）

用于储存危险化学品的储罐或仓库组成的相对独立的区域，储罐区以罐区隔堤为界限划分为独立的单元，仓库以独立库房为界限划分为独立的单元。

3.7 混合物（mixture）

由两种或者多种物质组成的混合体或者溶液。

4 危险化学品重大危险源辨识

4.1 辨识依据

4.1.1 危险化学品重大危险源的辨识依据是危险化学品的危险特性及其数量，具体见表 1 和表 2。危险化学品的纯物质及其混合物按照 GB 30000.2、GB 30000.3、GB 30000.4、GB 30000.5、GB 30000.7、GB 30000.8、GB 30000.9、GB 30000.10、GB 30000.11、GB 30000.12、GB 30000.13、GB 30000.14、GB 30000.15、GB 30000.16、GB 30000.18 标准进行分类。危险化学品重大危险源分为生产单元危险化学品重大危险源和储存单元危险化学品重大危险源。

4.1.2 危险化学品临界量的确定方法如下：

（1）在表 1 范围内的危险化学品，其临界量应按表 1 确定；

（2）未在表 1 范围内的危险化学品，依据其危险性，按表 2 确定临界量；若一种危险化学品具有多种危险性，按其中最低的临界量确定。

表 1 危险化学品名称及其临界量

序号	危险化学品名称和说明	别 名	CAS 号	临界量/t
1	氨	液氨；氨气	7664-41-7	10
2	二氟化氧	一氧化二氟	7783-41-7	1
3	二氧化氮		10102-44-0	1
4	二氧化硫	亚硫酸酐	7446-09-5	20

序号	危险化学品名称和说明	别 名	CAS 号	临界量/t
5	氟		7782-41-4	1
6	碳酰氯	光气	75-44-5	0.3
7	环氧乙烷	氧化乙烯	75-21-8	10
8	甲醛（含量>90%）	蚁醛	50-00-0	5
9	磷化氢	磷化三氢；膦	7803-51-2	1
10	硫化氢		7783-06-4	5
11	氯化氢（无水）		7647-01-0	20
12	氯	液氯；氯气	7782-50-5	5
13	煤气（CO，CO 和 H_2、CH_4 的混合物等）			20
14	砷化氢	砷化三氢、胂	7784-42-1	1
15	锑化氢	三氢化锑；锑化三氢；睇	7803-52-3	1
16	硒化氢		7783-07-5	1
17	溴甲烷	甲基溴	74-83-9	10
18	丙酮氰醇	丙酮合氰化氢；2-羟基异丁腈；氰丙醇	75-86-5	20
19	丙烯醛	烯丙醛；败脂醛	107-02-8	20
20	氟化氢		7664-39-3	1
21	1-氯-2，3-环氧丙烷	环氧氯丙烷（3-氯-1，2-环氧丙烷）	106-89-8	20
22	3-溴-1，2-环氧丙烷	环氧溴丙烷；溴甲基环氧乙烷；表溴醇	3132-64-7	20
23	甲苯二异氰酸酯	二异氰酸甲苯酯；TDI	26471-62-5	100
24	一氯化硫	氯化硫	10025-67-9	1
25	氰化氢	无水氢氰酸	74-90-8	1
26	三氧化硫	硫酸酐	7446-11-9	75
27	3-氨基丙烯	烯丙胺	107-11-9	20
28	溴	溴素	7726-95-6	20
29	乙撑亚胺	吖丙啶；1-氮杂环丙烷；氮丙啶	151-56-4	20
30	异氰酸甲酯	甲基异氰酸酯	624-83-9	0.75
31	叠氮化钡	叠氮钡	18810-58-7	0.5
32	叠氮化铅		13424-46-9	0.5
33	雷汞	二雷酸汞；雷酸汞	628-86-4	0.5
34	三硝基苯甲醚	三硝基茴香醚	28653-16-9	5
35	2，4，6-三硝基甲苯	梯恩梯；TNT	118-96-7	5
36	硝化甘油	硝化丙三醇；甘油三硝酸酯	55-63-0	1

序号	危险化学品名称和说明	别　名	CAS 号	临界量/t
37	硝化纤维素（干的或含水（或乙醇）<25%）			1
38	硝化纤维素（未改型的，或增塑的，含增塑剂<18%）	硝化棉	9004-70-0	1
39	硝化纤维素（含乙醇≥25%）			10
40	硝化纤维素（含氮≤12.6%）			50
41	硝化纤维素（含水≥25%）			50
42	硝化纤维素溶液（含氮量≤12.6%，含硝化纤维素≤55%）	硝化棉溶液	9004-70-0	50
43	硝酸铵（含可燃物>0.2%，包括以碳计算的任何有机物，但不包括任何其他添加剂）		6484-52-2	5
44	硝酸铵（含可燃物≤0.2%）		6484-52-2	50
45	硝酸铵肥料（含可燃物≤0.4%）			200
46	硝酸钾		7757-79-1	1000
47	1，3-丁二烯	联乙烯	106-99-0	5
48	二甲醚	甲醚	115-10-6	50
49	甲烷，天然气		74-82-8（甲烷） 8006-14-2（天然气）	50
50	氯乙烯	乙烯基氯	75-01-4	50
51	氢	氢气	1333-74-0	5
52	液化石油气（含丙烷、丁烷及其混合物）	石油气（液化的）	68476-85-7	50
53	一甲胺	氨基甲烷；甲胺	74-89-5	5
54	乙炔	电石气	74-86-2	1
55	乙烯		74-85-1	50
56	氧（压缩的或液化的）	液氧；氧气	7782-44-7	200
57	苯	纯苯	71-43-2	50
58	苯乙烯	乙烯苯	100-42-5	500
59	丙酮	二甲基酮	67-64-1	500
60	2-丙烯腈	丙烯腈；乙烯基氰；氰基乙烯	107-13-1	50
61	二硫化碳		75-15-0	50
62	环己烷	六氢化苯	110-82-7	500
63	1，2-环氧丙烷	氧化丙烯；甲基环氧乙烷	75-56-9	10

序号	危险化学品名称和说明	别　　名	CAS 号	临界量/t
64	甲苯	甲基苯；苯基甲烷	108-88-3	500
65	甲醇	木醇；木精	67-56-1	500
66	汽油（乙醇汽油、甲醇汽油）		86290-81-5（汽油）	200
67	乙醇	酒精	64-17-5	500
68	乙醚	二乙基醚	60-29-7	10
69	乙酸乙酯	醋酸乙酯	141-78-6	500
70	正己烷	己烷	110-54-3	500
71	过乙酸	过醋酸；过氧乙酸；乙酰过氧化氢	79-21-0	10
72	过氧化甲基乙基酮［10%＜有效氧含量≤10.7%，含 A 型稀释剂≥48%］		1338-23-4	10
73	白磷	黄磷	12185-10-3	50
74	烷基铝	三烷基铝		1
75	戊硼烷	五硼烷	19624-22-7	1
76	过氧化钾		17014-71-0	20
77	过氧化钠	双氧化钠；二氧化钠	1313-60-6	20
78	氯酸钾		3811-04-9	100
79	氯酸钠		7775-09-9	100
80	发烟硝酸		52583-42-3	20
81	硝酸（发红烟的除外，含硝酸＞70%）		7697-37-2	100
82	硝酸胍	硝酸亚氨脲	506-93-4	50
83	碳化钙	电石	75-20-7	100
84	钾	金属钾	7440-09-7	1
85	钠	金属钠	7440-23-5	10

表 2　未在表 1 中列举的危险化学品类别及其临界量

类　别	符　号	危险性分类及说明	临界量/t
健康危害	J（健康危害性符号）	—	—
急性毒性	J1	类别 1，所有暴露途径，气体	5
	J2	类别 1，所有暴露途径，固体、液体	50
	J3	类别 2、类别 3，所有暴露途径，气体	50
	J4	类别 2、类别 3，吸入途径，液体（沸点≤35℃）	50
	J5	类别 2，所有暴露途径，液体（除 J4 外）、固体	500

类　别	符号	危险性分类及说明	临界量/t
物理危险	W （物理危险性符号）	—	—
爆炸物	W1. 1	不稳定爆炸物 1.1 项爆炸物	1
	W1. 2	1.2、1.3、1.5、1.6 项爆炸物	10
	W1. 3	1.4 项爆炸物	50
易燃气体	W2	类别 1 和类别 2	10
气溶胶	W3	类别 1 和类别 2	150 （净重）
氧化性气体	W4	类别 1	50
易燃液体	W5. 1	类别 1 类别 2 和 3，工作温度高于沸点	10
	W5. 2	类别 2 和 3，具有引发重大事故的特殊工艺条件 包括危险化工工艺、爆炸极限范围或附近操作、操作压力大于 1.6MPa 等	50
	W5. 3	不属于 W5.1 或 W5.2 的其他类别 2	1000
	W5. 4	不属于 W5.1 或 W5.2 的其他类别 3	5000
自反应物质和混合物	W6. 1	A 型和 B 型自反应物质和混合物	10
	W6. 2	C 型、D 型、E 型自反应物质和混合物	50
有机过氧化物	W7. 1	A 型和 B 型有机过氧化物	10
	W7. 2	C 型、D 型、E 型、F 型有机过氧化物	50
自燃液体和自燃固体	W8	类别 1 自燃液体 类别 1 自燃固体	50
氧化性固体和液体	W9. 1	类别 1	50
	W9. 2	类别 2、类别 3	200
易燃固体	W10	类别 1 易燃固体	200
遇水放出易燃气体的物质和混合物	W11	类别 1 和类别 2	200

4.2　重大危险源的辨识指标

生产单元、储存单元内存在危险化学品的数量等于或超过表 1、表 2 规定的临界量，即被定为重大危险源。单元内存在的危险化学品的数量根据危险化学品种类的多少区分为以下两种情况：

4.2.1　生产单元、储存单元内存在的危险化学品为单一品种时，该危险化学品的数量即为单元内危险化学品的总量，若等于或超过相应的临界量，则定为重大危险源。

4.2.2　生产单元、储存单元内存在的危险化学品为多品种时，按式（1）计算，若满足式（1），则定为重大危险源：

$$S = q_1/Q_1 + q_2/Q_2 + \cdots + q_n/Q_n \geq 1 \qquad (1)$$

式中　　　　　　S——辨识指标；

q_1，q_2，$\cdots$，q_n——每种危险化学品的实际存在量，t；

Q_1，Q_2，$\cdots$，Q_n——与各危险化学品相对应的临界量，t。

4.2.3　危险化学品储罐以及其他容器、设备或仓储区的危险化学品的实际存在量按设计最大量确定。

4.2.4　对于危险化学品混合物，如果混合物与其纯物质属于相同危险类别，则视混合物为纯物质，按混合物整体进行计算。如果混合物与其纯物质不属于相同危险类别，则应按新危险类别考虑其临界量。

4.2.5　危险化学品重大危险源的辨识流程参见附录 A。

4.3　重大危险源的分级

4.3.1　重大危险源的分级指标

采用单元内各种危险化学品实际存在量与其相对应的临界量比值，经校正系数校正后的比值之和 R 作为分级指标。

4.3.2　重大危险源分级指标的计算方法

重大危险源的分级指标按照按式（2）计算。

$$R = \alpha\left(\beta_1\frac{q_1}{Q_1} + \beta_2\frac{q_2}{Q_2} + \cdots + \beta_n\frac{q_n}{Q_n}\right) \qquad (2)$$

式中　　　　　　R——重大危险源分级指标；

q_1，q_2，$\cdots$，q_n——每种危险化学品实际存在量，t；

Q_1，Q_2，$\cdots$，Q_n——与各危险化学品相对应的临界量，t。

β_1，β_2，$\cdots$，β_n——与各危险化学品相对应的校正系数；

α——该危险化学品重大危险源厂区外暴露人员的校正系数。

根据单元内危险化学品的类别不同，设定校正系数 β 值。在表 3 范围内的危险化学品，其 β 值按表 3 确定；未在表 3 范围内的危险化学品，其 β 值按表 4 确定。

表 3　毒性气体校正系数 β 取值表

毒性气体名称	β 校正系数	毒性气体名称	β 校正系数
一氧化碳	2	硫化氢	5
二氧化硫	2	氟化氢	5
氨	2	二氧化氮	10
环氧乙烷	2	氰化氢	10
氯化氢	3	碳酰氯	20
溴甲烷	3	磷化氢	20
氯	4	异氰酸甲酯	20

表 4　未在表 3 中列举的危险化学品校正系数 β 取值表

类　别	符　号	β 校正系数
急性毒性	J1	4
	J2	1
	J3	2
	J4	2
	J5	1
爆炸物	W1.1	2
	W1.2	2
	W1.3	2
易燃气体	W2	1.5
气溶胶	W3	1
氧化性气体	W4	1
易燃液体	W5.1	1.5
	W5.2	1
	W5.3	1
	W5.4	1
自反应物质和混合物	W6.1	1.5
	W6.2	1
有机过氧化物	W7.1	1.5
	W7.2	1
自燃液体和自燃固体	W8	1
氧化性固体和液体	W9.1	1
	W9.2	1
易燃固体	W10	1
遇水放出易燃气体的物质和混合物	W11	1

根据危险化学品重大危险源的厂区边界向外扩展 500m 范围内常住人口数量，按照表 5 设定暴露人员校正系数 α 值。

表 5　校正系数 α 取值表

厂外可能暴露人员数量	α	厂外可能暴露人员数量	α
100 人以上	2.0	1~29 人	1.0
50~99 人	1.5	0 人	0.5
30~49 人	1.2		

4.3.3　重大危险源分级标准

根据计算出来的 R 值，按表 6 确定危险化学品重大危险源的级别。

表 6　重大危险源级别和 R 值的对应关系

重大危险源级别	R 值	重大危险源级别	R 值
一级	$R \geqslant 100$	三级	$50 > R \geqslant 10$
二级	$100 > R \geqslant 50$	四级	$R < 10$

附录 A
危险化学品重大危险源辨识流程
（资料性附录）

危险化学品重大危险源辨识流程，见图 A.1。

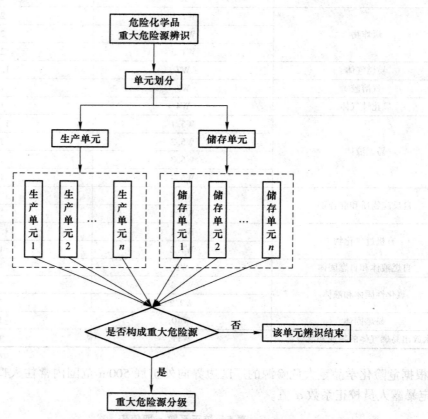

图 A.1 危险化学品重大危险源辨识流程图

参 考 文 献

[1] 国家安全生产监督管理总局职业安全健康监督管理司，中国安全生产科学研究院. 职业卫生评价与检测 [M]. 北京：煤炭工业出版社，2013.

[2] 中国就业培训技术指导中心，中国安全生产协会. 安全评价师 [M]. 北京：中国劳动社会保障出版社，2010.

[3] 刘荣海，陈网桦，胡毅亭. 安全原理与危险化学品测评技术 [M]. 北京：化学工业出版社，2004.

[4] 胡忆沩，陈庆，杨梅. 危险化学品安全实用技术手册 [M]. 北京：化学工业出版社，2018.

[5] 王洪林，熊航行. 化工实习指导 [M]. 北京：化学工业出版社，2018.

[6] 蔡祺风. 有色冶金工程设计基础 [M]. 北京：冶金工业出版社，2015.

[7] 陶贤平. 化工实习及毕业论文（设计）指导 [M]. 北京：化学工业出版社，2017.

[8] 许文，张毅民. 化工安全工程概论 [M]. 北京：化学工业出版社，2015.